空间分析建模与应用

毛先成　黄继先 等　编著

中南大学精品教材立项资助

科学出版社

北　京

内 容 简 介

空间分析是地理信息系统(GIS)区别于其他信息系统的核心指标。空间分析的强大功能主要体现在解决专业领域的实际问题,空间分析技术与专业应用模型的紧密结合,为 GIS 在专业领域的深入应用开辟了一条新的思路。

本书从空间分析的原理、方法、专业应用建模三个方面进行阐述,共 9 章,内容主要包括空间分析概述、空间量算、空间变换、基本空间分析方法、空间网络分析、三维地形分析、空间统计分析、智能化空间分析、空间分析建模及应用案例。

本书可作为高等院校地理信息系统及相关专业研究生和本科生的教材,也可供地理、测绘、土地、城建、规划等领域从事地理信息处理与分析人员自学和参考。

图书在版编目(CIP)数据

空间分析建模与应用/毛先成等编著. —北京:科学出版社. 2015.6
ISBN 978-7-03-044622-0

Ⅰ. 空… Ⅱ. ①毛… Ⅲ. ①地理信息系统-系统建模 Ⅳ. ①P208

中国版本图书馆 CIP 数据核字(2015)第 124827 号

责任编辑:杨 红 / 责任校对:蒋 萍
责任印制:张 伟 / 封面设计:迷底书装

科 学 出 版 社 出版
北京东黄城根北街 16 号
邮政编码:100717
http://www.sciencep.com
北京厚诚则铭印刷科技有限公司 印刷
科学出版社发行 各地新华书店经销
*

2015 年 6 月第 一 版 开本:787×1092 1/16
2023 年 1 月第三次印刷 印张:14 3/4
字数:388 000

定价:45.00 元
(如有印装质量问题,我社负责调换)

本书编写人员名单

毛先成　黄继先　邓吉秋　邹艳红

刘兴权　张宝一　邓浩

前　　言

空间分析是对综合分析空间数据有关技术的统称，一直以来，空间分析的研究落后于空间数据结构、空间数据库以及地图数字化和自动绘图技术。随着地理信息系统(geographic information system，GIS)的迅猛发展和逐步完善，空间分析研究的不足尤其是空间分析模型研究的不足，极大地限制了 GIS 的深入发展和广泛应用。

本书的编写和出版是在中南大学优势特色学科系列精品教材项目的资助下完成的。中南大学地理信息系统学科教育的特色是理论与实践并重，注重学生兴趣的引导和动手能力的培养。目前，国内外也有一些有关空间分析的著作，但适合地理信息系统专业本科生与研究生的教材并不是很多。本书作者结合多年来对空间分析及 GIS 相关学科的教学和研究体会，在注重与 GIS 其他课程衔接的基础上，以增强教材的实用性和激发学生的学习兴趣为主旨，遵循从数学基础、空间分析原理与方法、专业建模到实际应用案例的主线，紧密结合学科发展的前沿理论和新技术、新方法与新成果，完成了本书的编写，旨在为 GIS 及相关专业的学生或技术人员提供参考。

本书共 9 章：第 1 章介绍空间数据与空间分析的相关概念以及空间分析的发展历史、研究内容及其与其他学科的关系；第 2 章介绍空间分析中各种量测与计算的方法，包括基本几何参数量算、空间形态量算、空间分布计算、空间拓扑关系量算、空间距离量算与空间方位量算；第 3 章是空间变换，包括空间数据格式转换、地图投影与空间坐标变换，以及空间数据的多尺度表达与尺度变换方法；第 4 章介绍基于矢量与栅格模型的基本空间分析方法，包括缓冲区分析、叠置分析、栅格数据的聚类、聚合分析、栅格数据的追踪分析、栅格数据的窗口分析以及方向分析；第 5 章是基于网络数据模型的空间网络分析方法，包括图的相关概念、网络数据模型、最短路径分析、最佳路径分析、连通性分析、资源定位与分配、流分析、线性参考系统与动态分段技术以及地址匹配；第 6 章介绍基于数字地面模型的各种三维地形分析方法，包括数字地面模型(DTM)的表示及模型构建，各种地形因子的计算，基于不同网络模型的剖面分析、通视分析与淹没分析；第 7 章是空间统计分析方法的介绍，主要包括空间自相关分析、确定性空间数据插值、地质统计学分析及地理加权回归等分析方法；第 8 章主要介绍基于智能计算的空间分析，包括智能计算技术的介绍与地理空间数据的不确定性，模糊地理空间数据分析，基于人工神经网络、遗传算法、分形理论及小波分析等智能计算方法的地理空间问题分析，以及空间决策支持系统；第 9 章主要介绍空间分析模型的构建方法及空间分析应用案例，案例主要包括土壤重金属污染现状评价、建筑群空间分布模式提取、建筑朝向分析、地形山体分割、证据权法与资源三维预测建模、非水平河道洪水淹没模拟。

本书由毛先成、黄继先确定整体结构，主要编写人员有毛先成、黄继先、邓吉秋、邹艳红、刘兴权、张宝一、邓浩等。各章主笔分工为：第 1 章毛先成；第 2、4、5、6 章黄继先和刘兴权；第 3 章邹艳红；第 7 章张宝一；第 8 章邓吉秋；第 9 章毛先成、邓吉秋和邓浩。研究生张维、潘诗辰、杨莉、李小丽参与了资料收集、插图绘制等工作。最终本书由毛先成、黄继先统稿，毛先成定稿。

本书在编写过程中参考了许多作者的研究成果，在此表示感谢；同时也参考和引用了国内外很多书籍和网站的相关内容，部分图片的素材和个别实例的初始原型也来源于网络，由于涉及的网站和网页太多，没有一一标明出处，敬请谅解。

　　本书的立项与编写得到了中南大学本科生院、中南大学地球科学与信息物理学院及中南大学地理信息系的大力支持，且本书中的许多应用案例源自中南大学地理信息系的科研成果，在此一并表示感谢！

　　由于时间仓促、学识有限，书中不足和疏漏之处在所难免，恳请广大读者将意见和建议发送至 dx@mail.sciencep.com，以便在后续版本中不断改进和完善。

作　者

2015 年 4 月

目　　录

第1章 绪 论

1.1 引 言

地球上 80% 的信息都是与空间相关的，空间信息在人们生活、国家建设、社会发展等方面都发挥着重要作用。伴随着空间数据获取手段的不断发展，各种空间数据的获取已经非常便捷高效。然而，由于缺乏有效的空间分析与数据挖掘方法，出现了"数据丰富而知识贫乏"的局面。从海量的空间信息中分析挖掘出有用的信息来认识和把握地球和社会的空间运动规律，为规划、预警预报和调控提供决策支持，亟须建立起一套完整的理论和方法体系来进行空间信息分析。

空间分析方法用于地理现象研究已有很长的历史。自从地图出现，人们就开始在地图上测量地理要素之间的距离、面积，利用地图进行战术研究和战略决策，这是一种最原始的空间信息分析行为。1854 年，英国医生琼·斯诺利用地图分析方法发现了伦敦霍乱流行的原因，揭示了霍乱病发病的根源，可以认为是空间分析技术不自觉运用的代表。现代空间分析概念的提出起源于 20 世纪 60 年代地理和区域科学的计量革命，部分模型开始初步考虑了空间信息的关联性问题。从 70 年代开始，空间统计学迅速发展，相关理论与方法逐渐完善。到 90 年代后，随着地理信息系统（geographic information system，GIS）的广泛应用，地理学、生态学、经济学、流行病学、环境科学等学科建立起专门的空间分析模型，促进了空间分析的繁荣发展。信息处理能力的逐渐提高和空间分析模型的日益成熟，推动空间分析功能向强调地理空间自身的特征、面向空间决策支持、虚拟时空演化过程及提供智能服务等方向发展（汤国安和杨昕，2012）。

利用空间分析方法不但可以查询空间信息，还可以通过空间关系揭示事物间更深刻的内在规律和基本特征。随着空间分析方法的发展和应用领域的拓宽，人们对空间分析的要求逐渐由位置定位和路线规划等基本的空间问题分析，转向对所处位置与周围环境的关系的探究。目前，空间分析已经广泛应用于地理学、生态学、经济学、地质学、流行病学、犯罪、交通、考古等社会生活的各个方面。

进入 21 世纪以来，空间技术及其理论都有了突破。高分辨率遥感影像、Lidar 数据、InSAR 技术和三维地理信息系统等理论技术的发展，给传统的空间分析方法带来了重大的挑战。许多学者对空间分析进行了更为深入的研究，涌现出大量的新理论和新方法，系统地总结分析这些最新的成果，对于深化 GIS 空间分析研究、提高 GIS 空间分析功能，从而扩大 GIS 的研究和应用水平，具有切实的意义。

1.2 空 间 数 据

空间分析的对象是空间数据（spatial data）。空间数据是指用来表示空间实体的位置、形状、大小、分布等信息的数据，代表了现实世界地理实体或现象在信息世界的映射，是地理空间抽象的数字描述和离散表达。空间分析方法受到空间数据表示形式的制约和影响，研究空间分析必须考虑空间数据的类型、特性和表达方法。

1.2.1 空间数据的类型

根据数据的内容，空间数据可以概括为以下 3 类(朱长青和史文中，2006)。

1) 属性数据

属性数据是用以描述空间事物或现象属性特征的数据，即用来说明空间实体"是什么"，也称作专题特征，如事物或现象的类别、等级、数量、名称等。

2) 几何数据

几何数据是用以描述空间事物或现象空间特征的数据，即用来说明空间实体"在哪儿"，也称作几何特征、定位特征，如事物或现象的位置、形状和大小等。

3) 关系数据

关系数据是用以描述空间事物或现象之间关系的数据，即用来说明空间实体"有什么关系"，包括拓扑空间关系、顺序空间关系、度量空间关系，如空间实体的邻接、关联、包含等。

1.2.2 空间数据的基本特性

作为数据的一种特殊形式，空间数据具有数据的一般特性，如客观存在性与抽象性、概括性与多态性、可存储性与传输性、可度量性与近似性、可转换性与可扩充性、商品性与共享性等，同时又具有自身特有的性质，空间数据的自身特性构成空间分析的条件和任务(刘湘南等，2008)。

1) 空间依赖性与异质性

地理学第一定律提出：地理事物或属性在空间分布上互为相关，距离越近相关性越大。这反映了空间数据的空间依赖性。空间依赖程度可通过空间自相关度量，空间自相关就是空间依赖性概念的数学表述，用于描述空间数据的聚集性及空间相互作用，是一个空间位置上的样本数据与其他位置上数据的依赖性的观测值。同时，空间数据又具有异质性，即描述空间数据在空间分布上的不均匀性及复杂程度。空间异质性源于各空间位置的独特性质，表明空间数据的变化缺乏平稳性，与行为关系在空间上的不稳定有关，也称为空间非平稳性。该特性的功能形式和参数随着研究区域的不同而不同，但是在局部的区域变化中有可能是一致的。

2) 尺度性

尺度性指数据表达的空间范围的相对大小和时间的相对长短，是空间数据的重要特征。地球空间可以划分为不同级别的子空间，各个级别的子空间对象在规模大小和时间长短方面存在很大差异，尺度性是用于描述各种尺度中空间数据的重要特征，包括空间尺度性和时间尺度性。空间尺度性是指空间数据所表达的空间规模的大小，可分为不同的层次；时间尺度性表示的是空间数据的时间周期的长短。多尺度的地理空间数据反映了地球空间现象及实体在不同时间和空间尺度下具有的不同形态、结构和细节层次，应用于宏观至微观各层次的空间建模和分析应用。

3) 不确定性

空间数据的不确定性是空间数据的"真实值"不能被肯定的程度，贯穿于空间数据的获取、存储、更新、传输、查询、分析等空间数据处理的全过程。由于客观世界的复杂性、人类认知的局限性、数据获取方法与计算设备的水平和对数据质量的限制、空间分析处理方法与模型表达的多样性以及数据处理技术与方法的局限性等原因，造成了不确定性的普遍客观存在，所以必须在空间数据不确定性的基础上对空间数据进行更高层次的处理，进行空间数据不确定性研究，以消除数据之间的矛盾并评价空间数据的质量。

4）海量与多维度

空间数据不仅能描述三维空间和时间，还可以表现空间目标的属性以及数据不同的测量方法、不同来源、不同载体等多维信息，实现多专题的信息记录。随着对地观测计划的不断发展，每天可以获得上万亿兆的关于地球资源、环境特征的数据，空间数据的属性增加极为迅速。例如，在遥感领域，由于传感器技术的飞速发展，波段的数目也由几个增加到几十甚至上百个。海量与多维度的空间数据处理和分析成为目前空间数据分析亟待解决的问题之一。

1.2.3 空间数据的表达方法

所有空间数据都可抽象表示为点、线、面 3 种基本的图形要素，可以用不同的数据模型来进行表达，主要的数据模型有栅格数据模型、矢量数据模型、矢栅一体化数据模型（汤国安等，2007）。

1）栅格数据模型

栅格数据模型是以规则或者不规则的格网阵列表示空间对象的数据模型。空间位置由栅格阵列中的单元的行列号确定，空间对象的属性由栅格单元上的数值来表达，如地表高程、气象属性、水文特征、地表覆盖等，每个栅格单元有且仅有一个属性值。栅格单元的格网大小反映了数据的空间分辨率。在栅格数据结构中，点状地物用一个独立的栅格单元（像元）表示；线状地物则用沿线走向的一组相邻栅格单元表示，每个栅格单元最多只有两个相邻单元在同一条线上；面状地物用记录着区域属性的相邻栅格单元的集合表示，每个栅格单元可有多于两个的相邻单元属于同一个区域。

常用的栅格数据结构有游程长度编码结构、四叉树数据结构、二维行程编码结构等。

栅格数据类型具有"属性明显、位置隐含"特点。它的数据结构简单、易于实现、数学模拟方便、操作简单，有利于基于栅格的空间信息模型的分析，但表达精度不高，数据存储量大，工作效率较低。

2）矢量数据模型

矢量数据模型采用坐标描述点、线、面实体对象。点实体使用一对空间坐标点对 (x, y) 表示；线实体使用一串坐标点对 (x_1, y_1)，(x_2, y_2)，…，(x_n, y_n) 表示；面实体采用首尾相连的坐标串 (x_1, y_1)，(x_2, y_2)，…，(x_n, y_n)，(x_1, y_1) 表示。地理现象的观察尺度或概括程度影响着实体对象的使用种类。在小比例尺图中，城镇可采用点实体表示，道路和河流用线实体表示。而在较大比例尺图中，城镇、道路和河流需表示为一定形状的多边形对象。

矢量数据模型，可以明确地描述图形要素间的拓扑关系。在具有拓扑关系的矢量数据模型中，多边形边界被分割成一系列的弧段和节点。节点、弧段和多边形之间的拓扑关系存储在拓扑关系表中。矢量数据结构按其是否明确表示地理实体间的空间关系分为实体数据结构和拓扑数据结构两大类。

矢量数据结构类型具有"位置明显、属性隐含"特点。这种特点使其能够精确地表达点、线、面，且数据存储量小，能高效地进行比例尺变换、投影变换以及图形输出。但它操作起来比较复杂，一些分析操作(如叠置分析等)用矢量数据结构难以实现。

3) 矢栅一体化数据模型

考虑到矢量数据模型和栅格数据模型在描述和表达空间实体时各有优缺点，综合矢量与栅格数据的特点，构造矢栅一体化数据模型，有利于地理空间现象的统一表达。在这种数据结构中，既具有矢量实体的概念，又具有栅格覆盖的思想。

在矢栅一体化数据模型中，对地理空间实体同时表达为矢量数据模型和栅格数据模型。点实体同步记录其空间坐标及栅格单元行列号；线实体多采用矢量数据模型表达，同时将线所经过的位置以栅格单元进行填充；面实体的边界采用矢量数据模型描述，而其内部采用栅格数据模型表达。这种数据模型融合了矢量数据"位置明显"(空间实体具有明确的位置信息，并能建立和描述拓扑关系)和栅格数据"属性明显"的优点(明确了栅格与实体的对应关系)，弥补了矢量数据"属性隐含"和栅格数据"位置隐含"的缺点。

此外，还有镶嵌数据模型、面向对象数据模型等数据模型，它们都具有自身特征和适用范围。进行空间分析数据结构选择时，需要根据具体应用目的来确定空间数据模型。总的来说，没有最优的空间数据模型，只有最适合的空间数据模型。在表达连续现象时，一般采用栅格数据作为主要数据结构，如地表高程、地质体属性等的表达；而在表达离散对象时，通常采用矢量数据结构，如独立地物、道路网络等的表达。

1.3 空间分析的定义与研究进展

1.3.1 空间分析的定义

空间分析有着众多的相关称谓,如地理信息分析或地理空间分析、地理信息统计分析、地理分析、空间数据分析、空间统计学、空间统计与建模、地质统计学等，这些称谓从多个侧面反映了空间分析的丰富内涵和广泛应用。根据空间分析应用领域的不同，其各有侧重点。

(1) 地理学的空间分析以分析地理数据为主，也可称为地理分析，以遥感图、地图和经济、社会等数据为分析对象，以地理建模、计量地理、地质统计学等方法分析问题，代表著作如《空间分析》(王劲峰等，2006)。

(2) 测绘学的空间分析以测绘数据、遥感数据、地图数据(二维、三维)为主，经济、社会等数据为分析对象的研究较少，主要使用计算几何、地图代数等方法来分析问题。代表著作如《空间分析》(郭仁忠，2001)。

(3) 建筑学的空间分析以建筑空间、城市空间或环境空间为主，依托建筑学和城市规划理论，结合规划实际需求，从微观和中观的角度分析空间分布情况。代表著作如《城市空间理论与空间分析》(黄亚平，2002)。

(4) 地质学的空间分析以地质统计学为主，依托地质学及其理论，从宏观角度研究地球演化、矿物分布及预测、地质灾害监测预报等，主要应用于工程地质、水文地质、地质灾害、成矿预测等方面。代表著作有《实用地质统计学》(侯景儒，1998)。

实际上，空间分析既有基于GIS的图形分析，又有基于统计学的分析和建模；既有地理学的应用，又有流行病学、生态学、环境科学、建筑学等领域的应用。空间分析被明确提出后，国内外众多学者从不同角度对其进行了定义(表 1-1)。

表 1-1 空间分析相关定义

作者	定义
Goodchild, 1987	空间分析是对数据的空间信息、属性信息或者二者共同信息的统计描述或说明
Haining, 1990	空间分析是基于地理对象的空间布局的地理数据分析技术
李德仁等, 1993	空间分析是从 GIS 目标之间的空间关系中获取派生的信息和新的知识
Baily, 1995；Openshaw, 1997	空间分析是对于地理空间现象的定量研究，其常规能力是操纵空间数据使之成为不同的形式，并且提取其潜在的信息
郭仁忠, 1997	空间分析是基于地理对象的位置和形态特征的空间数据分析技术，其在于提取和传输空间信息
张成才等, 2004	空间分析就是利用计算机对数字地图进行分析，从而获取和传输空间信息
de Smith, 2005	地理空间分析定义为二维地图操作和空间统计学
黎夏和刘凯, 2006	空间分析以地理空间数据库为基础，运用逻辑运算、一般统计和地质统计、图形与形态分析、数据挖掘等技术，提取隐含在空间数据内部的与空间信息有关的知识和规律，包括位置、形态、分布、格局以及过程等内容，以解决涉及地理空间的各种理论和实际问题
Longley, 2007	空间分析是结果随对象的位置变化而变化的一系列技术
刘湘南等, 2008	GIS 空间分析是从一个或多个空间数据图层获取信息的过程，是集空间数据分析和空间模拟于一体的技术，通过地理计算和空间表达挖掘潜在空间信息，以解决实际问题

从以上的多种空间分析的定义可以看出，它们的侧重点各不相同，或侧重于统计分析与建模(如 Goodchild，Haining，de Smith)，或侧重于空间信息的提取和空间信息的传输(如李德仁等，Baily，Openshaw)，或侧重于地理学(如黎夏和刘凯，刘湘南等)，或侧重于地图学(如张成才等，de Smith)，但都从不同的方面对空间分析的内涵进行了阐释。

1.3.2 空间分析的研究进展

纵观空间分析研究的发展过程，可以将其分为 3 个发展阶段：20 世纪 60 年代的探索时期、20 世纪 70~80 年代的空间统计学时期和 20 世纪 90 年代至今的纵深快速发展期(赵永和王岩松，2011)。

1)20 世纪 60 年代的探索时期

该阶段的空间分析主要集中在空间数据的分析和空间自相关的测度上。空间自相关测度首次被用于研究二维或更高维空间随机现象(Moran，1950)，但当时空间分析的理论体系尚未建立，缺乏相关论著，空间统计学也尚未起步，仅仅是常规统计手段在空间分析中的应用。到 20 世纪 60 年代晚期，随着对空间自相关的进一步认识，学者了解到运用常规统计手段进行地理分析的严重局限性，开始关注空间统计研究，先后提出了地理空间上的最优预测(Matheron，1963)、平均拥挤度(Lloyd，1967)、空间自相关等理论，为空间统计学的发展奠定了基础。

2)20 世纪 70~80 年代的空间统计学时期

20 世纪 70~80 年代是空间统计学迅速发展的时期。空间点模式分析、地质统计分析都得到了迅速发展。在该阶段，关于空间统计学的教材和专著众多，内容涉及空间数据的统计分析、地图分析、空间自相关、空间依赖性和空间相互作用模型等，有著作如《空间统计学》、《空间点模式统计分析》、《随机几何及其应用》、《空间计量经济学》等。

除空间统计学外，其他方面的空间分析研究也取得了丰硕的成果，如地理学第一定律的提出(Tobler，1970)、信息熵在空间分析中的应用(Batty，1972)、基于空间模式的蒙特卡罗检验(Besag and Diggle，1977)、可变面元问题(Openshaw and Taylor，1979)、探索性空间数据分析(ESDA)(Tukey，1977)等。而 1988 年，美国国家地理信息与分析中心(National Center for Geographic Information & Analysis，NCGIA)的成立更标志着空间分析的研究进入一个新高度。

3)20 世纪 90 年代至今的纵深快速发展期

20 世纪 90 年代后，随着 GIS 的广泛应用，空间分析的蓬勃发展，为地理学、生态学、经济学、流行病学、环境科学等学科提供了理论支持和技术手段。美国大学地理信息科学协会(UCGIS)把空间分析列为当前 GIS 行业十大重点问题之一，为地理信息系统划分了 19 个研究方向，GIS 和空间分析研究是其中一个，主要包括空间统计学地理数据的空间统计分析、地理边界和地图比例尺在空间数据体系中的作用、空间数据的采样和内插、GIS 数据结构和空间统计计算之间的关系。

在该时期，空间数据统计的研究日趋成熟，新技术与方法也频频出现。现在，空间插值克里格方法、空间相关性检验 Moran's I、空间热点探测 LISA、空间线性回归模型、空间动力学与统计学结合模型、空间信息图谱已经被普遍使用，为空间数据分析提供了有力工具(王劲峰等，2014)。随着计算机科学的发展，神经网络、多智能体和遗传算法等智能计算方法被引入空间分析，地理分析与建模新方向从此诞生。

随着计算机信息科学、空间科学等相关学科的发展，空间分析逐渐向强调地理空间自身的特征、面向空间决策支持、虚拟时空演化过程及提供智能服务等方向发展，并将具有更广阔的应用领域、更智能的计算方法和更灵活的分析工具。

1.4 空间分析的研究内容

空间分析主要研究空间实体的空间位置、空间分布、空间形态、空间距离、空间关系等，其研究内容可归纳为以下 7 个方面。

1)空间量算

空间度量是空间分析的定量基础，是对各种空间目标的基本参数进行量算与分析，最为常见的是距离量算、方位量算、空间分布计算、几何量算、空间形状量算、拓扑关系计算等。空间量算研究内容包括基本几何参数量算，如位置、长度、距离、面积、体积、方位、中心量算等；空间目标形态量测，如曲率、弯曲度、欧拉数等；空间目标分布计算，如分布中心、分布密度、最近邻分析、连通度等。

2)叠置分析

叠置分析是为了分析在空间位置上存在关联的空间对象的空间特征和属性特征之间的相互关系。叠置分析要求在同一空间参照下，将同一区域内不同主题层组成的各数据层面进行叠合产生新的数据层面，其结果综合了原来两个或两个以上层面要素所具有的属性。叠置分析既形成了新的空间关系，还将输入的多个数据层的属性联系起来产生了新的属性关系。

根据操作形式的不同，叠置分析可以分为图层擦除、交集操作、图层合并等；根据数据表达方式的不同，叠置分析可分为矢量数据叠置分析和栅格数据叠置分析；根据操作要素的不同，叠置分析可分为点与点叠加、点与线叠加、线与线叠加、点与多边形叠加、线与多边形叠加、多边形与多边形叠加；栅格数据叠置分析分为单层与多层栅格数据叠置分析。

3）缓冲区分析

缓冲区分析是研究根据点、线、面实体，自动建立其周围某宽度阈值范围内的缓冲区多边形实体，从而实现空间数据在水平方向得以扩展的信息分析方法。从研究对象区分，缓冲区分析可分为点对象缓冲、线对象缓冲、面对象缓冲；从缓冲阈值是常量还是变量，缓冲区分析可分为静态缓冲或动态缓冲。它是用来描述地理空间中两个地物距离相近的程度的空间分析工具之一。例如，超市的辐射范围划定，道路的噪声影响带建立，水源保护区的建立等都需要利用缓冲区分析。

4）网络分析

网络分析是通过模拟、分析网络的状态以及资源在网络上的流动和分配等，研究网络结构、流动效率及网络资源等的优化问题，筹划一项基于网络数据的工程使其运行效果最好。例如，一定资源的最佳分配，从一地到另一地的花费时间最短或行驶路程最短等，其研究内容主要包括最佳路径选择、服务区分析、资源分配等。目前，网络分析在电子导航、交通旅游、水电气等城市管网分析、物资配送路径规划、消防急救等领域发挥着重要的作用。

5）地形分析

地形分析是地形环境认知的一种重要手段，指对地形及其特征进行分析，包括地形表面模型建立、地形因子分析、地形特征提取、可视域分析、剖面分析、淹没分析等。传统的地形分析是基于二维平面地图进行的，随着可视化技术和虚拟现实技术的发展，开始逐渐向基于三维环境的地形分析的方向发展。

6）空间统计分析

空间统计分析使用统计方法解释空间数据，包括"空间数据的统计分析"及"数据的空间统计分析"。"空间数据的统计分析"着重于空间物体和现象的非空间特性的统计分析；"数据的空间统计分析"直接从空间物体的空间位置、联系等方面出发，研究既具有随机性又具有结构性，或具有空间相关性和依赖性的自然现象。

7）智能化空间分析

智能化空间分析是数学、计算机科学和信息科学领域的智能计算在空间分析中的具体实践，将模糊数学、神经网络、遗传算法等人工智能技术应用于空间数据分析与挖掘。智能化空间分析将数值计算与语义表达、形象思维等高级智能行为联系起来，通过模拟人脑判断与推理的行为与过程，处理关系错综复杂的数据，把具有高度复杂性的客观世界的本质特征加以抽象和建模，以提高空间数据分析和空间问题模拟的准确度。目前，较常用的智能化空间分析模型有模糊分析模型、人工神经网络分析模型、遗传算法分析模型、小波变换分析模型、空间决策支持分析模型等。

1.5　空间分析与地理信息系统

地理信息系统（GIS）是在计算机软、硬件支持下，对整个或部分地球表层的有关地理分布数据进行采集、存储、管理、运算、分析、显示和描述的技术系统（汤国安等，2007）。自 20世纪 60 年代 GIS 出现以后，其在统计学、图论、拓扑学、计算几何和图形学等方法的支撑下，迅速融合空间分析的理论与方法，更加科学地揭示了地理对象间的空间关系及空间模式。

空间分析是 GIS 从一般信息系统中独立出来的关键特征，是评价一个 GIS 功能的主要指标之一（张刚等，2013）。空间分析功能的强大与否将决定着空间地理信息决策服务的能力，拥有强大的空间分析能力意味着将拥有更加广阔的地理信息服务前景。GIS 为空间分析提供了支撑平台，空间分析也为 GIS 提供了理论支撑。

空间分析与 GIS 的结合主要有两种，即"外挂"与"内嵌"两种途径(孙英君和陶华学，2001)："外挂"也叫松耦合集成模式，是通过在两个相互独立的 GIS 软件和空间分析软件之间增加数据交换接口来实现的，其特点是 GIS 软件和空间分析软件可以独立使用，空间分析数据和空间分析结果能够以各种简单或复合的图形方式显示出来，具有开发费用低、时间成本小的优点，但存在使用率低的缺点；"内嵌"又称为紧耦合集成模式，是指在 GIS 软件包中把空间分析模块作为一个高级应用模块嵌入，使得 GIS 与空间分析一体化，如 ArcGIS、SuperMap、MapGIS 等软件平台中提供了专门的空间分析模块，必须借助主系统才能运行。内嵌模式不仅为空间分析提供了图形显示功能，还将 GIS 中的有关信息直接参与空间分析计算，具有功能全、效率高、运行稳定等优点，但开发需要更多的人力、财力和时间。

1.6　空间分析与应用模型

空间分析是基于地理对象的位置和形态特征的数据分析技术，是各类综合性地学分析模型的基础，为人们建立复杂的空间应用模型提供了基本工具。空间分析的应用模型是以空间分析的基本方法和算法模型为基础，从专业的实践积累中归纳、总结、抽象，用数学模型加以表达，用以解决一些需要专家知识才能解决的问题。应用模型可分为两类，一类用于模拟半结构化和非结构化的问题,也就是研究对象部分或全部不能用精确的数学模型来描述表达，这类模型更多地依赖于专家的知识和经验；另一类则用于解决结构化的问题，即能用精确的数学模型来刻面研究对象(宫辉力等，2000)。

Openshaw 在深入研究 GIS 空间分析的基础上，提出了与 GIS 相关的应用模型所必须具备的一些条件，包括①海量性，能够处理海量高维数据；②敏感性，对空间信息敏感；③独立性，具有独立的理论框架；④安全性，模型是健壮的，其分析结果是可靠的；⑤实用性，对 GIS 数据的应用有效；⑥通用性，其分析技术应该是通用的；⑦可视性，分析结果能用地图显示表达；⑧可解释性，其结果应该易于理解，便于解释(Openshaw，1994)。

在地理学、环境科学、农林、规划、水文、地质等涉及空间数据处理的学科领域都需要基于共同的原理和方法进行空间分析。各个学科使用这些共同的方法去解决本专业独特的问题，建立起专门化的空间应用模型。若没有灵活复杂的应用模型，空间分析将停留在简单的空间数据管理与初始的数据查询分析，无法分析复杂的地理问题。而缺乏有效的空间分析方法，各类应用模型的建立将停留在理论阶段，无法有效实践于具体问题分析。

1.7　空间模型与数学基础

1.7.1　空间模型

空间模型指根据空间信息建立的模型或具有空间分布意义的模型，是用"方法+数据"的方式对地理格局或过程的抽象和简化。空间模型主要用来表达/描述复杂的地理现象、模拟地理运动的过程、揭示地理现象的机理、预测地理现象的发展。

空间模型可以从不同的角度进行分类(Fischer et al.，1995)，根据模型建立依据划分为动力学模型和自适应模型；根据模型应用目的划分为识别模型、虚拟仿真预测模型和运筹模型三大类；根据模型研究内容划分为空间统计模型、空间相互作用模型、时空预测模型、时空动力学模型、时空运筹理论和空间信息误差传递模型等。

现有空间模型在具体应用中有着特定的条件，往往受到所需参数的限制。在建立空间模型时，需要综合考虑所用数据的类型、尺度、单位形状和空间组织关系等方面要素。

1.7.2　数学基础

空间分析涉及众多基础数学与应用数学学科，如数值分析、图论、分形、小波分析、概率论与数理统计、拓扑学、数学形态学等。

数值分析法是一种研究并解决数学问题的数值近似解方法，是在计算机上使用的解数学问题的方法，内容包括插值和拟合、数值微分和数值积分等，广泛应用于空间分析中。数值计算方法应用于 DEM 建模与内插，空间坐标变换，点群的分布轴线，趋势面分析，长度、表面积、体积等。

图论是研究事物及其相互关系的学科。图是由若干给定的点及连接两点的线所构成的图形，这种图形通常用来描述某些事物之间的某种特定关系，用点代表事物，用连接两点的线表示相应两个事物间具有这种关系。图论应用于空间分析中的网络分析。

分形是指部分结构与整体结构在时间或空间尺度上具有相似性，它研究的是自然界中常见的、变化莫测的、不稳定的、非常不规则的现象，如海岸线的形状、地形的起伏、河网水系、城市噪声、地质构造等。在空间分析中，分形可用于表达曲线长度，曲线、曲面维数，地形因子等。

小波分析是时间(空间)频率的局部化分析，它通过伸缩、平移运算对信号(函数)逐步进行多尺度细化，最终达到高频处时间细分，低频处频率细分，能自动适应时频信号分析的要求，从而可聚焦到信号的任意细节，具有良好的时频局部化特征、方向性特征、尺度变化特征。小波分析在矢量地图数据压缩、DEM 数据简化、时空特征分析 3 方面有较深入的应用。

概率论和数理统计就是研究大量同类随机现象的统计规律性的数学学科，广泛应用于探索性数据分析、数据特征分析、分级统计分析、空间插值和空间回归分析。

拓扑学主要研究"拓扑空间"在"连续变换"下保持不变的性质。简单地说，拓扑学是研究连续性和连通性的一个数学分支。拓扑学广泛应用于空间实体的拓扑关系创建，如实体对象之间的相离、相连、包含等拓扑关系。

数学形态学是通过对栅格数据形态结构的变换而实现数据的结构分析和特征提取。其中，二值形态学(函数值域定义在 0 或 1)是将图形视作集合，通过集合逻辑运算(交、并和补)与集合形态变换(平移、膨胀和腐蚀)，在结构元作用下转换到新的形态结构。数学形态学应用于图层叠置、缓冲区分析、邻域分析、网络分析、通视分析等。

第 2 章 空 间 量 算

空间量算是指对 GIS 中各种空间研究对象的基本参数进行量算与分析，如空间对象的位置、距离、周长、面积、体积、曲率、形态、分布以及空间关系等。空间量算是 GIS 获取地理空间信息的基本手段，所获得的基本空间参数是进行复杂空间分析与建模的基础。

2.1 基本几何参数量算

基本几何参数量测包括对点、线、面、体空间对象的位置、中心、重心、长度、面积、体积等的量测与计算。

2.1.1 位置量算

空间位置是 GIS 中所有空间物体共有的描述参数。在矢量数据结构中，空间位置主要由坐标点进行描述。由于空间分析通常都是针对平面进行的，此处只给出平面描述。

点状物体：用坐标点对 (x, y) 表示。

线状物体：由一组坐标点的序列 (x_1, y_1)，(x_2, y_2)，$\cdots$，(x_n, y_n) 构成，n 是大于 1 的整数。

面状物体：由一组首尾相同的坐标点序列 (x_1, y_1)，(x_2, y_2)，$\cdots$，(x_n, y_n)，(x_1, y_1) 构成，n 是大于 1 的整数。

在栅格数据结构中，空间位置则由栅格的行列号 $[i, j]$ 来表示。

2.1.2 长度量算

长度是空间几何量算的基本参数，它可以表示线状物体的长度，也可以表示面状物体的周长。面状物体周长的量算可以归结为面状物体轮廓线的长度计算

1）矢量模式

在矢量结构下，线状物体的长度由组成它的折线段的长度和进行计算，若线状物体 L 表示为坐标串 (x_i, y_i) 或 (x_i, y_i, z_i)，则其长度计算公式为

$$L = \sum_{i=1}^{n-1} \left[\left(x_{i+1} - x_i \right)^2 + \left(y_{i+1} - y_i \right)^2 + \left(z_{i+1} - z_i \right)^2 \right]^{1/2} = \sum_{i=1}^{n-1} l_i \tag{2-1}$$

在大多数情况下，长度计算限制在二维空间中，故有

$$L = \sum_{i=1}^{n-1} \left[\left(x_{i+1} - x_i \right)^2 + \left(y_{i+1} - y_i \right)^2 \right]^{1/2} = \sum_{i=1}^{n-1} l_i \tag{2-2}$$

对于由多条曲线组成的复合线状物体的长度计算，则应先分别求出组成该物体的各条曲线的长度，再求其总和。

显然，由上述长度计算公式所得出的长度值比实际线状物体的长度值要小。可以通过合理选择折线段端点坐标和加密坐标点对两种方式来提高长度量算的精度。一般来说，折线段端点应选在曲线拐弯处，以保证端点之间为直线。坐标点对加密的方法会直接导致数据量的

增加，给数据的获取、管理、分析带来额外的负担。

2）栅格模式

对栅格格式表示的线状物体，其长度的量算以地物骨架线延伸通过的栅格数目来确定，要求骨架线是八方向连接。

一个线状物体在栅格图上表现为具有一定宽度的条带，其骨架线是条带的中心轴线，宽度为 1 个栅格单位。骨架线可定义为四方向连接和八方向连接两类。

四方向连接：以边相邻的两个栅格才是连接的。

八方向连接：以边相邻和以角相邻的两个栅格都认为是连接的。

图 2-1 中栅格 0 的八个相邻栅格以不同的方式与之相邻，其中栅格 1，3，5，7 与栅格 0 以边相邻，而栅格 2，4，6，8 则与栅格 0 以顶点相邻。

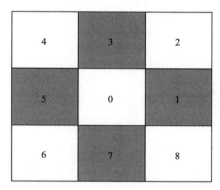

图 2-1　四方向连接与八方向连接

八方向连接的骨架如果以四方向连接的标准去衡量就是不连续的，而四方向连接的骨架如果以八方向连接的标准衡量，其宽度将大于 1，会有冗余栅格，应予以删除。

线状地物长度若根据八方向连接的骨架线计算则有

$$l = \left(N_d + \sqrt{2}N_i\right) \cdot D \tag{2-3}$$

式中，D 为栅格边长；N_d 为骨架线中以边相邻的栅格对数；N_i 为以角相邻的栅格对数。

图 2-2（a）栅格 A 到 B 有三条八方向连接的骨架线，其中，"+"表示连接 AB 的直线，"·"和"○"表示连接 AB 的两条折线，构成以 A、B 为对角的平行四边形，由上述长度计算公式可得，三条折线长度相等，设 $D=1$，则

$$l = \left(N_d + \sqrt{2}N_i\right) \cdot D = 12 + 7\sqrt{2} \tag{2-4}$$

显然，直线 AB 的长度应小于折线 AbB 和 AaB 的长度。

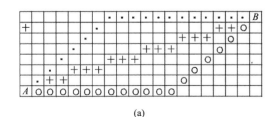

(a)

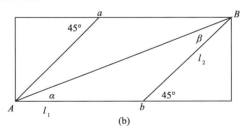

(b)

图 2-2　八方向连接的骨架线

图 2-2(b)中，记 AB 的长度为 l_{AB}，Ab 的长度为 l_1，bB 的长度为 l_2，AbB 的长度为 l_{AbB}，AaB 的长度为 l_{AaB}，根据解析几何，有

$$l_{AaB} = l_{AbB} = l_1 + l_2 \ , \quad \alpha + \beta = 45° \tag{2-5}$$

$$\frac{l_1}{\sin\beta} = \frac{l_2}{\sin\alpha} = \frac{l_{AB}}{\sin 45°} \tag{2-6}$$

$$l_{AaB} = l_{AbB} = l_1 + l_2 = (\sin\alpha + \sin\beta)\frac{l_{AB}}{\sin 45°} = \sqrt{2}\bullet l_{AB}\left[\sin\alpha + \sin\left(45° - \alpha\right)\right] \tag{2-7}$$

$$Q = \frac{l_{AbB}}{l_{AB}} = \sqrt{2}\left[\sin\alpha + \sin\left(45° - \alpha\right)\right] \tag{2-8}$$

对 Q 求极值可知：当 α=22.5°时，曲线 AbB 和 AaB 的长度误差 Q 最大；当 α=0°时，曲线 AbB 和 AaB 的长度误差 Q 为 0，无长度误差。

2.1.3　面积量算

面积是面状物体基本的几何参数之一。

方法一：在平面直角坐标系中，计算面积时，计算 y 值以下面积。按矢量方向，分别求出向右和向左两个方向各自的面积，它们的绝对值之差，便是多边形面积值。

方法二：在矢量结构下，面状物体用其轮廓线构成的多边形表示，对于没有岛或洞的简单多边形，设其有 n 个顶点 P_0，P_1，$\cdots$，$P_n = P_0$，则其面积计算公式为

$$S = \frac{1}{2}\sum_{i=0}^{n-1}\begin{vmatrix} x_i & y_i \\ x_{i+1} & y_{i+1} \end{vmatrix} \tag{2-9}$$

对于有洞或岛的多边形，可分别计算出外多边形与内多边形的面积，相减即可得到多边形的面积。

方法三：在栅格结构下，面状物体的面积可通过栅格数统计得到，边界像元的面积则根据边界线的走向进行分配。如图 2-3 中，1，2，3 代表边界栅格，A，B 表示面状物体的内部栅格，栅格"2"的面积分配为 $A=B=1/2$。

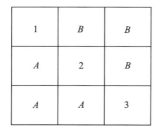

图 2-3　边界像元的面积分配

2.1.4　中心与重心

中心是指空间物体的几何中心。线状物体的中心就是其中点。面状物体的几何中心可由式(2-10)求得，即

$$x_c = \frac{\sum_{i=1}^{n} x_i}{n}, \quad y_c = \frac{\sum_{i=1}^{n} y_i}{n} \tag{2-10}$$

式中，x_c、y_c 分别为面状物体几何中心的横、纵坐标。

线状物体和规则面状物体的重心和中心是相同的，面状物体的重心可理解为多边形的内部平衡点。将多边形 A 划分为若干个互不相交且平行于 y 轴的梯形子区域 A_1，A_2，$\cdots$，A_m，各子区域的重心分别为 $(\overline{x_1}, \ \overline{y_1}),(\overline{x_2}, \ \overline{y_2}),\cdots,(\overline{x_m}, \ \overline{y_m})$，则面状多边形的重心计算公式为

$$x_G = \frac{\sum_{i=1}^{m} x_i A_i}{\sum_{i=1}^{m} A_i}, \quad y_G = \frac{\sum_{i=1}^{m} y_i A_i}{\sum_{i=1}^{m} A_i} \tag{2-11}$$

对各子区域 A_i 的重心计算可由式(2-12)求得，即

$$x_G = \frac{1}{A} \iint_A x \mathrm{d}x \mathrm{d}y, \quad y_G = \frac{1}{A} \iint_A y \mathrm{d}x \mathrm{d}y \tag{2-12}$$

其中，各子区域面积可由梯形面积计算公式求得。

2.1.5　表面积

曲面表面积的计算通常是将计算区域剖分成若干规则单元，对每个单元分别计算出其面积，累计计算总的面积。下面以三角形格网和正方形格网为例分别介绍其表面积的计算。

1. 三角形格网上的表面积计算

三点确定一个平面，所以三角形格网上的曲面片实际上是平面片，如图 2-4 所示，$P_1P_2P_3$ 构成的三角形曲面(平面)的面积为

$$S = \sqrt{P(P-a)(P-b)(P-c)}, \quad P = (a+b+c)/2 \tag{2-13}$$

a，b，c 根据 P_1，P_2，P_3 的坐标值来确定，设 a'，b'，c' 是 $\Delta P_1P_2P_3$ 的边长，如图 2-4 所示，则

$$a = \sqrt{a'^2 + (h_1 - h_2)^2}$$
$$b = \sqrt{b'^2 + (h_2 - h_3)^2} \tag{2-14}$$
$$c = \sqrt{c'^2 + (h_1 - h_3)^2}$$

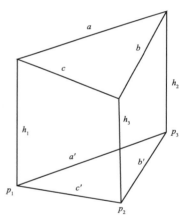

图 2-4　三角形格网表面积计算

2. 正方形格网上的表面积计算

正方形格网上曲面片的表面积计算问题要比三角形格网上的计算复杂得多，其最简单的曲面拟合模型为双线性多项式，为一曲面，无法通过简单的公式计算其表面积。

根据数学分析，在某定义域 A 上，空间单值曲面 $z=f(x, y)$ 的面积计算公式为

$$S = \iint_a \sqrt{\left(1 + f_x^2 + f_y^2\right)} \mathrm{d}x \mathrm{d}y \tag{2-15}$$

式(2-15)一般不能直接计算，常用的方法是近似计算。

辛卜生方法是比较常用的抛物线求积分的方法，其基本思想是先用二次抛物面逼近面积计算函数，进而将抛物面的表面积计算转换为函数值计算。根据辛卜生方法，有

$$\int_0^a f(x)\mathrm{d}x = \frac{1}{3}\frac{q}{n}\Big[f_0 + f_n + 4\big(f_1 + f_3 + \cdots + f_{n-1}\big) + 2\big(f_2 + f_4 + \cdots + f_{n-2}\big)\Big] \tag{2-16}$$

辛卜生方法是将定积分计算转换为计算积分区间上的函数加权平均值。对于边长为 a 的正方形格网，其上的曲面 $f(x, y)$ 的表面积根据辛卜生公式可写成

$$S = \int_0^a\int_0^a \big(1 + f_x^2 + f_y^2\big)^{1/2}\mathrm{d}x\mathrm{d}y = \int_0^a\int_0^a \varphi(x, y)\mathrm{d}x\mathrm{d}y = \int_0^a \mathrm{d}x\int_0^a \varphi(x, y)\mathrm{d}y \tag{2-17}$$

又有

$$\int_0^a \varphi(x, y)\mathrm{d}y = \frac{a}{3n}\Big[\varphi_{0x} + \varphi_{nx} + 4\big(\varphi_{1x} + \varphi_{3x} + \cdots + \varphi_{n-1,x}\big) + 2\big(\varphi_{2x} + \varphi_{4x} + \cdots + \varphi_{n-2,x}\big)\Big] \tag{2-18}$$

则

$$\begin{aligned}
S &= \int_0^a\Big[\int_0^a \varphi(x, y)\mathrm{d}y\Big]\mathrm{d}x \\
&= \frac{a}{3n}\int_0^a\Big[\varphi_{0x} + \varphi_{nx} + 4\big(\varphi_{1x} + \varphi_{3x} + \cdots + \varphi_{n-1,x}\big) + 2\big(\varphi_{2x} + \varphi_{4x} + \cdots + \varphi_{n-2,x}\big)\Big]\mathrm{d}x \\
&= \frac{a^2}{9n^2}\Big\{\big[\varphi_{00} + \varphi_{0n} + 4\big(\varphi_{01} + \varphi_{03} + \cdots + \varphi_{0,n-1}\big) + 2\big(\varphi_{02} + \varphi_{04} + \cdots + \varphi_{0,n-2}\big)\big] + \\
&\quad \big[\varphi_{n0} + \varphi_{nn} + 4\big(\varphi_{n1} + \varphi_{n3} + \cdots + \varphi_{n,n-1}\big) + 2\big(\varphi_{n2} + \varphi_{n4} + \cdots + \varphi_{n,n-2}\big)\big] + \\
&\quad 4\big[\varphi_{10} + \varphi_{1n} + 4\big(\varphi_{11} + \varphi_{13} + \cdots + \varphi_{1,n-1}\big) + 2\big(\varphi_{12} + \varphi_{14} + \cdots + \varphi_{1,n-2}\big)\big] + \\
&\quad 2\big[\varphi_{20} + \varphi_{2n} + 4\big(\varphi_{21} + \varphi_{23} + \cdots + \varphi_{2,n-1}\big) + 2\big(\varphi_{22} + \varphi_{24} + \cdots + \varphi_{2,n-2}\big)\big] + \cdots\Big\}
\end{aligned} \tag{2-19}$$

式中，n 为将格网边等分的数量。设 $n=2$，则有

$$S = a^2\Big(\frac{1}{36}\varphi_{00} + \frac{1}{36}\varphi_{02} + \frac{1}{9}\varphi_{01} + \frac{1}{36}\varphi_{20} + \frac{1}{36}\varphi_{22} + \frac{1}{9}\varphi_{21} + \frac{1}{9}\varphi_{10} + \frac{1}{9}\varphi_{12} + \frac{4}{9}\varphi_{11}\Big) \tag{2-20}$$

设 $n=4$，则有

$$\begin{aligned}
S = a^2\Big(&\frac{1}{144}\varphi_{00} + \frac{1}{144}\varphi_{04} + \frac{1}{36}\varphi_{01} + \frac{1}{36}\varphi_{03} + \frac{1}{72}\varphi_{02} + \\
&\frac{1}{144}\varphi_{40} + \frac{1}{144}\varphi_{44} + \frac{1}{36}\varphi_{43} + \frac{1}{72}\varphi_{42} + \frac{1}{36}\varphi_{10} + \frac{1}{36}\varphi_{14} + \\
&\frac{1}{9}\varphi_{11} + \frac{1}{9}\varphi_{13} + \frac{1}{18}\varphi_{12} + \frac{1}{36}\varphi_{30} + \frac{1}{36}\varphi_{34} + \frac{1}{9}\varphi_{31} + \\
&\frac{1}{9}\varphi_{33} + \frac{1}{18}\varphi_{32} + \frac{1}{72}\varphi_{20} + \frac{1}{72}\varphi_{24} + \frac{1}{18}\varphi_{21} + \frac{1}{18}\varphi_{23} + \frac{1}{36}\varphi_{22}\Big)
\end{aligned} \tag{2-21}$$

以上系数分布如图 2-5 所示，根据辛卜生方法的要求，正方形格网必须分为偶数块，n 必须为偶数，即 $n=2, 4, 6, 8, \cdots$。一般地，n 越大计算越精确，但考虑到这种抛物面对面积函数的逼近本身就是一种近似，况且 n 的增大无疑会增大计算量，一般来说，n 取 2 或 4 是适宜的。

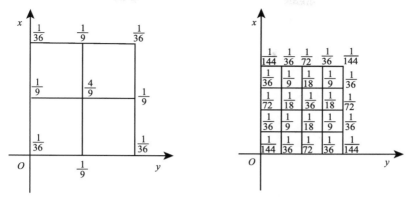

图 2-5 正方形格网表面积计算

2.1.6 体积

体积通常是指空间曲面与一基准平面之间的空间的体积，在大多数情况下，基准平面是一水平面。基准平面的高度不同，尤其当高度上升时，空间曲面的高度可能低于基准平面，此时体积会出现负值。在地形数据处理中，当体积为正时，工程中称为"挖方"，当体积为负时，称为"填方"，如图 2-6 所示。

体积的计算通常也是采用近似方法，由于空间曲面表示方法的差异，近似计算的方法也不一样。下面以正方形格网和三角形格网为例，介绍其体积计算方法。其基本思想均是以基底面积（三角形或正方形）乘以格网点曲面高度的均值，区域总体积是这些基本格网上的体积之和。

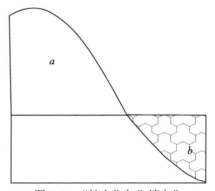

图 2-6 "挖方"与"填方"

对三角形格网，其基本格网上的体积计算方法为

$$V = S_A(h_1 + h_2 + h_3) / 3 \tag{2-22}$$

式中，S_A 为基底格网三角形 A 的面积；h_1、h_2、h_3 为三角形格网各顶点的高程值。

对于正方形格网，其基本格网上的体积为

$$V = S_A(h_1 + h_2 + h_3 + h_4) / 4 \tag{2-23}$$

式中，S_A 为基底格网正方形 A 的近似面积（因为正方形格网不一定是平面）；h_1、h_2、h_3、h_4 为正方形格网各顶点的高程值。

2.2 空间形态量算

除空间点以外的空间物体都具有形态特征，本节主要讲述空间物体的形态参数及计算方法。

2.2.1 曲率和弯曲度

曲率和弯曲度是描述线状物体形态的基本参数。

线状物体的曲率由数学分析定义为曲线切线方向角相对于弧长的转动率，设曲线的形式

为 $y = f(x)$，则曲线上任意一点的曲率为

$$K = \frac{y''}{\left(1 + y'^2\right)^{\frac{3}{2}}} \tag{2-24}$$

对于以参数形式 $x = x(t)$，$y = y(t)$（$\alpha \leqslant t \leqslant \beta$）表示的曲线，其上任意一点的曲率的计算式为

$$K = \frac{x'y'' - x''y'}{\left(x'^2 + y'^2\right)^{\frac{3}{2}}} \tag{2-25}$$

上述曲率计算的前提是曲线必须是连续光滑的(二阶层数存在)，对于多项式曲线，显然必须是二次以上的光滑曲线。

对于以离散点表示的线状物体，必须先进行光滑插值，再按式(2-24)或式(2-25)计算。

曲率反映的是曲线的局部弯曲特征，平均曲率反映曲线的整体弯曲特征，其计算公式为

$$\overline{\overline{K}} = \frac{\int_L K \mathrm{d}s}{\int_L \mathrm{d}s} \tag{2-26}$$

对于以参数形式表示的曲线，则为

$$\overline{K} = \frac{\int_\alpha^\beta K \sqrt{\left(x^2 + y^2\right)} \, \mathrm{d}t}{\int_\alpha^\beta \sqrt{\left(x^2 + y^2\right)} \, \mathrm{d}t} \tag{2-27}$$

事实上，即使 $x(t)$，$y(t)$ 是简单的二次多项式，其计算也相当复杂，一个简单的办法是将 $[\alpha, \beta]$ 进行 n 等分，则有 $\alpha = t_0$，t_1，$\cdots$，$t_n = \beta$。

在各分线段上选取某一点计算曲率，得到 K_1，K_2，$\cdots$，K_n，则

$$\overline{K} = \frac{1}{n} \sum_{i=1}^n K_i \tag{2-28}$$

曲率的应用不仅限于抽象地描述曲线的弯曲程度，还具有工程和管理等方面的意义，如河流的弯曲程度将影响汛期河道的通畅状况；高速公路的修建也需要一定的曲率，曲率的大小影响汽车的行驶速度和行程距离。另外在径流加速度、侵蚀/分解速率、地貌特征研究、滑坡分布、土壤温度、植物分布、水流分解、断层交点等方面，曲率也都有重要作用。

弯曲度是描述曲线弯曲程度的另一个参数，它定义为曲线长度与曲线两端点定义的线段长度之比(图 2-7)。

$$S = L/l \tag{2-29}$$

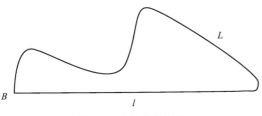

图 2-7 弯曲度的计算

在实际应用中，弯曲度 S 并不主要用来描述线状物体的弯曲程度，而是反映曲线的迂回特性。在交通运输中，这种迂回特性无疑将加大运输成本，降低运输效率，且增加运输系统的维护难度。在一个交通网络中，节点对之间通道(曲线)的弯曲度越小越好，弯曲度的大小可以衡量交通的便利性。

2.2.2　形状系数

如果认为一个标准的圆目标既非紧凑型也非膨胀型，则可定义其形状系数为

$$r = \frac{P}{2\sqrt{\pi} \cdot \sqrt{A}}$$ (2-30)

式中，P 为面状物体的周长；A 为面积。$r<1$，表示目标物为紧凑型；$r=1$，表示目标物为一标准圆；$r>1$，表示目标物为膨胀型。

2.2.3　长轴、短轴与大地长度

设面状物体 A 为一平面连通闭集，在 A 上可定义其长轴 L_A 与短轴 W_A 如下。

长轴 L_A：设 A 的重心为 C，A 中相距直线距离最远的两点间连线记为 L'_A，沿 L'_A 垂直方向平移 L'_A 至 C 得 W_A，如图 2-8(a) 所示。

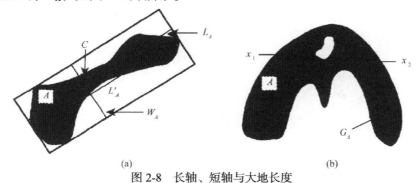

(a)　　　　　　　　　　　　(b)

图 2-8　长轴、短轴与大地长度

短轴 W_A：以 L_A 为长边方向作 A 的外接矩形，W_A 为过 C 点并垂直于 L_A 且长度等于矩形短边的直线段，如图 2-8(a) 所示。

大地距离 G_d：设 x_1，x_2 为 A 中任意相异两点，其间的大地距离为包含于 A 中的两点间通道的最短者。

大地长度 G_A：为 A 中任意点对间大地距离的最长者(图 2-8(b))，即 $G_A = S_{up}[G_d(x_1, x_2) | x_1 \in A, x_2 \in A]$。

在大多数情况下，长轴和短轴可描述 A 的空间延展特性和走向，大地长度和大地距离反映了 A 中的实地距离。

长轴 L_A 的计算分为三步：先计算 L'_A，然后计算 C，最后计算 $L_A(L'_A$ 的平移)。当 A 表示为多边形时，L'_A 必定是 A 中某两个顶点之间的连线，计算出 A 的顶点间距离矩阵$[d_{ij}]$，设 $d_{lk}=\max[d_{ij}]$，连接顶点 L、K 即得 L'_A。

C 的计算一般通过数值积分求得，根据定义，C 的坐标(X_C, Y_C)计算如下：

$$\begin{cases} X_C = \dfrac{1}{A} \iint_A x\mathrm{d}x\mathrm{d}y \\ Y_C = \dfrac{1}{A} \iint_A y\mathrm{d}x\mathrm{d}y \end{cases}$$ (2-31)

式(2-31)直接计算比较困难，由于 A 是多边形，可将 A 分为若干互不相交的子区域 A_1，A_2，…，A_m，各子区域的重心分别为 (x_1, y_1)，(x_2, y_2)，…，(x_m, y_m)，则有

$$\begin{cases} X_C = \sum x_i A_i / \sum A_i \\ Y_C = \sum y_i A_i / \sum A_i \end{cases} \tag{2-32}$$

对子区域 A_i 的重心 $(x_i,\ y_i)$ 计算参照图 2-9，并根据式 (2-32) 进行。例如，在图 2-9 中，加阴影的子区域 A_i 的 x 轴方向的起点为 x_b，终点为 x_e，y 轴方向起始范围为 $f_1(x) = a_1x + b_1$，终止范围为 $f_2(x) = a_2x + b_2$，则有

$$X_i = \frac{1}{A_i} \iint_{A_i} x \mathrm{d}x \mathrm{d}y = \frac{1}{A_i} \int_{x_b}^{x_e} x \left[\int_{f_1(x)}^{f_2(x)} y \mathrm{d}y \right] \mathrm{d}x = \frac{1}{A_i} \int_{x_b}^{x_e} x \left[f_2(x) - f_1(x) \right] \mathrm{d}x \tag{2-33}$$

$$Y_i = \frac{1}{A_i} \iint_{A_i} y \mathrm{d}x \mathrm{d}y = \frac{1}{A_i} \int_{x_b}^{x_e} \left[\int_{f_1(x)}^{f_2(x)} y \mathrm{d}y \right] \mathrm{d}x = \frac{1}{A_i} \int_{x_b}^{x_e} \frac{1}{2} \left[f_2^2(x) - f_1^2(x) \right] \mathrm{d}x \tag{2-34}$$

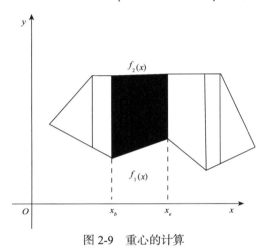

图 2-9　重心的计算

L_A' 的平移通过平面上点到直线的垂足的计算进行。

计算 W_A 的简单方法是首先根据 L_A 的斜率将 A 所在的坐标系进行旋转，使 L_A 处于水平位置，这样只要计算出 A 经变换后的坐标极大值 $Y_{\max}'$ 和极小值 $Y_{\min}'$，以及 C 的 X 坐标 X_C'，就得到 W_A 经变换的顶点坐标为 $(X_C',\ Y_{\max}')$ 和 $(X_C',\ Y_{\min}')$，再经过逆变换将 A 旋转到原坐标系中去，即解得 W_A 的最终顶点坐标。

A 的大地长度的计算比长轴和短轴的计算要复杂得多。在 A 表示为多边形时，A 的大地长度为 A 的顶点间一一对应的大地距离的最大值，如果确定了所有顶点对之间的大地距离，则就确定了 A 的大地长度，并且确定了其相应路径。

对 A 中任意相异两顶点 P_i、P_j，两点间的大地距离计算 (图 2-10) 如下。

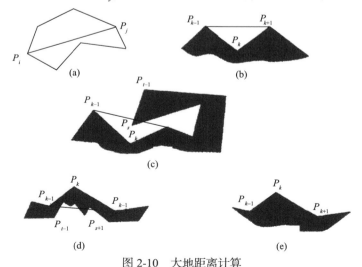

图 2-10　大地距离计算

（1）记大地距离路径 $P = \{P_i,\ P_j\}$；

（2）直接连接 P_i，P_j 得 P_iP_j，如果 P_iP_j 包含于 A，则 P_iP_j 就是 P_i 和 P_j 间的大地距离及相应路径，输出 P（图 2-10(a)），否则进行第(3)步；

（3）记 $P=\{P_iP_{i+1}，P_{i+1}P_{i+2}，…，P_{j-1}P_j\}$；

（4）对 P 中任一顶点 $P_k(P_k \neq P_i，P_k \neq P_j)$，计算 $P_{k-1}P_{k+1}$，如果 $P_{k-1}P_{k+1}$ 包含于 A（图 2-10(e)），则

$$P \Leftarrow P-\{P_{k-1}P_k，P_kP_{k+1}\}，P \Leftarrow P+\{P_{k-1}P_{k+1}\}$$

$a.$ 如果 $P_{k-1}P_{k+1}$ 全不包含于 A（图 2-10(b)），转(5)；

$b.$ 如果 $P_{k-1}P_{k+1}$ 部分包含于 A（图 2-10(c)、(d)），则找出与 $P_{k-1}P_{k+1}$ 相交的 A 的边中最靠近 P_{k-1} 和 P_{k+1} 的两边，记为 P_tP_{t-1}，P_sP_{s+1}，如果 $P_{k-1}P_{k+1}$ 被此两边相截的靠近 P_{k-1} 和 P_{k+1} 的部分不属于 A（图 2-10(c)），则转(5)，否则：

$$P \Leftarrow P-\{P_{k-1}P_k，P_kP_{k+1}\}，P \Leftarrow P+\{P_{k-1}P_t，P_t\sim P_s，P_sP_{k+1}\}$$

其中，$P_t\sim P_s$ 为 A 中从 P_t 到 P_s 的边的集合（图 2-10(d)）。

（5）$k \Leftarrow k+1$，如果 $P_k \neq P_j$，则转(4)。如果 P 在上一轮计算中发生了变化，则转(4)，否则输出 P_0。

图 2-11 是计算大地距离的一个实例，图 2-11(a) 为一个由 12 个点定义的多边形，要计算点 1 到 10 之间的大地距离，显然从点 1 到点 10 有两条起始路径，即

$P_1=\{P_1P_2，P_2P_3，P_3P_4，P_4P_5，P_5P_6，P_6P_7，P_7P_8，P_8P_9，P_9P_{10}\}$

$P_2=\{P_1P_{12}，P_{12}P_{11}，P_{11}P_{10}\}$

现取 $P=P_1$，以点 1 为起点，经第一轮计算得到图 2-11(b)，即

$P=\{P_1P_4，P_4P_5，P_5P_{12}，P_{12}P_8，P_8P_{10}\}$

经第二轮计算得到图 2-11(c)，即

$P=\{P_1P_4，P_4P_{12}，P_{12}P_8，P_8P_{10}\}$

经第三轮计算得到图 2-11(d)，即

$P=\{P_1P_{12}，P_{12}P_8，P_8P_{10}\}$

第四轮计算不改变 P，则由点 1 到点 10 的大地距离唯一确定。

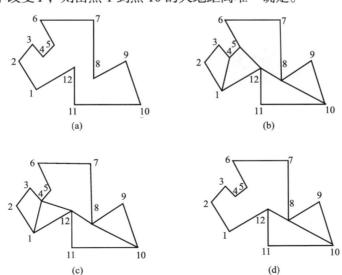

图 2-11　大地距离计算实例

以上算法是基于矢量数据的，逻辑简单但运算复杂，效率也不高，如果在栅格方式下，则可以通过欧氏距离变换方法设计出速度较快的算法。

2.2.4　简单图形概括

大多数空间面状物体表现为非规则的复杂形状，如湖泊、城市等的形状，这些复杂的面状物体有时需要用形状简单的图形对其进行概括，较为常见的有最大内切圆、最小外接圆、多边形的最小凸包、最小外接矩形等。

(1)最大内切圆可应用于空间项目选址等空间决策过程中，如地图上多边形内点状符号的自动设置定位就是要找出该多边形的最大内切圆。采用矢量方法进行最大内切圆的精确计算相当复杂，较好的方法是对面状多边形进行栅格化处理，然后进行欧氏距离变换，具有最大值的栅格即为最大内切圆的圆心，栅格值为内切圆的半径。内切圆一般并不唯一，如矩形的最大内切圆就有无穷多个。

(2)最小外接圆实现的算法很多，可以通过直接计算的方法，也可以基于多边形的外凸壳进行计算。最小外接圆也可以应用于选址定位分析中，如一个中学的选址就应该保证所有村庄的学生到该中学的直线距离尽可能短，这个中学的最优位置就是该区域的最小外接圆圆心。

(3)多边形的最小凸包也称作外凸壳，对简单(连通)多边形 P 而言，其最小凸包 P_c 是这样一个凸多边形，如果存在包含 P 的另一凸多边形 P_0，则 P_c 是 P_0 的子集，因此 P_c 是包含 P 的最小凸多边形。不难理解，多边形的最小凸包与该多边形顶点集合的最小凸包是一致的。最小凸包是计算几何中研究最广泛的问题之一，其实现算法很多，有串行与并行之分和"增点"递推与"删点"递推之分。下面介绍一种平面上离散点集最小凸包实现的串行算法。

找出点集中 x 坐标值最小和最大的两个极限点 P_{min} 和 P_{max}，显然该两点位于凸包边界上。用直线连接 P_{min} 和 P_{max}，则点集中的点部分位于直线上方，部分位于下方，因此点集的最小凸包由从 P_{min} 到 P_{max} 的上凸壳和下凸壳组成，如图 2-12 所示。分别求得上凸壳和下凸壳，合并两者即是所求的最小凸包。由于算法的对偶性，只要计算出上凸壳，则下凸壳也可以类似地进行计算。

计算上凸壳时，仅需要考虑直线上方的点(同理，计算下凸壳时也仅需要考虑直线下方的点)。上凸壳必须包含直线上方距直线最远的点，如果所有的点都不居于直线上方，则上凸壳由 $P_{min}P_{max}$ 唯一确定。若找到相应的点 P_m，则继续将 $P_{min}P_m$ 一分为二，进行后续寻找，如此重复，走到所有部分的范围内都找不到位于直线上方的点，上凸壳即由

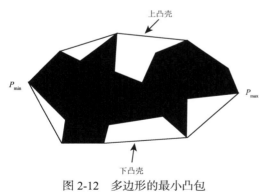

图 2-12　多边形的最小凸包

历次剖分中选中的点唯一确定。其具体计算过程如图 2-13 所示。

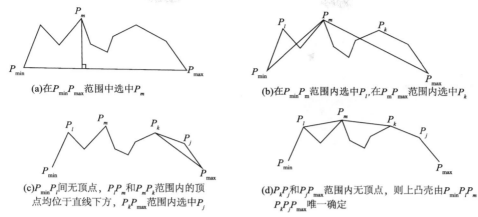

(a)在$P_{min}P_{max}$范围中选中P_m

(b)在$P_{min}P_m$范围内选中P_l，在P_mP_{max}范围内选中P_k

(c)P_mP_l间无顶点，P_lP_m和P_mP_k范围内的顶点均位于直线下方，P_kP_{max}范围内选中P_j

(d)P_kP_j和P_jP_{max}范围内无顶点，则上凸壳由$P_{min}P_lP_m$ $P_kP_jP_{max}$唯一确定

图 2-13 上凸壳的计算

下面再介绍一种实现多边形最小凸包的"硬币算法"，该算法逻辑简单，容易实现，效率较高，其算法描述如下(图 2-14)。

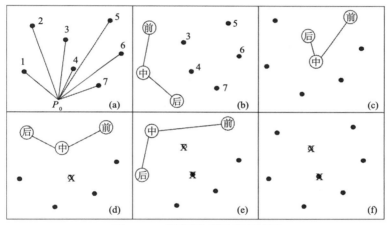

图 2-14 "硬币"算法实现过程

a. 找出点集中的极限点，一般以 y 值最小的点为极限点，记作 P_0(图 2-14(a))。

b. 以 P_0 为原点，将其余的 $n-1$ 个点按顺时针方向排序，得到序列 P_0，P_1，$\cdots$，$P_n=P_0$。

c. 在点 P_0，P_1，P_2 上分别设置一枚硬币，标记为"后"、"中"、"前"，则这三枚硬币构成一个"右拐"，即"前"位于从"后"到"中"方向上的右侧(图 2-14(b))。

d. 执行下列循环。如果"前"，"中"，"后"构成"右拐"或三点共线，则将"后"挪到序列中"前"的下一点，重新标记硬币，即将"后"记为"前"，"前"记为"中"，"中"记为"后"；否则(三枚硬币构成"左拐"，见图 2-14(c)，(d)，(e))：将"中"挪到"后"的后一点(序列中的前一点)，将"中"原先所在的点从序列中删除，重新标记硬币，即将"中"记为"后"，"后"记为"中"；循环结束条件："前"到达 P_0 并且三枚硬币构成"右拐"。

e. 依次连接序列中剩余的点，这些点依次相连则构成点集的凸包(图 2-14(f))。

（4）最小外接矩形。使用凸包的一个难点是，凸包往往是一些难于使用与处理的形状，在许多情况下，具有规则形状的边界处理起来相对简单，如圆或规则多边形。最小外接矩形

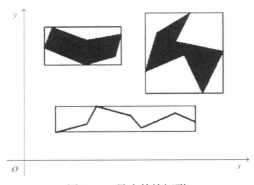

（minimum bounding rectangles，MBR）是沿坐标系统排列且紧密包围所选特征的矩形，又被称为最小外包矩形（minimum enclosing(or envelope)rectangles，MER），如图 2-15 所示。

在大多数情况下，处理最小外接矩形是简单而快速的，如确定一个 MBR 的中心位置，或是确定一个 MBR 是否完全包含在研究区域内或在另一个 MBR 内。

图 2-15　最小外接矩形

（5）空间完整性。面状物体空间形态的复杂性有时表现在面状物体的复合上。例如，一片森林中有几小片灌木丛，大面积的玉米种植区内有几小块大豆种植区等。这样的多边形形态需要考虑两个方面：一是以空洞区域和碎片区域确定该区域的空间完整性；二是多边形边界特征描述问题。

空间完整性是空洞区域内空洞数量的度量，通常用欧拉函数进行量测。在上述例子中，如果在这片区域内由于种植了大豆而使得玉米的种植区完全分离为小片，则称它为碎片区域。欧拉函数是关于碎片程度及空洞数量的一个数值量测法，用公式表示为

$$欧拉数=空洞数-（碎片数-1）\tag{2-35}$$

对于图 2-16，（a）中欧拉数=4-（1-1）=4；（b）中欧拉数=4-（2-1）=3；（c）中欧拉数=5-（3-1）=3。

(a)欧拉数=4　　　　　　　　　(b)欧拉数=3　　　　　　　　　(c)欧拉数=3

图 2-16　欧拉数

2.2.5　空间抽样

对一切社会和自然现象(事物)，其获取数据的方式只有两种，即普查和抽样。普查的缺点是数据量、工作量大，时间和经济成本过高，而且在很多情况下无法实行，如对于野生动物的数据就不可能进行普查。抽样也是数据获取的主要手段。一般地，空间抽样可分为下列3 种类型。

（1）为了估计和推测空间物体的某种非空间属性的抽样，如在城市布设观测点进行平均温度估计、降水量估算等。

（2）为了描述空间物体形态的抽样，如线状地物特征点的抽样、面状物体边缘特征点的抽样、曲面物体(高程)点的布设等。

（3）为了进行空间物体分类的抽样，如各种土壤类型划分、气候分区等。

图 2-17　用采样点描述原始曲线
"×"为采样点

这里主要介绍空间物体形态的抽样，由于点状物体不存在形态问题，而面状物体的边界也是线状，因此主要介绍线状物体的抽样和曲面抽样。

1）线状物体的抽样

一个线状物体总是由其上的采样点描述的（图 2-17），采样点越密，则描述原始地物的能力也越强，但随之而来的是数据量急剧增大，对数据管理和分析都带来困难。因此，抽样的任务是以尽可能少的抽样点来描述原始地物，并保证在容许误差限度内，再现地物的形态特征。

抽样误差主要从两个方面来考虑，一个是位置的正确性，即抽样前后偏差最小；二是弯曲特征的正确性，即应抽取反映曲线形态特征的点。无论是位置的正确性，还是弯曲特征的正确性，都不是相对于实际地物而言，而是相对于高密度的抽样数据而言。

如图 2-18 所示，用（P_0，P_4，P_5，P_7）这 4 个点表示原始数据的 8 个点，产生的位置误差最大值为

$$D_{max}=\max(d_0,\ d_1,\ \cdots,\ d_7)$$

式中，$d_0=d_4=d_5=d_7=0$，若 D_{max} 不大于可容许的偏差 D_t，则说明将数据压缩了一倍，而线状仍保证了位置上的正确性，该抽样是可靠的。

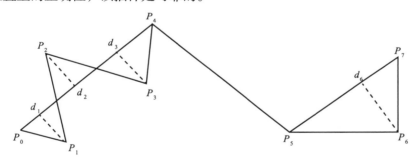

图 2-18　在位置偏差允许范围内抽样

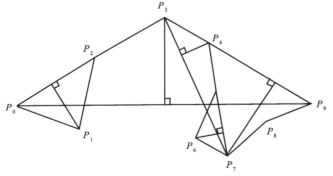

图 2-19　Douglas-Peukerr 抽样算法

针对位置正确的线状地物抽样，有许多算法，但无论哪种算法，曲线的首末点是必须保持的。

（1）简单抽样算法。依次对曲线的中间点（首末点以外的其他点）计算其到相邻两点连线的距离（偏差），若该距离大于限差，相应点保留，否则删除。其缺点是有可能删除偏差大于限差的点，并且如果将曲线反向，所得结果有可能不同。

（2）Douglas-Peukerr 抽样算法。如图 2-19 所示，将首末两点间连一直线，探测最大偏差点，若该点与直线偏差不大于限差，则删除所有中间点，用该直线代替原曲线，抽样结束。

否则保留该点，将曲线以该点为限分成两段，重复上述步骤。其优点是具有平移、旋转的不变性，给定曲线与限差后，抽样结果一定。

（3）McMaster 方法。如图 2-20 所示，若 P_i 为最近被保留（抽取）的点，当上一个点为 P_{i+1}，下一个点为 P_{i+2}，若角度 θ 值小于给定限差，则 P_{i+1} 被删除，否则保留。依此类推。

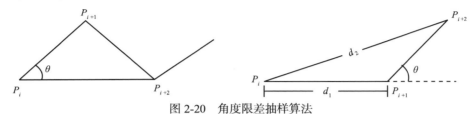

图 2-20　角度限差抽样算法

（4）Jenks 改进的角度限差算法。对点间的距离提出限制，保证删去过密的点和较小的弯曲。

策略：若 $(d_1<D_1)\wedge(d_2<D_2)\wedge(\theta>A)$，则保留 P_{i+1}。

（5）抽样误差。无论哪种抽样方法都必然会产生误差。线状地物抽样的效果一般用偏差面积和位移矢量来衡量（图 2-21）。

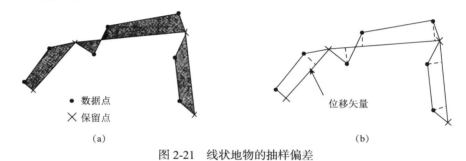

● 数据点
✕ 保留点

（a）　　　　　　　　　　　　（b）

图 2-21　线状地物的抽样偏差

偏差面积是指原始曲线与抽样曲线间的面积之和；位移矢量代表原始曲线上点与抽样曲线的偏差距离。

抽样误差的特点是将曲线"拉直"，除了位置上的误差以外，还会使曲线长度变短，对凸多边形而言，面积变小。

（2）曲面抽样

对于地理空间中呈连续分布的物体（现象），如地形、降水量等，为了定量描述这些现象的空间变化状态，通常采用系统抽样方法，即在平面布设规则格网，系统地抽取格网点上的观测值。从理论上讲，格网可以是三角形、四边形、六边形等任何一种能够均匀划分平面的格网，但实际应用中，考虑到处理的方便性，以正方形格网的应用为多。

格网尺寸大小的确定在曲面抽样中至关重要，格网过大，曲面的某些变化可能无法正确反映出来，但如果格网过密，又将会造成数据量的急剧增加，对数据的获取以及分析处理和管理都会带来额外负担。在保证正确描述现象空间变化状态的前提下，尽可能使用大格网是曲面抽样研究的核心问题。

Makarovic（1973）提出了渐进抽样方法，其基本思想是根据地形的变化情况改变抽样密度，对地形复杂的地区增加格网（抽样）密度，对地形起伏变化不大的地区减小格网密度，这样既能保证抽样精度，又可降低数据冗余。

2.2.6 曲线插值与光滑

在工程中,常有这样的问题:给定一组数据点,要求出满足特定要求的曲线或曲面。

曲线插值是为了确定离散点之外的曲线的位置,以保证能更详细地描述曲线。曲线插值要求所生成的曲线通过所有的数据点。很多情况下,为了视觉上的逼真和美观,通常要求所输出的曲线是"光滑"的,曲线光滑要求生成的曲线不但是连续的,而且至少其一阶导数、甚至高阶导数也必须是连续的。

对于 n 个离散点,原则上可以用 $n-1$ 次多项式来生成一条光滑曲线,并保证曲线能通过每一个离散点,但由于计算复杂,结果不稳定,实际上,这种方法在空间分析中基本不用。

设有 n 个离散点 P_1,P_2,$\cdots$,P_n,其坐标分别为 (x_1,y_1),(x_2,y_2),$\cdots$,(x_n,y_n),下面以这 n 个离散点为例,介绍几种常用的曲线插值方法。

1)分段线性插值

线性插值计算简单,是 GIS 中使用最多的曲线插值方法。其基本思想是将离散点序列中相邻两点 P_i 与 P_{i+1} 之间的值用直线段表示,其直线方程为

$$P(\mu) = P_i(1-\mu) + P_{i+1} \cdot \mu \quad (i=1,2,3,\cdots,n-1) \tag{2-36}$$

显然,$0 \leqslant \mu \leqslant 1$。当 $\mu=0$ 时,$P(0)=P_i$;当 $\mu=1$ 时,$P(1)=P_{i+1}$;随着 μ 从 0 变化到 1,$P(\mu)$ 从 P_i 沿直线趋向于 P_{i+1}。

选择线性插值的根据有两点:一是在线状物体的抽样中,绝大多数情况下是抽取曲线上的特征点,两相邻抽样点之间的曲线段总是近似于直线,与直线的偏差小于给定的值(精度阈值);二是当两点之间曲线的变化情况未知时,以直线来表示比其他任何曲线更为可靠,因为直线可以认为是一切曲线的"均值"。

线性插值的明显缺陷是曲线以折线表示,不光滑,视觉效果较差。

2)分段非线性插值

这里主要介绍分段三次多项式插值。

其基本思想是将离散点序列中的相邻两点 P_i,P_{i+1} 之间的值用一个三次多项式表示,其表达式如下:

$$y = C_0 + C_1 x + C_2 x^2 + C_3 x^3 \tag{2-37}$$

考虑到曲线插值的光滑要求,即曲线不但要经过 P_i,P_{i+1} 两点,而且其一阶层数在该两点处也必须连续,故可得到求解系数 $C_i(i=0,1,2,3)$ 的 4 个已知条件,分别为

$$y_i = C_0 + C_1 x_i + C_2 x_i^2 + C_3 x_i^3$$
$$y_i' = C_1 + 2C_2 x_i + 3C_3 x_i^2$$
$$y_{i+1} = C_0 + C_1 x_{i+1} + C_2 x_{i+1}^2 + C_3 x_{i+1}^3$$
$$y_{i+1}' = C_1 + 2C_2 x_{i+1} + 3C_3 x_{i+1}^2$$

确定已知点 y_i' 处曲线导数的方法较多,比较简单的是

$$y_i' = \frac{y_{i+1} - y_{i-1}}{x_{i+1} - x_{i-1}} = \tan\theta \tag{2-38}$$

式(2-38)求导的优点是计算极为简单,缺点是 y_i' 的取值显得比较粗糙,且与当前点无关。

但考虑到 (x_i, y_i) 是 (x_{i-1}, y_{i-1}) 与 (x_{i+1}, y_{i+1}) 之间唯一的曲线特征点，则这样做也是可行的。

该方法仅适用于单值曲线的情况，对于多值曲线，由于可能会有 $\theta = 90°$ 的情况，而使得 y_i' 的计算取值出现问题，解决的办法是以参数方程表示并求导。对于开曲线的情况，曲线端点的导数可以用其与相邻点的坐标差值来确定，如图 2-22 所示。

一种改进的求导方法是当前点的一阶导数由相邻五点求出的中间点导数而得出，如图 2-23 所示。该方法中假设平面曲线上的五个相邻数据点为 1，2，3，4，5，并设线段 l_{12}，l_{23}，l_{34}，l_{45} 的斜率分别为 K_1，K_2，K_3，K_4，且有

$$K_i = \frac{y_{i+1} - y_i}{x_{i+1} - x_i} \quad (i = 1, 2, 3, 4)$$

于是，当曲线为单值曲线时，对当前点 3 的斜率 t_3，可用上述四个相邻线段的斜率的加权平均求得

$$t_3 = \frac{|K_4 - K_3| K_2 + |K_2 - K_1| K_3}{|K_4 - K_3| + |K_2 - K_1|}$$

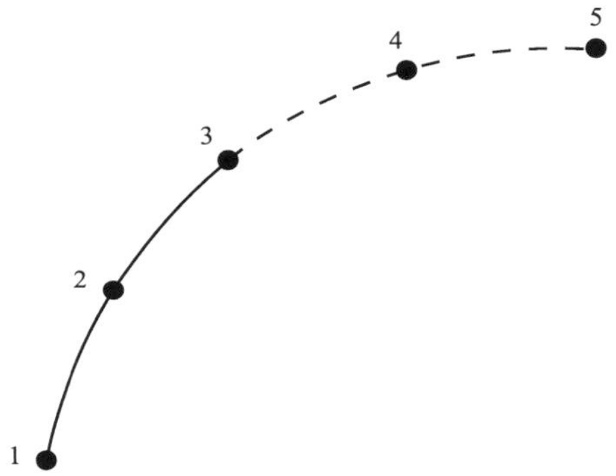

图 2-22　开曲线 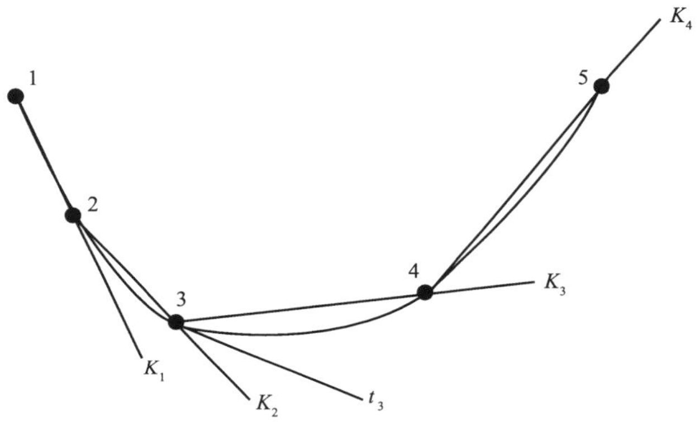　　　　图 2-23　五点光滑法求导

曲线插值的方法很多，除了常用的线性和三次多项式插值外，还有许多其他的插值方法，如二次多项式平均加权法、张力样条函数插值法等。在空间分析中，采用何种曲线插值方法所要考虑的主要因素是计算精度和计算速度，在满足精度要求的前提下，一般会选择编程尽量容易且计算速度尽可能快的方法。

2.2.7　曲面拟合

空间曲面是一张连续的曲面，无论是规则格网还是不规则三角网，都只是对空间曲面的一种抽样描述。为了从抽样数据中导出空间曲面的其他信息，需要进行曲面拟合。曲面拟合的根本任务是根据已知的数据点拟合一个数学曲面来表示原空间曲面。

从数学上讲，曲面拟合分为插值和逼近两类，通过插值方法拟合曲面要求所拟合的曲面必须要通过所有抽样数据点，而逼近方法拟合的曲面不要求所拟合的曲面通过抽样点，但要求所拟合的曲面在整体上要充分逼近实际的空间曲面。空间逼近一般使用最小二乘法，使得所拟合的曲面在抽样点处与点值差的平方和达到最小。空间逼近方法在空间趋势面分析时会一并介绍，这里仅讨论空间插值方法。

1）分块插值与全局插值

曲面插值可分为分块插值和全局插值两种方法。

分块插值是指将整个分析区域根据数据格网剖分为若干小单元，在每个单元上独立拟合一个小曲面片，若干小曲面片连接起来构成整个空间曲面。一般会要求相邻曲面片在边界上连续，即给出相同的数值。特殊情况还要求由若干小曲面片所连接起来的空间曲面在边界上不但连续，还要光滑，以便更逼真地描述曲面形态。

由于空间曲面一般由规则格网和不规则三角网表示，因此常用的分块插值是基于方格单元的插值和基于三角形单元的插值。

全局插值就是用一个统一的数学曲面来描述待插曲面，这个统一的曲面必须在全部抽样点上与抽样数据吻合。从数学上讲，要找一个简单曲面并使其通过全部抽样点是不可能的，为解决这个问题，Hardy（1971）提出了用多个简单曲面叠加进行全局插值的多面函数插值法，其数学表达式为

$$z = f(x, y) = \sum_{i=1}^{n} C_i Q(x, y, x_i, y_i) \tag{2-39}$$

式中，$Q(x, y, x_i, y_i)$ 为简单的单值数学面，又称为核函数；n 为多面函数中简单曲面（核函数）的个数，由于计算上的要求，其数量与抽样数据点的数量相等；C_i 为待定系数。一般来说，Q 的形式是人为选定的，因此是已知的。式（2-39）中有 n 个未知系数 C_i，需要 n 个抽样点组成 n 个线性方程式以解出 C_i。在应用中，n 是由抽样点数决定的，也即有多少个抽样点，就用多少层简单曲面来叠加。

Q 的选择基于两个简单的考虑，一是计算简单，二是保证精度。就地形数据而言，前者更重要，后者往往只有理论上的意义，只要 Q 不选择高阶可导的函数，大多数情况是能保证精度的。柯正谊等（1993）给出了如下几种经地形数据试验证明，既便于计算又保证较好精度的核函数表达式。

锥面：$Q(x, y, x_i, y_i) = K + \left[(x - x_i)^2 + (y - y_i)^2\right]^{1/2}$

双曲面：$Q(x, y, x_i, y_i) = K + \left[(x - x_i)^2 + (y - y_i)^2 + \delta\right]^{1/2}$

三次面：$Q(x, y, x_i, y_i) = K + \left[(x - x_i)^2 + (y - y_i)^2\right]^{3/2}$

以上 K 和 δ 都是常数。

同样为了计算和分析上的方便，在同一次插值中，诸核函数 $Q(x, y, x_i, y_i)$ 应取相同的形式。

全局插值由于解算 C_i 的计算量较大，对于大范围的曲面插值，其矩阵阶数 n 相当高，因而仅适用于小范围插值的使用。

2）基于三角形单元的分块插值

对于不规则三角网基础上的曲面拟合，其分块拟合是指在每一个三角形单元上拟合一个曲面，由于三角网的特殊性，为了保证曲面的连续性，通常只是进行一次平面的拟合，对由 P_1，P_2，P_3 三个数据点确定的三角形单元，拟合一次平面如下：

$$z = f(x, y) = a_0 + a_1 x + a_2 y \tag{2-40}$$

式中，a_0，a_1，a_2 三个待定系数由三个数据点唯一确定。

容易得知，用一次平面拟合产生的平面片连接生成的空间曲面是连续的，但并不光滑。

3) 基于正方形格网的分块插值

基于正方形规则格网的分块插值方法要比基于三角形格网的插值方法丰富得多，从简单的多项式到复杂的样条有限元，就空间数据而言，使用最多的是多项式插值。因为多项式模型计算简单，建模容易，又能保证精度，根据需要选择不同阶次的多项式可以达到不同的效果。在各种多项式曲面拟合模型中，又以双线性模型和双三次模型用得最多。

以下模型均假定正方形格网的边长为 1。

(1) 双线性多项式曲面插值。双线性曲面插值模型如下：

$$z = f(x, y) = a_0 + a_1 x + a_2 y + a_3 xy \tag{2-41}$$

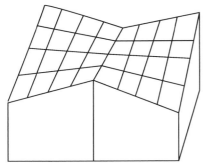

图 2-24　双线性拟合的曲面

该模型有 4 个待定系数，可以通过正方形格网的 4 个顶点坐标解算出 a_0，a_1，a_2，a_3 这 4 个系数。对于格网内某点 P 的函数值 z_p，可以通过将解算出的系数代入插值模型求得。

双线性模型拟合的曲面是连续的，但不光滑，如图 2-24 所示。为了生成光滑连续曲面，需要用双三次插值模型。

(2) 双三次多项式曲面插值。双三次多项式曲面插值模型如下：

$$z = f(x, y) = \sum_{i=0}^{3} \sum_{j=0}^{3} a_{ij} x^i y^i \quad (0 \leqslant x \leqslant 1, \; 0 \leqslant y \leqslant 1) \tag{2-42}$$

该模型有 4×4=16 个未知系数，需要 16 个已知条件列成 16 个方程组成的线性方程组，通过解线性方程组来确定诸系数。这 16 个已知条件通常用下列方程组来确定。

$$\begin{cases} z_l = f(x_l, y_l) \\ R_l = \dfrac{\partial z}{\partial x}\bigg|_l \\ S_l = \dfrac{\partial z}{\partial y}\bigg|_l \\ T_l = \dfrac{\partial z}{\partial x}\dfrac{\partial z}{\partial y}\bigg|_l \end{cases} \quad (l = 1, 2, 3, 4)$$

式中，z_l 保证了曲面通过格网的 4 个数据点；R_l 为 4 个格网点上曲面在 x 方向上的一阶导数；S_l 为曲面在 y 方向上的一阶导数；T_l 为 z 对 x，y 的混合导数。由数学分析可知，曲面在某点上光滑连续的充要条件是 R、S、T 连续，为了达到这一点，对各个格网点上的 R、S、T 的确定应一致。图 2-25 中，R，S，T 计算如下：

$$R_1 = (z_6 - z_4)/2, \; R_2 = (z_7 - z_3)/2, \; R_3 = (z_2 - z_{12})/2, \; R_4 = (z_1 - z_{13})/2$$
$$S_1 = (z_2 - z_{16})/2, \; S_2 = (z_9 - z_1)/2, \; S_3 = (z_{10} - z_4)/2, \; S_4 = (z_3 - z_{15})/2$$
$$T_1 = [(z_7 + z_{15}) - (z_3 + z_5)]/4, \; T_2 = [(z_4 + z_8) - (z_6 + z_{10})]/4$$
$$T_3 = [(z_9 + z_{13}) - (z_1 + z_{11})]/4, \; T_4 = [(z_2 + z_{14}) - (z_{12} + z_{16})]/4$$

将 4 个格网点的坐标值 (x, y)，函数值 $z=f(x, y)$，x, y 方向的斜率 R、S 及曲面混合斜率 T 代入模型，可解算出 $a_{ij}(0 \leqslant i \leqslant 3, \ 0 \leqslant j \leqslant 3)$。

相比于双线性模型，双三次模型计算更复杂，但能够生成光滑连续的曲面，比较适合于具有光滑连续分布特性的地理现象的描述，然而对于地形数据而言，绝大部分情况使用双线性模型，除了容易计算，也是地形表面的几何特征使然。

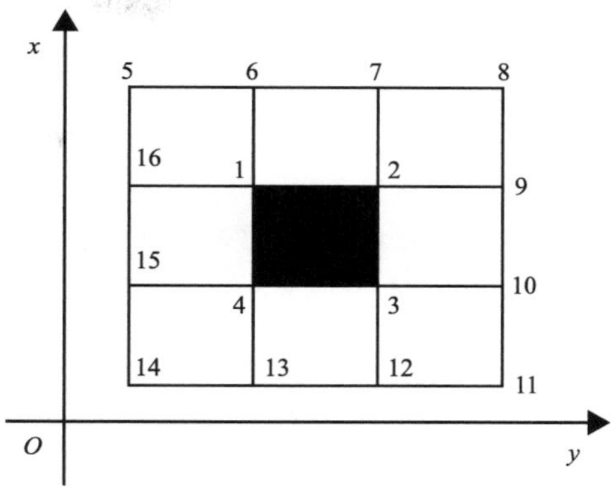

2.2.8 地形特征点计算

地形特征点主要包括山顶点(peak)、凹陷点 (pit)、脊点(ridge)、谷点(channel)、鞍点(pass)、平地点(plane)等，下面以规则格网的 DEM 为基础介绍其计算方法。

一种计算方法是在局部区域内利用 x、y 方向上的凹凸性来进行，如表 2-1 所示，该方法十分适合利用 DEM 判断地形特征点。

表 2-1　地形特征点类型的判断

名称	定义	邻域高程关系
山顶点	局部区域内海拔的极大值点，表现为在各方向上都为凸起	$\dfrac{\partial^2 z}{\partial x^2} > 0, \dfrac{\partial^2 z}{\partial y^2} > 0$
凹陷点	在局部区域内海拔高程的极小值点，表现为在各方向上都凹陷	$\dfrac{\partial^2 z}{\partial x^2} < 0, \dfrac{\partial^2 z}{\partial y^2} < 0$
脊点	两个相互正交的方向上，一个方向凸起，而另一个方向没有凹凸性变化的点	$\dfrac{\partial^2 z}{\partial x^2} > 0, \dfrac{\partial^2 z}{\partial y^2} = 0$ 或 $\dfrac{\partial^2 z}{\partial x^2} = 0, \dfrac{\partial^2 z}{\partial y^2} > 0$
谷点	两个相互正交的方向上，一个方向凹陷，而另一个方向没有凹凸性变化的点	$\dfrac{\partial^2 z}{\partial x^2} < 0, \dfrac{\partial^2 z}{\partial y^2} = 0$ 或 $\dfrac{\partial^2 z}{\partial x^2} = 0, \dfrac{\partial^2 z}{\partial y^2} < 0$
鞍点	两个相互正交的方向上，一个方向凸起，而另一个方向凹陷的点	$\dfrac{\partial^2 z}{\partial x^2} < 0, \dfrac{\partial^2 z}{\partial y^2} > 0$ 或 $\dfrac{\partial^2 z}{\partial x^2} > 0, \dfrac{\partial^2 z}{\partial y^2} < 0$
平地点	局部区域内各方向上都没有凹凸性变化的点	$\dfrac{\partial^2 z}{\partial x^2} = 0, \dfrac{\partial^2 z}{\partial y^2} = 0$

对于谷点和脊点的判断，另一种算法是直接利用中心格网点与 8 个相邻格网点的高程关系来判断，具体方法如下所述。

如图 2-26 所示，其为一 3×3 格网，则

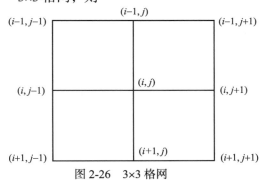

图 2-26　3×3 格网

（右上角图）
图 2-25　双三次曲面拟合

如果 $(Z_{i,j-1}-Z_{i,j})(Z_{i,j+1}-Z_{i,j})>0$，则①当 $Z_{i,j+1}>Z_{i,j}$ 时，$VR(i,j)=-1$；②当 $Z_{i,j-1}<Z_{i,j}$ 时，$VR(i,j)=1$。

如果 $(Z_{i-1,j}-Z_{i,j})(Z_{i+1,j}-Z_{i,j})>0$，则③当 $Z_{i+1,j}>Z_{i,j}$ 时，$VR(i,j)=-1$；④当 $Z_{i+1,j}<Z_{i,j}$ 时，$VR(i,j)=1$。

如果①和④或②和③同时成立，则 $VR(i,j)=2$；如果以上条件都不成立，则 $VR(i,j)=0$。

判断准则为

$$VR(i,j)=\begin{cases}-1, & \text{表示谷点}\\ 1, & \text{表示脊点}\\ 2, & \text{表示鞍点}\\ 0, & \text{表示其他点}\end{cases}$$

这种判定只能提供概略的结果。当需对谷脊特征作较精确的分析时，应由曲面拟合方程建立地表单元的曲面方程，然后，通过确定曲面上各种插值点的极小值和极大值，以及当插值点在两个相互垂直的方向上分别为极大值或极小值时，则可确定出谷点或脊点。

2.2.9　曲面结构线计算

空间曲面的形态主要受结构线的控制，因此，结构线的确定是曲面形态分析的重要内容。长期以来，国内外很多学者做过曲面结构线的研究，以色列地图学家 Yoeli(1984)以规则格网的数字地形模型为基础，将结构线分为脊线和谷线，他认为谷线是由连续的极小值点构成，而脊线则由连续的极大值点构成。其计算过程分为以下 3 步。

图 2-27(a)是规则格网点密度示意图，图 2-27(b)是相应的等高距为 1m 的等高线图。首先建立 6 个一维数组 $X_{\min}$，$Y_{\min}$，$H_{\min}$，$X_{\max}$，$Y_{\max}$，$H_{\max}$，这些数组分别存放谷线点数据和脊线点数据。

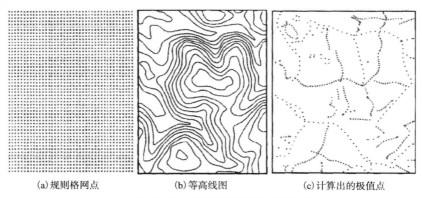

(a)规则格网点　　　　　(b)等高线图　　　　(c)计算出的极值点

图 2-27　规则格网极值点的计算

1)极值点计算

按纵横两个方向并按格网密度，以样条函数过格网高程点内插曲面的纵、横剖面线，逐剖面线计算出极大值点记入 $(X_{\max}, Y_{\max}, H_{\max})$ 和极小值点记入 $(X_{\min}, Y_{\min}, H_{\min})$，这些极大值点和极小值点就是生成结构线的任选点。图 2-27(c)是计算出的极值点，从图中可看出计算结果与等高线的结构较为吻合。

2)谷线的跟踪

Yoeli 认为，①谷线由极小值点构成；②从最高点(上游)起，谷线的点值(高程)应越来越小；③除闭合的盆地外（比较少见），一般来说谷线终止于下列几种情形：另一谷线（河流）；湖泊或海洋；数字地面模型（digital terrain model，DTM）的边缘。

谷线的跟踪是逐条进行的，首先从 X_{min}，Y_{min}，H_{min} 中找出具有最大高程值且尚未跟踪的极小值点，从此点开始，寻找其后继点，直到该条谷线终止，再跟踪另一谷线。当 X_{min}，Y_{min}，H_{min} 中所有点都被跟踪后，则谷线跟踪完毕。

当一条谷线开始跟踪后，上一次被确认的谷线点当做当前点，以该点为中心定义一个两倍于 DTM 格网边长的搜索窗口（图 2-28），位于该窗口内的某极小值点被确认为下一谷线点，必须满足以下 3 个条件：①该点是高程低于当前点的所有极小值点中，距当前点最近的点；②连接该点与当前点不与任何已跟踪的谷线交叉；③连接该点与当前点不通过任何极大值点。

一旦某极小值点被确认为新的谷线点，必须进一步检查其是否已被跟踪，如已被跟踪，则说明两条谷线相汇合，跟踪停止，转向跟踪新的谷线；否则检查该谷线点是否位于 DTM 边缘，如是，跟踪也停止，转向跟

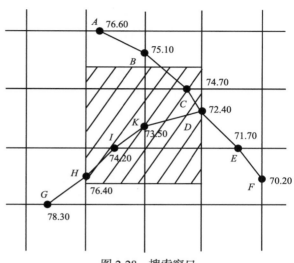

图 2-28 搜索窗口

踪新的谷线；如果不是以上情况，则必须继续跟踪。在搜索窗口中，可能所有极小值点都不满足上述 3 个条件，这可能是因为谷线与一湖泊或海洋相汇合，或者谷线到达一闭合盆地，也或者是谷线到达一平缓地带而自动消失。无论何种情况，跟踪停止，启动一根新的谷线跟踪。

图 2-28 中阴影部分是搜索窗口，其中心 K 为当前谷线点，其高度为 73.5m，符合上述 3 个条件的点是 D，因此，D 被确认为是当前谷线点，但 D 在跟踪谷线 A、B、C、D、E、F 时已被跟踪，这说明在 D 点两条谷线相汇合，则跟踪停止，转向另一条新的谷线跟踪。图 2-29（a）是谷线跟踪的结果，图 2-29（b）是将谷线与等高线叠加的结果。

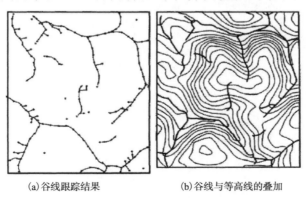

(a)谷线跟踪结果　　　　　(b)谷线与等高线的叠加

图 2-29 谷线的跟踪

3）脊线的跟踪

脊线的跟踪与谷线不同，因为脊线的高度是可以起伏的，因此，不能限定仅寻找比当

前点高(或低)的极大值点，在搜索窗口中，所有的极大值点都在考察范围内，鉴于此，脊线跟踪分为两步：首先跟踪出脊线线段，然后将这些线段联合生成脊线即分水岭(watershed)体系。

脊线线段跟踪由最低点开始，从 X_{max}，Y_{max}，H_{max} 中找出数值最小(高程最低)的尚未被跟踪的点作为脊线段的起点(也是当前点)，该点(设为 A)必位于 DEM 格网的某一边上(图 2-30)，考察另外三边，寻找尚未被跟踪的极大值点，如发现这样一个点(图 2-30(a))，则检查该点与当前点的连线是否与已生成的某条谷线相交，如不相交，则确认该点，继续跟踪，否则当前脊线段被跟踪完成，启动新的脊线段。如图 2-30(b) 和(c) 所示，有可能有 2 或 3 个这样的点，这说明当前脊线段到达脊线体系的分支(节点)处，当前脊线段跟踪终止，不将当前点与任何一点相连，转向跟踪一条新的脊线段。如此循环直到所有的极大值点被跟踪完毕。

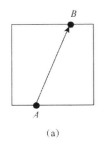 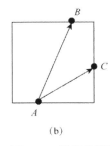 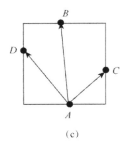

   (a)   (b)   (c)

图 2-30　脊线的跟踪

在连接脊线段生成脊线体系的过程中，需要考虑脊线的重要性程度，Yoeli 作了这样的假设：平均高程越高，脊线越重要。连接过程类似于跟踪过程，逐线段进行。首先，选择具有最低值的端点的线段，其低值端点作为一条脊线的起点，另一端点作为当前连接点，考察所有其余的未被连接的线段，如果有任何线段具有与当前连接点可能连接的端点(图 2-30)，则根据情况作进一步判断。①如有一条这样的线段，如果连接这两线段不与谷线或其他已生成的脊线相交，则连接这两线段，将新确认的线段的另一端点作为新的当前连接点，继续搜索；②如有多于一条这样的线段，则选择平均高度最高的线段进行连接，并作类似于①的处理，继续搜索，如果没有可与其连接的线段，则本脊线搜索完毕，在启动另一个新脊线前，先检查一下有无已搜索完毕的脊线通过与当前连接点所在格网，如有则将该脊线中与当前连接点最近的脊线点与当前连接点相连，形成脊线分支点。

图 2-31 说明了上述脊线体系的生成过程。图中共有 4 条脊线线段 A、B、C、D，其中，A 的起点 A_s 高程最低，故 A 被首先选中作为一条脊线的起始线段，A 的另一端点作为当前连接点，在 A_e 所位于的格网上发现 3 条尚未连接的线段 B、C、D，其中，C 的平均高程最高，故选中 C 与 A 连接，进而将 C 的另一端 C_e 当做当前连接点继续搜索，但没有发现任何可连接的线段，则当前脊线生成完毕，转向启动新脊线。

在剩余的未连接线段中，最低端点为 B_s，则 B 作为第 2 条脊线的起始线段，B_e 当做当前连接点，考察 B_e 仅发现 D 为可连接线段，但 B、D 连接后与 A、C 的连线交叉，故 B、D 不能相连。此时，进一步检查是否有通过 B_e 所在格网的已连接脊线，发现 A、C 连线是这样的脊线，其中，脊线点 C_s 与 B_e 最近，故 B_e、C_s 相连，形成一个分支点，接下去显然是搜索线段 D。

图 2-32 是将脊线与等高线叠加的结果，图中删除了短的脊线，显然计算的脊线较好地反映了地形的真实情况。

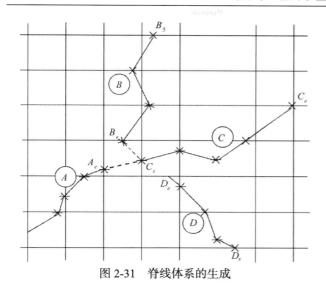

图 2-31 脊线体系的生成

图 2-32 脊线与等高线的叠加

2.3 空间分布计算

空间分布是从总体的、全局的角度来对空间物体进行描述。本节主要讨论空间分布的类型、描述空间分布的参数、空间聚类和梯森多边形。

2.3.1 空间分布的类型

空间分布问题涉及分布对象和分布区域两个概念，分布对象就是所研究的空间物体和对象，分布区域即分布对象所占据的空间域、定义域，另外还应当考虑分布方式。对空间分布，一般有分布对象：点、线、面；分布区域：线、面；分布方式：离散、连续。

依此方式组合，数学上可以有 3×2×2=12 类不同的分布，但事实上有些分布并不存在。根据分布对象、分布区域和分布方式的不同，空间分布的类型可归纳为表 2-2 所示的 9 种类型。

表 2-2 空间分布类型

类型	点		线		面	
	离散	连续	离散	连续	离散	连续
线	高速公路沿线的加油站	河流流速、高速公路车流量	河流上的防护堤坝，城市街道的林荫道	×	×	×
	离散	连续	离散	连续	离散	连续
面	城市分布	地形、降水	河流、交通网	污染扩散、大气运动	农田分布	行政区划

2.3.2 描述空间分布的参数

空间分布的描述参数主要是针对面状分布的离散点群而言，主要有分布密度、均值、分布中心、分布轴线、离散度等参数，它们需配合使用才能对点群的分布进行比较全面的描述。

1) 分布密度

分布密度是指单位分布区域内分布对象的数量，因此，在分布密度计算中有两个计量问题，一是分布对象即分子的计量，二是分布区域即分母的计量。由于分布类型的不同，分布密度的计算也有差异。

对分子的计算一般有以下几种可能：①对分布对象发生频数的计算；②对分布对象几何度量的计算，即对点状要素以频数计、对线状要素以长度计、对面状要素以面积计；③对分布对象的某种属性的计算，如对沿河流分布的城市人口的计算。同样，对分母的计算也有两种可能，即对线状分布区域按长度计算、对面状分布区域按面积计算。

分布密度一般是针对离散分布现象的分布概率而言，即单位区域内的发生频数。常用的分布密度计算举例如下：

某地区汽车加油站密度=加油站个数/总里程

某地区森林覆盖率=森林面积/地区总面积

某省人口密度=人口数/该省总面积

某地区交通网密度=交通网总长度/区域总面积

城市商业网点密度=商业网点数/城区总面积

某河流沿岸防护堤修筑比率=防护堤总长度/河岸总长度

2) 均值

均值是针对分布现象或其属性的，如人口平均密度、城市平均气温等。均值一般使用简单平均值进行计算，但有时要考虑数据的权重，此时，应使用加权平均值来计算。

与均值相关的其他统计量，如极值、中位数、众数等，此处不再赘述。

3) 分布中心

分布中心主要用来描述沿面状分布的离散点，可以概略表示分布总体的位置。计算分布中心的前提是点群具有一定的集中趋势。

设有 n 个离散点 P_i，其平面位置为 (x_i, y_i)，则可计算其分布中心如下。

(1) 算术平均值中心 $(\bar{x}, \bar{y})$。

$$\bar{x} = \sum x_i / n, \quad \bar{y} = \sum y_i / n \tag{2-43}$$

算术平均值中心没有考虑离散点之间的差异。

(2) 加权平均值中心 $(\bar{x}_w, \bar{y}_w)$。加权平均值中心考虑了点的权重，设 $P_i(i=1, 2, \cdots, n)$ 的权重分别为 $W(P_i)$，则

$$\bar{x}_w = \sum x_i W(P_i) \Big/ \sum W(P_i), \quad \bar{y}_w = \sum y_i W(P_i) \Big/ \sum W(P_i) \tag{2-44}$$

(3) 中位中心 (x_m, y_m)。中位中心由式 (2-45) 决定，即

$$\sum_{i=1}^{n} \sqrt{(x_i - x_m)^2 + (y_i - y_m)^2} = \min \tag{2-45}$$

它到所有点 P_i 的路程 (距离) 之和最短。

中位中心经常应用于选址设计中，如商业点的选择应力求使其到附近居民点的距离之和为最小。

(4) 极值中心 (x_e, y_e)。极值中心是这样一个点，在包含 n 个离散点的点群中，该点到点群中各点的最大距离比任何其他点相对于点群中最远点的距离都要小。定义如下：对一切 (x, y)

$\ne (x_e,\ y_e)$，有

$$\max\left(\sqrt{(x-x_i)^2+(y-y_i)^2}\right) > \max\left(\sqrt{(x_e-x_i)^2+(y_e-y_i)^2}\right) \tag{2-46}$$

或

$$\max\left(\sqrt{(x_e-x_i)^2+(y_e-y_i)^2}\right) = \min \quad (i=1,2,\cdots,\ n) \tag{2-47}$$

极值中心的地理意义在于，如果在 n 个点群中设置一个点位，则应力求使该点到点群中的所有点都不至于过远，因此，极值中心倾向于外围远离中心的点。

4）分布轴线

分布轴线反映离散点群在空间的分布走向。

对于离散点群 $P_i(x_i,\ y_i)$ $(i=1,\ 2,\ \cdots,\ n)$，可以拟合一条直线 L：$Ax+By+C=0$。点群相对于 L 的距离反映了离散点群在点群走向上的离散程度，而 L 的走向则描述了点群的总体走向。

衡量点群相对于 L 的离散程度，比较好的方法是通过正交距离 d_p 来度量。令正交距离平方和最小，即

$$\begin{cases} \sum[(Ax_i+By_i+C)^2+\lambda(1-A^2-B^2)]=\min \\ A^2+B^2=1 \end{cases} \tag{2-48}$$

求出系数 A，B 即可得出分布轴线 L。

5）离散度

离散度是对分布中心和分布轴线的补充，也用于研究面状区域上离散点的分布情况。在分布中心或分布密度相同或相近的情况下，不同的离散度反映不同的分布特性。与分布中心一样，计算离散度的前提条件也是点群具有一定的集中趋势。

设 $\overline{P}$ 为空间点群的分布中心，$W(P_i)$ 为 P_i 点的权重，空间点群的离散度可以通过下列参数来表述。

(1) 平均距离 $\overline{d}$ 为

$$\overline{d} = \frac{\sum W(P_i)\sqrt{(x_i-\overline{x})^2+(y_i-\overline{y})^2}}{\sum W(P_i)} \tag{2-49}$$

考虑到不同分布中心度量的几何意义，$\overline{P}$ 取中位中心较为合适。

(2) 标准距离 d_s 为

$$d_s = \sqrt{\frac{\sum W(P_i)[(x_i-\overline{x})^2+(y_i-\overline{y})^2]}{\sum W(P_i)}} \tag{2-50}$$

式中，$\overline{P}$ 一般指算术平均中心。

(3) 极值距离 d_e 为

$$d_e = \max(d_1,\ d_2,\cdots,\ d_n) \tag{2-51}$$

其中，$d_i=\sqrt{(x_i-\overline{x})^2+(y_i-\overline{y})^2}$，此处 $\overline{P}$ 为极值中心。

(4) 平均邻近距离 d_n。对任一点 P_i，计算它与其余 $n-1$ 个点之间的距离，取其极小值，

该值表示了 P_i 点与其最邻近点的距离，则

$$d_n = (1/n)\sum_{i=1}^{n}\min\left(d_{ij}|i\neq j,\ j=1,2,\cdots,\ n\right)$$ (2-52)

式中，d_n 反映了点群内各点间的离散情况。

2.3.3 空间聚类

前面介绍了离散点群分布中心和离散度计算的前提条件是点群具有一定的集中趋势，即点群是以某一点(分布中心)为中心具有相对集中性。相反，如果是随机分布或规则分布的点群，则这样的分析没有实际意义。点群是否服从规则分布或随机分布可以通过空间分布检验进行判断。

空间聚类的目的是对空间物体的集群性进行分析，将其分为几个不同的子群(类)。子群的形成是地理系统运作的结果，据此可以揭示某种地理机制。此外，子群可以作为其他分析的基础，如公共设施的建立一般是根据居民点群的分布，而不是具体的居民住宅分布来布置的，因此，需要对居民点群进行聚类分析以形成若干居民点子群，这样便于简化问题，突出重点。

对于离散点群 $P_i(i=1,\ 2,\ \cdots,\ n)$，可以得到一组描述点群位置的几何数据$(x_i,\ y_i)$，空间聚类是基于这些几何数据的聚类。

空间聚类可以采用不同的算法过程。在分析之初假定 n 个点自成一类，然后逐步合并，直到合并到一个适当的分类数目，这一聚类过程称为系统聚类。也可以在聚类之初假定 n 个点合为一类，然后逐步分解，直到分解到一个适当的数目，这一聚类过程称为逐步分解。这两类聚类方法在分类之初都不确定分类数目，而是在分类过程中，根据类与类之间的聚合情况来决定。第三类聚类算法则是先确定若干聚类中心，然后逐步比较以确定离散点的归宿，这种聚类方法称为判别聚类。

在空间聚类过程中，可以采用不同的分类准则，即采用不同的逻辑来确定点群的空间聚集特性。一般最常采用的是距离准则，即点与点之间的空间距离是决定点群集聚特性的最主要的统计量，只有距离靠近的点才可以归为同一子群，距离较远的点则应划分为不同的子群。另一个比较常用的是离差(方差)准则，即空间聚类的结果应保证归于同一子群的点尽可能地集中，不同的点群尽可能地分离，从统计上讲就是子群内方差应尽可能小，子群间方差尽可能大。

1. 聚类统计量的计算

1)距离准则

对于两个空间点群 S 和 T，它们分别含有若干个点，则 S 和 T 间的距离 d_{ST} 可有如下一些定义(图 2-33)。

(a)最短距离　　　　　(b)最大距离　　　　　(c)重心距离

图 2-33　空间点群间的距离

(1)最短距离：以点群 S 和 T 之间最接近点的距离作为点群 S 和 T 之间的距离，如图 2-33(a)所示。

$$d_{ST} = \min\left(d_{ij} \,\middle|\, P_i \in S, P_j \in T \right) \tag{2-53}$$

（2）最大距离：以点群 S 和 T 之间最远点的距离作为点群 S 和 T 之间的距离，如图 2-33（b）所示。

$$d_{ST} = \max\left(d_{ij} \,\middle|\, P_i \in S, P_j \in T \right) \tag{2-54}$$

（3）重心距离：以点群 S 和 T 重心之间的距离作为点群 S 和 T 之间的距离，如图 2-33（c）所示。

设点群 S 的重心为 $(X_s,\ Y_s)$，则 $X_s = \dfrac{\sum_{i \in S} X_i}{n_s}$，$Y_s = \dfrac{\sum_{i \in S} Y_i}{n_s}$；

设点群 T 的重心为 $(X_t,\ Y_t)$，则 $X_t = \dfrac{\sum_{j \in T} X_j}{n_t}$，$Y_t = \dfrac{\sum_{j \in T} Y_j}{n_t}$；

$$d_{ST} = \sqrt{\left(X_s - X_t \right)^2 + \left(Y_s - Y_t \right)^2} \tag{2-55}$$

这里 n_s 和 n_t 分别表示 S 和 T 中的点数。

2）离差准则

任一点群 T 的群内离差（平方和）的计算公式为

$$E_t = \sum_{i=1}^{n_t} \left[\left(X_i - X_t \right)^2 + \left(Y_i - Y_t \right)^2 \right] \tag{2-56}$$

全部点群的群内离差平方总和为

$$E = \sum E_t \tag{2-57}$$

若点群 S 和 T 合并为一新的点群 U，则 E 的增量 $\Delta E_{ST} = E_u - E_s - E_t$，有

$$
\begin{aligned}
\Delta E_{ST} &= \sum_{i=1}^{n_u} \left[\left(X_i - X_u \right)^2 + \left(Y_i - Y_u \right)^2 \right] - \sum_{i=1}^{n_s} \left[\left(X_i - X_s \right)^2 + \left(Y_i - Y_s \right)^2 \right] - \sum_{i=1}^{n_t} \left[\left(X_i - X_t \right)^2 + \left(Y_i - Y_t \right)^2 \right] \\
&= -n_u \left(X_u^2 + Y_u^2 \right) + n_s \left(X_s^2 + Y_s^2 \right) + n_t \left(X_t^2 + Y_t^2 \right) \\
&= \frac{n_s n_t}{n_u} \left[\left(X_s - X_t \right)^2 + \left(Y_s - Y_t \right)^2 \right] \\
&= \frac{n_s n_t}{n_u} d_{ST}^2
\end{aligned}
\tag{2-8}
$$

由此可见，S 与 T 子群合并后，群体内离差平方和的增量与 S 和 T 的重心距离的平方成正比。

2. 系统聚类

系统聚类的基本思想是将 n 个空间点看作 n 个聚类，首先，选择距离最近（或离差平方和增量最小）的两个子群（点）合并为一个新的子群，重新计算 $n-1$ 个子群两两之间的聚类统计量，继续选择距离最近（或离差平方和增量最小）的子群合并……以此类推，直到所有子群全部合并。在子群合并过程中，只有被合并的子群需要重新计算它与其他子群之间的距离（或离差平方和的增量），其余子群之间的统计量不需要重新计算。

系统聚类算法主要有两点：一是起始聚类统计量的计算，二是统计量在子群合并过程中的刷新。

1)起始聚类统计量的计算

在聚类开始时，n 个空间点两两对称共有 $n(n-1)/2$ 个计算值，通常以矩阵形式表示为

$$\boldsymbol{S}^0 = \begin{bmatrix} S_{ij}^0 \end{bmatrix} \quad (i, \ j = 1, 2, 3, \cdots, \ n)$$

这里，$S_{ij}^0 = S_{ji}^0$，$S_{ii}^0 = 0$。

若以欧氏距离为聚类统计量，则 $\boldsymbol{S}_{ij}^0 = d_{ij}^2 = (X_i - X_j)^2 + (Y_i - Y_j)^2$；以离差为聚类统计量，则 $S_{ij}^0 = 1/2 d_{ij}^2$

2)聚类统计量的刷新

设在第 k 次子群合并中将 Q 与 T 合并计为子群 U，则 $\boldsymbol{S}^k$ 可以根据 $\boldsymbol{S}^{k-1}$ 递推而来，无须直接按子群内点的坐标值计算聚类统计量。

(1)当 $i \neq q$，$i \neq t$，$j \neq q$，$j \neq t$ 时，有

$$S_{ij}^k = S_{ij}^{k-1}$$

(2)对 U 子群与其余子群之间的关系，根据子群间关系的定义方法分别计算。

最短距离：$S_{iu}^k = S_{ui}^k = \min\left(S_{iq}^{k-1}, \ S_{it}^{k-1} \right)$

最大距离：$S_{iu}^k = S_{ui}^k = \max\left(S_{iq}^{k-1}, \ S_{it}^{k-1} \right)$

重心距离：$S_{iu}^k = S_{ui}^k = \left(\dfrac{n_q}{n_u} \right) S_{iq}^{k-1} + \left(\dfrac{n_t}{n_u} \right) S_{it}^{k-1} - \left(\dfrac{n_q n_t}{n_u^2} \right) S_{qt}^{k-1}$

离差平方和：$S_{iu}^k = S_{ui}^k = \dfrac{1}{n_u + n_i}\left[\left(n_i + n_q \right) S_{iq}^{k-1} + \left(n_i + n_t \right) S_{it}^{k-1} - n_i S_{qt}^{k-1} \right]$

3. 判别聚类

判别聚类的基本思想是先确定各子群中心或初步分类，然后将空间点与这些中心或初始类逐一比较，最后判别点的归属。

张克权教授引用的典型点法(张克权，1980)是比较常用的一种判别聚类方法，设有 n 个点的点群，要分为 m 个子群，其实现步骤如下。

(1)计算点群平均中心。

$$\bar{X} = \frac{\sum X_i}{n}, \ \bar{Y} = \frac{\sum Y_i}{n}$$

(2)计算所有点到平均中心的距离(平方)。

$$d_i^2 = \left(X_i - \bar{X} \right)^2 + \left(Y_i - \bar{Y} \right)^2 \quad (i = 1, 2, \cdots, \ n)$$

(3)选取距平均中心最远的一个点作为第一个聚类中心，设为第 k 号点。

(4)计算其余点与点 k 的距离 d_{ik} 与 d_i 之和 $d_{ik} + d_i$。

(5)选取 $d_{ik} + d_i$ 的最大者，则点 k 为第二聚类点。

(6)重复上述步骤，设已选定 l 个聚类点 $G_k(k=1, 2, \cdots, l)$，则第 $l+1$ 个聚类点的确定需计算：

$$d_i + \sum_{k=1}^{l} d_{iG_k} \quad (i = 1, 2, \cdots, \ n; \ i \neq G_k)$$

设 $\max\left(d_i + \sum_{k=1}^{l} d_{iG_k}\right) = d_j + \sum d_{jG_k}$，则点 j 为第 $l+1$ 个聚类点，如此重复，直到选出全部 m 个聚类点。

（7）对点群分类，将空间点归入最近的聚类点所代表的子群。

典型点法是一种近似方法，在实际应用中可将典型点法得到的分类结果作为初始分类，计算各子群的重心作为聚类的凝聚点，重新进行类的划分，如此得到一个逐步逼近的聚类方法，当重新聚类结果不变时，聚类结束。

空间聚类的方法还有很多（马程，2009；席景科和谭海樵，2009），在空间聚类过程中也可以根据应用目的的不同而选用其他的聚类统计量，譬如基于密度的聚类方法、基于网格的聚类方法以及基于模型的聚类方法等，在实际应用中可根据需要进行选择。

2.3.4 梯森多边形

梯森多边形，或叫做泰森多边形（Thiessen polygons），又称 Voronoi diagram，是对空间的一种分割方式，因此又称为梯森分割（Thiessen tessellation）。梯森多边形与 Delaunay 三角网是被普遍接受和广泛采用的分析研究区域离散数据的有力工具。梯森多边形分析法是荷兰气象学家 Thiessen 提出的一种分析方法，最初用于从离散分布气象站的降雨量数据中计算平均降雨量。

1. 梯森多边形的定义

梯森多边形在计算几何中是一个被广泛研究的问题。其定义如下：

设平面上的一个控制点集 $P=\{p_1, p_2, p_3, \cdots, p_n\}$，其中，任意两点不共位，即 $p_i \neq p_j (i \neq j, 1 \leqslant i, j \leqslant n)$，且任意四点不共圆，则任意点 p_i 的梯森多边形为

$$T_i = \left\{ x: \; d(x, p_i) < d(x, p_j) \big| p_i, \; p_j \in P, \; p_i \neq p_j \right\} \tag{2-59}$$

式中，d 为欧氏距离。

由以上定义可知，梯森多边形具有如下特性：①每个梯森多边形内仅含有一个离散点；②每个梯森多边形内的点到相应离散点的距离最近；③位于梯森多边形边界上的点到其两边的离散点的距离相等。

2. 梯森多边形的生成

梯森多边形的生成可以用矢量方法，也可以用栅格方法。梯森多边形的矢量生成算法很多，常见的有：分治法、间接法、递增算法。

分治法是将点集划分为若干部分，递归计算每一部分的梯森多边形，然后不断合并相邻子集，最终形成所有点集的梯森多边形，如图 2-34 所示。

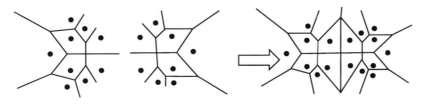

图 2-34　分治法生成梯森多边形

间接法是根据梯森多边形与 Delaunay 三角网的对偶性，先生成 Delaunay 三角网，再由

Delaunay 三角网间接生成梯森多边形。

递增算法是向已经形成的梯森多边形中逐渐增加生成点，根据生成点的位置对已有的梯森多边形进行局部更新，直到所有的生成点添加完成。其特点是逻辑简单，实现容易，且不要求全部点已知，可动态增加。下面对该算法进行描述。

给定二维平面上 n 个离散生成点的集合 $S=\{p_1, p_2, \cdots, p_n\}$，$V_k$ 为 S 中前 k 个生成点 p_1，p_2，$\cdots$，p_k 生成的梯森多边形，增加点 p_k 使梯森多边形由 V_{k-1} 更新到 V_k，步骤如下。

(1)初始梯森多边形生成：设有一组离散参考点 $P_i(i=1, 2, \cdots, k)$，从 P_i 中取出一个点作为起始点(如 P_i)，从 P_i 附近的参考点中取出第二个点，作它们两点连线的垂直平分线。然后在这附近寻找第三个点 j，作第 j 点与前两点连线的垂直平分线，并相交于前面的一条垂直平分线。递归下去，找第四点，并作它与前三点的垂直平分线，一直循环下去，这些垂直平分线就形成了梯森多边形的边。如图 2-35(a)，p_1，p_2，p_3，p_4 组成凸多边形，用虚线表示，其初始梯森多边形如图中实线所示。

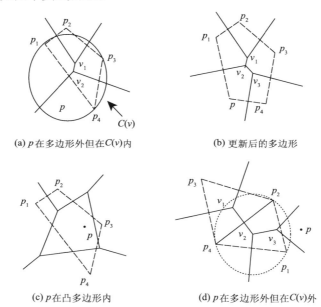

(a) p 在多边形外但在 $C(v)$ 内　　　　(b) 更新后的多边形

(c) p 在凸多边形内　　　　(d) p 在多边形外但在 $C(v)$ 外

图 2-35　梯森多边形实现的增量法

(2)确定新插入点的位置：确定新插入点 p 在 V_{k-1} 凸多边形的位置。

(3)局部更新，由步骤(2)确定位置后：①若 p 在 V_{k-1} 凸多边形外，且在 p_1，p_3，p_4 形成的外接圆 $C(v)$ 内，如图 2-35(a)所示，则根据梯森多边形的定义，v_2 将不再是 V_k 的顶点，局部更新 p_1，p_3，p_4，p 构成的多边形，寻找 V_k 的顶点，如图 2-35(b)所示，新的顶点为 v_2'，v_3'；②若 p 在 V_{k-1} 凸多边形内，如图 2-35(c)所示，则 v_1，v_2 将全部不为 V_k 的顶点，此时，可根据定义局部更新 p_1，p_3，p_4，p 构成的多边形，寻找新的顶点；③p 在 V_{k-1} 凸多边形外，但在 $C(v)$ 外，如图 2-35(d)所示，v_1，v_2 仍为 V_k 的顶点，根据 p 点所在位置，求出新的顶点。

梯森多边形的计算也可通过栅格运算的方法进行，可将平面栅格化为一数字图像，对该数字图像施以欧氏距离变换，得到一灰度图像，则梯森多边形的边一定处于该灰度图像的脊线上，通过相应的图像运算，提取这些脊线，即可以得到最终的梯森多边形网络图(图 2-36)。

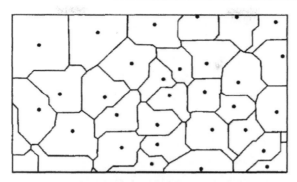

图 2-36 用栅格方法生成的梯森多边形（黑色点为发生点）

梯森多边形的另一栅格化算法是以发生点为中心点，同时向周围相邻八方向做栅格扩张运算（也可以说是一种距离变换），两个相邻点扩张运算的交线即为梯森多边形的邻接边，三个相邻发生点扩张运算的交点即为梯森多边形的顶点。

这两种方法获得的梯森多边形都是栅格化的，因为是基于栅格距离的，因而梯森多边形的邻接边表现为折线段。对于用栅格运算获得的梯森多边形图，需要经过附加的处理才能取得它的顶点、发生点和关系信息。

梯森多边形也可以理解为对空间的一种内插方式，即平面空间中的任何一个未知点的值可以由距离它最近的已知点的值来替代。例如，某一区域内有 7 个气象站，如图 2-37 所示。从中测得降雨量分别为 R_1，R_2，R_3，R_4，R_5，R_6 和 R_7，求该地区的平均降雨量。

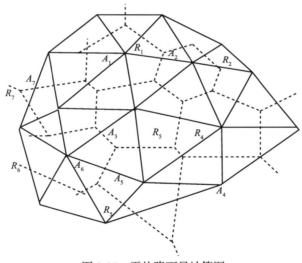

图 2-37 平均降雨量计算图

根据该区域图及 7 个离散点，求出 7 个梯森多边形，其面积分别为 A_1，A_2，A_3，A_4，A_5，A_6 和 A_7，则该地区的平均降雨量为

$$\bar{R} = \frac{\sum_{i=1}^{7} A_i R_i}{\sum_{i=1}^{7} A_i}$$

且每个多边形内的降雨量可用相应降雨量 R_i 表示。在上述基础上，进行区域的分级统计后，用梯森多边形面积比来表示降雨量分级比。

2.4　空间拓扑关系

空间拓扑关系描述的是基本的空间对象点、线、面之间的邻接、关联和包含关系。空间数据模型研究的核心问题，就是如何在描述空间物体的形态时，尽可能地保留空间物体之间的拓扑关系(郭仁忠，2001)。本节主要介绍几种基本的拓扑关系模型。

1) 四元组模型

任意一个集合都由其边界与内域所构成，两集合 A，B 间的关系可由它们的边界与内域之间的关系来确定，这些关系可由四元组描述如下：

$$\partial A \cap \partial B,\ \partial A \cap B^\circ,\ A^\circ \cap \partial B,\ A^\circ \cap B^\circ$$

该四元组中每一个元素的取值为空(∅)或非空(¬∅)，表明它们之间是相交或是相离的关系。这种方法也称为"四交模型"。四交模型的描述能力有限，有些描述没有实际意义，而有些有用的关系又不能充分表达，如图 2-38 所示，(a)和(b)表示了 A，B 之间不同的包含关系，但却用同一个四元组(∅，¬∅，¬∅，¬∅)来描述，不能进一步区分。

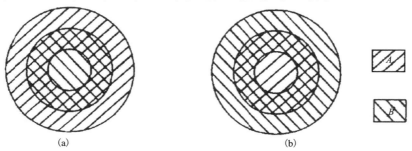

图 2-38　四交模型不能区分的拓扑关系举例

2) 九元组模型

在四元组模型的基础上，将集合的余引入关系描述，集合 X 的子集 A 的余记为 A^-，$A^- = X - A$，则两物体 A 和 B 的拓扑关系可由 3×3 的九元组表示，即

$$\partial A \cap \partial B,\ \partial A \cap B^\circ,\ \partial A \cap B^-,\ A^\circ \cap \partial B,\ A^\circ \cap B^\circ,$$

$$A^\circ \cap B^-,\ A^- \cap \partial B,\ A^- \cap B^\circ,\ A^- \cap B^-$$

对九元组中的每一个元素取值可用空与非空来描述，则 A，B 间可能的关系将有 $2^9 = 512$ 种。这种表示方法也称为九交模型。事实上，这 512 种关系并不全部存在。

显然，九元组模型在表述空间关系方面比四元组能力更强，如图 2-38 所示中，(a)和(b)可用不同的九元组进行表示，(a)表示为(∅，¬∅，¬∅，¬∅，¬∅，¬∅，∅，¬∅，∅)，(b)则表示为(∅，¬∅，∅，¬∅，¬∅，¬∅，¬∅，¬∅，∅)。但九元组模型也与四元组模型一样，只考虑了交的集合性质(空与非空)，而没有考虑交的几何特性，因而，仍无法区分很多应予以区分的情况，如两多边形以顶点相邻和以边相邻的情况。

尽管九交模型已经被广泛引用，但其在描述空间拓扑关系方面都是初步的理论成果，尚不能直接用于空间关系的分析和计算。

在对基本拓扑关系的描述中，过于拘泥于拓扑上的严格性意义不大。在拓扑关系分析中，通常只考虑物体之间的相交与相邻与否。在实际应用中，Wagner(1988)的做法比较有意义。他将拓扑关系概括成四种类型，即相邻、相离、严格包含、相交。这四种关系从数学上讲并不互相独立，如相交就包含了严格包含关系，但在实用上都很有意义，为了追求这种独立性，可以做如下定义。

(1)相邻($A \mid B$)：$A \cap B = \partial A \cap \partial B \neq \varnothing$，如图2-39(a)所示；

(2)相离($A \| B$)：$A \cap B = \varnothing$，如图2-39(b)所示；

(3)严格包含($A < B$)：$A \subset B$，如图2-39(c)所示；

(4)相交($A \times B$)：$A^\circ \cap B^\circ \neq \varnothing$，如图2-39(d)所示。

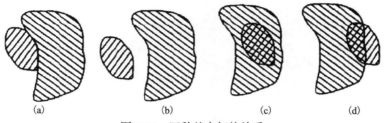

图2-39 四种基本拓扑关系

图2-40列出了点、线、面3种空间物体之间存在的19种空间关系，这些关系在空间分析中都具有实际意义。

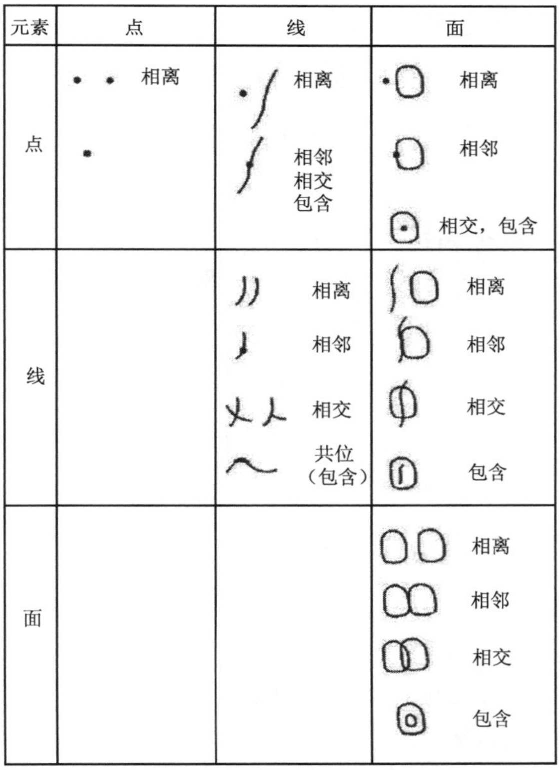

元素	点	线	面
点	·· 相离 · ·	/ · 相离 / · 相邻 相交 包含	· ▢ 相离 ▢ 相邻 ⊡ 相交，包含
线		// 相离 ↓ 相邻 メ 人 相交 〜 共位 （包含）	◖ 相离 ◐ 相邻 Ø 相交 ⬭ 包含
面			▢▢ 相离 ▢▢ 相邻 ▢▢ 相交 ◎ 包含

图2-40 空间物体间的拓扑关系

由于拓扑关系的分类是基于点、线、面几何物体的，因而拓扑关系的计算也归结为点、线、面之间关系的计算。有关拓扑关系的计算方法在4.2节叠置分析部分将有详细介绍。

2.5 空 间 距 离

2.5.1 距离的表示

"距离"是人们日常生活中经常涉及的概念，它描述了两个实体或事物之间的远近或亲疏程度。

广义距离的一般形式为

$$d_{ij}(q) = \left[\sum\nolimits_{l=1}^{n} \left(x_{li} - x_{lj} \right)^{q} \right]^{\frac{1}{q}} \tag{2-60}$$

式中，i，j 代表物体 i 和物体 j；n 为维数。

当 $q=2$ 时，便得到欧氏距离（n 维空间），在地理空间分析中，一般取 $n \le 3$。

$$d_{ij} = \left[\sum\nolimits_{l=1}^{n} \left(x_{li} - x_{lj} \right)^{2} \right]^{\frac{1}{2}} \tag{2-61}$$

当 $q=1$ 时为绝对距离，有

$$d_{ij} = \sum\nolimits_{l=1}^{n} \left| x_{li} - x_{lj} \right| \tag{2-62}$$

当 q 趋于无穷时为切比雪夫距离，有

$$d_{ij}(\infty) = \max \left\{ \left| x_{li} - x_{lj} \right| \right\} \quad (l=1, 2, \cdots, n) \tag{2-63}$$

此外，还可以根据应用需要定义新的距离。

2.5.2 空间距离的定义与计算

在空间分析中，由于距离的计算较少涉及三维物体，故本节主要讨论点、线、面三类物体之间的距离定义与计算。两个点状物体之间距离的计算可直接按上述欧氏距离公式进行计算，下面介绍其他距离的定义与计算。

1）点线距离定义与计算

点状物体与线状物体间的距离定义为点状物体与线状物体上的点之间的距离的最小值，即点 P 与线 L 间距离可定义为

$$d_{PL} = \min\nolimits_{x \in L} \left(d_{Px} \right) \tag{2-64}$$

在 GIS 中，线状物体是由折线表示的，可以通过计算点到所有折线段的距离来确定点到线状物体的距离。

2）点面距离定义与计算

点状物体与面状物体间的距离定义可分为中心距离、最小距离和最大距离三种情况来讨论。中心距离即点状物体与面状物体的重心（或其他特定中心点）之间的距离，其计算与点点距离一致；最小距离即点状物体与面状物体上点的距离的最小值，其计算类似于点线距离；最大距离是点状物体与面状物体上点的距离的最大值，其计算类似于最小距离，但更为简单。

设点状物体 P 到面状物体 A 的诸顶点 P_1，P_2，$\cdots$，P_n 的距离为 d_1，d_2，$\cdots$，d_n，则点面间的最大距离为

$$d = \max \left(d_1, d_2, \cdots, d_n \right) \tag{2-65}$$

点面距离可应用于不同的场合，如在森林防火中一般取最小距离，因为火源（点）与森林

(面)间的距离必须大于一个安全临界值；在无线电覆盖范围分析中一般取最大距离，为了保证信号能被区域内的任意点接收。

3）线线距离定义与计算

两个互不相交的线状物体 L_1 与 L_2 间的距离定义为 L_1 中的点 P_1 与 L_2 中的点 P_2 之间距离的极小值，即

$$d = \min\left(d_{p_1,p_2} \mid p_1 \in L_1, \ p_2 \in L_2\right) \tag{2-66}$$

计算时可先计算出 L_1 与 L_2 中折线线段对间的距离，再从中选最小值。若 L_1 与 L_2 相交，则其间距离为 0。

4）其他距离定义与计算

线状物体与面状物体的距离同线状物体之间距离的定义与计算。

同点、面物体之间的距离一样，面状物体之间的距离也可定义为中心距离、极小距离和极大距离，中心距离的计算同点点距离，极小距离的计算同线线距离，极大距离的计算也可归结为折线线段对间的距离的计算，不同的是此处计算的是线段对间的最大距离。

5）球面上两点间的距离

在球面坐标中，经常引用大圆距离方程，即所谓的余弦公式

$$d_{ij} = R \arccos\left[\sin\varphi_1 \sin\varphi_2 + \cos\varphi_1 \cos\varphi_2 \cos\left(\lambda_1 - \lambda_2\right)\right] \tag{2-67}$$

式中，R 为地球半径（如 WGS84 椭球体的平均半径）；(φ, λ) 为所考虑点的纬度和经度值，且 $-180° \leqslant \lambda \leqslant 180°$，$-90° \leqslant \varphi \leqslant 90°$（单位为度，计算通常使用弧度）。式(2-67)在某些情况下对计算误差非常敏感，可使用更可靠的 Haversine 公式，即

$$d_{ij} = 2R \arcsin\left(\sqrt{\sin^2(A) + \sin^2(B) \cos\varphi_i \cos\varphi_j}\right) \tag{2-68}$$

式中，$A = \dfrac{\varphi_i - \varphi_j}{2}$；$B = \dfrac{\lambda_i - \lambda_j}{2}$。

2.5.3　欧氏距离变换

在用 0-1 矩阵表示的二值栅格数据中，像素值为"0"的栅格表示背景，"1"则表示空间物体所占据的位置，经过距离变换，对每一个"0"元素，将其变换为与最近的"1"元素的距离值，也即背景元素与空间物体的最小距离值。此为欧氏距离变换。

两栅格元素之间的距离是由两者间的行列号差值决定的，设 $P_{i,j}$（或简记为 P_{ij}）与最近的"1"元素的行列号差值为 $a_{i,j}$，$b_{i,j}$（或简记为 a_{ij}，b_{ij}），则 P_{ij} 与最近的"1"元素的距离值 $d_{i,j}$（或简记为 d_{ij}）为 $d_{ij} = \sqrt{a_{ij}^2 + b_{ij}^2}$。

一般来说，P_{ij} 与最近的"1"元素的距离值应通过它周围 8 个相邻元素的距离值及行列号差来计算（图 2-41），并使 d_{ij} 极小。例如，P_{ij} 的以角相邻元素 $P_{i-1,j-1}$ 与最近的"1"元素的距离值为 $d_{i-1,j-1}$，则 $P_{i,j}$ 与最近的"1"元素的距离值 $d_{i,j}$ 应满足：

$(i{-}1, j{-}1)$	$(i{-}1, j)$	$(i{-}1, j{+}1)$
$(i, j{-}1)$	(i, j)	$(i, j{+}1)$
$(i{+}1, j{-}1)$	$(i{+}1, j)$	$(i{+}1, j{+}1)$

图 2-41　栅格邻接关系

$$d_{ij} \leqslant \sqrt{(a_{i-1,\,j-1}+1)^2 + (b_{i-1,\,j-1}+1)^2}$$

否则，应令 $a_{i,\,j} = a_{i-1,\,j-1}+1$，$b_{i,\,j} = b_{i-1,\,j-1}+1$，以使 $d_{i,\,j}$ 更小。

设 $P(i,\,j)_{M \times N}$ 表示一幅栅格图像（0-1 矩阵），a_{ij}，b_{ij} 为与 $P_{i,\,j}$ 等大的距离系数矩阵，分别表示行列号差值，则有如下距离变换算法。

(1) 对一切 $P(i,j)=1$，置 $a_{ij}=b_{ij}=0$，否则，置 $a_{ij}=b_{ij}=v$（v 为足够大正整数）。

(2) 按从上到下、从左到右的次序计算 a_{ij}，b_{ij} 的值。

a. 计算 d'_{ij}。

$$d'_{ij} = d_{ij} = \sqrt{a_{ij}^2 + b_{ij}^2}$$

$$d'_{i-1,\,j-1} = \sqrt{(a_{i-1,\,j-1}+1)^2 + (b_{i-1,\,j-1}+1)^2}$$

$$d'_{i-1,\,j} = \sqrt{(a_{i-1,\,j}+1)^2 + b_{i-1,\,j}^2}$$

$$d'_{i-1,\,j+1} = \sqrt{(a_{i-1,\,j+1}+1)^2 + (b_{i-1,\,j+1}+1)^2}$$

$$d'_{i,\,j-1} = \sqrt{a_{i,\,j-1}^2 + (a_{i,\,j-1}+1)^2}$$

$$d'_{\min} = \min(d'_{ij},\ d'_{i-1,\,j-1},\ d'_{i-1,\,j},\ d'_{i-1,\,j+1},\ d'_{i,\,j-1})$$

b. 刷新 a_{ij}，b_{ij}。

$$a_{ij},\ b_{ij} = \begin{cases} a_{ij},\ b_{ij}, & d'_{ij} = d'_{\min} \\ a_{i-1,\,j-1}+1,\ b_{i-1,\,j-1}+1, & d'_{i-1,\,j-1} = d'_{\min} \\ a_{i-1,\,j}+1,\ b_{i-1,\,j}+1, & d'_{i-1,\,j} = d'_{\min} \\ a_{i-1,\,j+1}+1,\ b_{i-1,\,j+1}+1, & d'_{i-1,\,j+1} = d'_{\min} \\ a_{i,\,j-1}+1,\ b_{i,\,j-1}+1, & d'_{i,\,j-1} = d'_{\min} \end{cases}$$

(3) 类似于 (2)，按从下到上、从右到左的次序计算 a_{ij}，b_{ij} 的值。

a. 计算 d'_{ij}。

$$d'_{ij} = d_{ij} = \sqrt{a_{ij}^2 + b_{ij}^2}$$

$$d'_{i+1,j+1} = \sqrt{(a_{i+1,j+1}+1)^2 + (b_{i+1,j+1}+1)^2}$$

$$d'_{i+1,j} = \sqrt{(a_{i+1,j}+1)^2 + b_{i+1,j}^2}$$

$$d'_{i+1,j-1} = \sqrt{(a_{i+1,j-1}+1)^2 + (b_{i+1,j-1}+1)^2}$$

$$d'_{i,j+1} = \sqrt{a_{i,j+1}^2 + (a_{i,j+1}+1)^2}$$

$$d'_{\min} = \min\left(d'_{ij},\ d'_{i+1,j+1},\ d'_{i+1,j},\ d'_{i+1,j-1},\ d'_{i,j+1}\right)$$

b. 刷新 a_{ij}，b_{ij}。

$$a_{ij},\ b_{ij} = \begin{cases} a_{ij}, b_{ij}, & d'_{ij} = d'_{\min} \\ a_{i+1,j+1}+1, b_{i+1,j+1}+1, & d'_{i+1,j+1} = d'_{\min} \\ a_{i+1,j}+1, b_{i+1,j}+1, & d'_{i+1,j} = d'_{\min} \\ a_{i+1,j-1}+1, b_{i+1,j-1}+1, & d'_{i+1,j-1} = d'_{\min} \\ a_{i,j+1}+1, b_{i,j+1}+1, & d'_{i,j+1} = d'_{\min} \end{cases}$$

（4）对 $P(i, j)$ 中任一 "0" 元素，其距离值按式 (2-69) 进行计算。

$$d_{ij} = \sqrt{a_{ij}^2 + b_{ij}^2} \qquad (2\text{-}69)$$

欧氏距离变换中 d_{ij} 的计算事实上不需要开方运算，因为，d_{ij}^2 是 $d_{ij}(d_{ij}>0)$ 的单调增函数，因此，在计算中可以用 d_{ij}^2 取代 d_{ij}。

利用欧氏距离变换可以解决实际中很多矢量算法较难实现的分析处理，如缓冲区分析等。图 2-42 是根据欧氏距离变换制作的等距离图，通过变换，只要在 $P(i, j)$ 上使用不同距离阈值，即可方便得到这幅图。

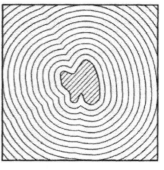

图 2-42　等距离图

2.5.4　曲面距离的计算

空间曲面距离是一个十分有用的概念。例如，在丘陵地带，计算两点间的距离显然应当以曲面里程来计算。空间曲面上最短距离的计算除了距离值的计算外，还应当确定实现该距离值的路径。

有关空间曲面体上距离计算的文献很多，下面给出一个将曲面体上的距离计算转换为网络距离计算的近似算法。

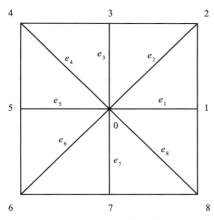

图 2-43　DTM 高程点及邻点

空间曲面在 GIS 中一般表示为规则格网点的特征值矩阵，如 DTM，任一高程点有 8 个与之相邻的高程点，根据高程值及这些邻点间的平面距离，不难计算高程与邻点的曲面距离。如图 2-43 所示，将高程点与 8 个邻点用边相连，并给每条边赋以相应的曲面距离值，就得到了以高程点为顶点的连通图，从一顶点（高程点）到另一顶点间的曲面距离就转换为两点间的网络距离。图 2-43 中，中心点到某给定点的距离值与其相邻点到该给定点的距离值及相应的边值有关，设 x_i 为点 i 的距离值，则必存在 $i \in (1, 2, \cdots, 8)$，使得 $x_0 = x_i + e_i$，且 $x_0 = x_i + e_i = \min(x_1 + e_1, \; x_2 + e_2, \; \cdots, \; x_8 + e_8)$

具体算法如下所述。

（1）对规则格网点矩阵，根据格网大小和高程值计算格网点与 8 个相邻点（边界上的格网没有 8 个相邻点）的曲面距离；

（2）对所有格网点，赋以距离初值，作为距离起算点的格网点赋以 0，其余点赋以一个足够大的距离值 V；

（3）按从上到下、从左到右的顺序计算所有格网点距离值，计算公式如下：

$$x_0' = \min(x_1 + e_1, \; x_2 + e_2, \cdots, \; x_8 + e_8)$$

$$x_0 = \min(x_0, \; x_0')$$

重复（3）直至所有格网点距离值在（3）的计算中保持不变。

本算法简单易行，具有实用性，但它的一个明显缺陷就是随着格网点的增加，计算量迅速增大。

以上算法只是给出了诸格网点的距离值，但并未给出相应的路径。

由于$x_i=x_j+e_{ij}$，说明格网点j必位于格网点i的最短距离的相应路径上，且位于i点之前，则称j为i的"前置点"。如此循环直至起算点，即可逐步确定点i至距离起算点的曲面距离及相应路径。图2-44是一个格网点为4×4的方阵，格网边长设为100，各点高程如(a)中所示，相邻点间的距离见(a)中标注；(b)是以左下角高程为90m的点为距离起算点，按从上到下、从左到右的次序，经过5次循环得到的各点距离值。例如，高程为180m的最右边第2点的距离为448，其相应路径为：90 <u>101</u> 110 <u>146</u> 150 <u>100</u> 160 <u>101</u> 180。

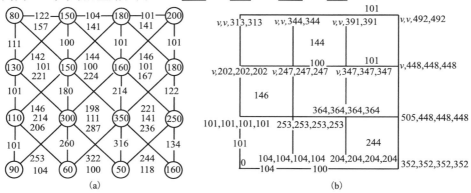

图 2-44　曲面距离计算示例

2.6　空 间 方 位

方位是描述两个物体之间位置关系的另一种度量，常以角度表示。在空间分析中，方位的计算是以正北方向为起算方向，并沿顺时针方向进行的。测量学中，将球面上B点相对于A点的方位角α定义为：过A，B两点的大圆平面与过A点的子午圈平面(也为大圆平面)间的夹角。当给定A，B两点的地理坐标(φ_A,λ_A)和(φ_B,λ_B)时，可求出B点相对于A点的方位角α为

$$\cot\alpha=\frac{\sin\varphi_B\cos\varphi_A-\cos\varphi_B\sin\varphi_A\cos(\lambda_B-\lambda_A)}{\cos\varphi_B\sin(\lambda_B-\lambda_A)} \tag{2-70}$$

当给定的是A，B两点的平面坐标时，可先进行投影变换解算出其地理坐标，再计算期间的方位角。

由于空间分析通常都是针对平面进行的，下面给出平面上方位角的计算方法。在空间分析中，一般将x轴设为纵轴(正北方向)，y轴定为横轴，设A，B两点的平面坐标分别为(x_A,y_A)和(x_B,y_B)，为计算B点相对于A点的方位角，可将坐标原点平移至A点，则有

$$\alpha=\arctan h^{-1}\left[(y_B-y_A)/(x_B-x_A)\right]$$

α最后值的确定根据(x_B-x_A)和(y_B-y_A)的符号来确定。

在空间分析中，物体间的方位关系并非总是以方位角来表达，除非特别需要(如航空、航海)，否则应当对方位进行概略描述而非精确量度。

方位的概略描述可采用不同的分级方案，如8方向和16方向分级方案等(图2-45)。

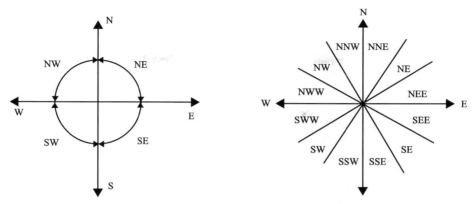

图 2-45   8 方向分级方案与 16 方向分级方案

显然，首先仍需计算出定量的方位角，然后才能进行方位角的"概略"化。

方位角的计算是相对于点状物体进行的，它是一种对方位的精确度量，对于其他类型的空间物体，如两个面状物体，其相互间的方位角计算则要复杂得多。通常，两个物体大小相"匹配"时才能考虑它们之间的方位关系，也即两物体之间的方位描述要保证"尺寸"上的匹配和平衡，或尺寸的差异相对于两者间的距离而言可以忽略。

第 3 章 空 间 变 换

空间数据的表达是人们对客观世界认知和抽象描述的结果，所传递和表达的信息的内涵与表现形式往往各异。空间数据表达的内容与形式不同主要体现在空间数据模型与结构、空间参考体系、空间尺度与比例尺以及数据的图形表达等方面。空间数据共享和数据交换是当前"智慧地球"建设的基础和核心问题，需要对不同硬软件平台、数据格式、数据标准体系、空间参考系统、组织与表达形式的各类空间数据进行转换。

3.1 空间数据格式转换

对真实地球及其相关现象的数字化重现和认识使得数字化表达具有多维的、多分辨率的特征，越来越多的数据种类和数据格式呈现在 GIS 领域中。为了避免重复工作和数据冗余，空间数据格式转换作为空间数据获取的一种途径，在现代各类信息系统建设中发挥着越来越重要的作用。数据格式不同涉及数据的来源和精度不同，或者数据结构各异，为了方便分析和应用，数据转换技术是实现空间数据共享最快和最简单的一种方式，因此，空间数据格式转换成为 GIS 数据处理的一项重要任务。

3.1.1 空间数据格式类型

空间数据格式是指空间数据在计算机中存储和处理的形式。不同数据源采用不同的数据结构处理，内容相差极大，计算机处理数据的效率很大程度上取决于数据结构。

按照空间数据结构，即适合于计算机存储、管理、处理的空间数据逻辑结构来讲，在数字化环境下，空间数据格式可分为矢量数据格式和栅格数据格式。

矢量数据格式通过记录空间对象的坐标及空间关系表达空间对象的几何位置，是利用欧几里得几何学中的点、线、面及其组合体来表示地理实体空间分布的一种数据组织方式。这种数据组织方式能最好地逼近地理实体的空间分布特征，允许任意位置、长度和面积的精确定义。

矢量数据的编码方法：对于点实体和线实体，直接记录空间信息和属性信息；对于多边形地物，有坐标序列法、树状索引编码法和拓扑结构编码法。坐标序列法是由多边形边界的 x, y 坐标对集合及说明信息组成，是最简单的一种多边形矢量编码法，文件结构简单，但多边形边界被存储两次产生数据冗余，而且缺少邻域信息；树状索引编码法是将所有边界点进行数字化，顺序存储坐标对，由点索引与边界线号相联系，以线索引与各多边形相联系，形成树状索引结构，消除了相邻多边形边界数据冗余问题；拓扑结构编码法是通过建立一个完整的拓扑关系结构，彻底解决邻域和岛状信息处理问题的方法，但增加了算法的复杂性和数据库的大小。

矢量数据结构直接以几何空间坐标为基础，记录取样点坐标，数据精度高，数据存储的冗余度低，便于进行地理实体的网络分析，但对于多层空间数据的叠合分析比较困难。

因此，矢量数据结构的优点是数据按照点、线或多边形为单元进行组织，结构简单、直观，易实现以实体为单位的运算和显示。矢量数据的结构紧凑，冗余度低，并具有空间实体的拓扑信息，容易定义和操作单个空间实体，便于网络分析。矢量数据的输出质量好、精度高。但其缺点也很明显，矢量数据结构自成体系，缺少多边形的邻接信息，邻域处理复杂，处理岛或洞等嵌套问题较麻烦，需要计算多边形的包含等，导致了操作和算法的复杂化，作为一种基于线和边界的编码方法，不能有效地支持影像代数运算，也不能有效地进行点集的集合运算(如叠加)，运算效率低而复杂。由于矢量数据结构的存储比较复杂，导致空间实体的查询十分费时，需要逐点、逐线、逐面地查询。矢量数据和栅格表示的影像数据不能直接运算(如联合查询和空间分析)，交互时必须进行矢量和栅格转换。

栅格数据结构是指将空间分割成有规则的网格（称为栅格单元），在各个栅格单元上给出相应的属性值来表示地理实体的一种数据组织形式。

栅格数据的编码方式分为直接栅格编码和压缩编码。直接栅格编码，就是将栅格数据看作一个数据矩阵，逐行(或逐列)逐个记录代码。压缩编码，包括链码、游程长度编码、块码、四叉树编码等方式，链码(弗里曼链码)比较适合存储图形数据；游程长度编码通过记录行或列上相邻若干属性相同点的代码来实现；块码是游程长度编码扩展到二维的情况，采用方形区域为记录单元；四叉树编码将整个图形区域按照四个象限递归分割成 $2n \times 2n$ 像元阵列，即分解成大小相等的四部分，每一部分又分解成大小相等的四部分，就这样一直分解下去，可以一直分解到正方形的大小正好与像元的大小相等为止。四叉树编码处理结构单调的图形区域比较适合，压缩效果好，但对具有复杂结构的图形区域，压缩效率会受到影响。

栅格结构的显著特点：属性明显，定位隐含，即数据直接记录属性的指针或数据本身，而所在位置则是根据行列号转换为相应的坐标。

因此，栅格数据结构是通过空间点密集而规则的排列来表示整体的空间现象的。其数据结构简单，定位存取性能好，可以与影像和 DEM 数据进行联合空间分析，数据共享容易实现，对栅格数据的操作比较容易。

但栅格数据的数据量与格网间距的平方成反比，较高的几何精度的代价是数据量的极大增加。因只使用行和列来作为空间实体的位置标识，故难以获取空间实体的拓扑信息，难以进行网络分析等操作。栅格数据结构不是面向实体的，各种实体往往是叠加在一起反映出来的，因而难以识别和分离。对点实体的识别需要采用匹配技术，对线实体的识别需采用边缘检测技术，对面实体的识别则需采用影像分类技术，这些技术不仅费时，而且不能保证完全正确。

通过以上的分析可以看出，栅格数据操作总的来说容易实现，矢量数据操作则比较复杂；栅格数据结构是矢量数据结构在某种程度上的一种近似，对于同一地物达到与矢量数据相同的精度需要更大量的数据；在坐标位置搜索、计算多边形面积等方面栅格数据结构更为有效，而且易与遥感相结合，易于信息共享；矢量数据结构对于拓扑关系的搜索则更为高效，网络信息只有用矢量才能完全描述，而且精度较高。对 GIS 软件来说，两者共存，各自发挥优势是十分有效的。

矢量数据结构和栅格数据结构的优缺点是互补的，在 GIS 建立过程中，应根据应用目的、应用特点和可能获得的数据精度以及 GIS 软件和硬件的配置情况，选择合适的数据结构。一般来讲，栅格数据结构可用于大范围小比例尺的自然资源、环境、农林业等区域问题的研究。矢量数据结构用于城市分区或详细规划、土地管理、公用事业。为了有效地实现 GIS 中的各项功能(如与遥感数据的结合，有效的空间分析等)，需要同时使用两种数据结构，并在 GIS 中实现两种数据结构的高效转换。

3.1.2　空间数据格式转换

空间数据的表达有栅格数据和矢量数据两种结构，在应用中常要根据需要互相转换。从矢量到栅格数据的转换称为矢量数据的栅格化，主要用于图件在喷墨绘图仪等栅格型外设上的输出、矢量数据与栅格数据的综合图像处理等场合。从栅格到矢量数据的转换又称为栅格数据的矢量化，主要用于地图或专题图件的扫描输入、图像分类或分割结果的存储和绘图等。

矢量结构与栅格结构的相互转换，一直是 GIS 的技术难题之一。这主要是由于转换程序通常占用较多的内存，涉及复杂的数值运算，而难以在实用系统，特别是微机 GIS 中被采用。近年来已发展了许多高效的转换算法，适用于不同的环境。

对于点状实体，每个实体仅由一个坐标对表示，其矢量结构和栅格结构的相互转换基本上只是坐标精度转换问题。线实体的矢量结构由一系列坐标对表示，在变为栅格结构时，除把序列中坐标对变为栅格行列坐标外，还需根据栅格精度要求，在坐标点之间插满一系列栅格点，这也容易由两点式直线方程得到；线实体由栅格结构变为矢量结构与将多边形边界表示为矢量结构相似。因此，以下重点讨论多边形(面实体)的矢量结构与栅格结构的相互转换问题。

1. 矢量格式向栅格格式转换

1) 内部点扩散算法

该算法由每个多边形一个内部点(种子点)开始(图 3-1)，向其八个方向的邻点扩散，判

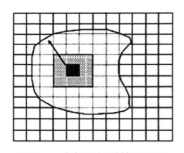

断各个新加入点是否在多边形边界上，如果是边界点，则新加入点不作为种子点，否则，把非边界点的邻点作为新的种子点与原有种子点一起进行新的扩散运算，并将该种子点赋予多边形的编号。重复上述过程，直到所有种子点填满该多边形并遇到边界为止。

扩散算法程序设计比较复杂，需要在栅格阵列中进行搜索，占用内存很大。在一定栅格精度上，如果复杂图形的同一多边形的两条边界落在同一个或相邻的两个栅格内，会造成多边形不连通，则一个种子点不能完成整个多边形的填充。

图 3-1　内部点扩散算法图示

2) 复数积分算法

对全部栅格阵列逐个栅格单元判断栅格归属的多边形编码，判别方法是由待判点对每个多边形的封闭边界计算复数积分，对某个多边形，如果积分值为 2π，则该待判点属于此多边形，赋予多边形编号，否则，在此多边形外部，不属于该多边形。

复数积分算法涉及许多乘除运算，尽管可靠性好，设计也并不复杂，但运算时间很长，难以在比较低档次的计算机上采用。采用一些优化方法，如根据多边形边界坐标的最大最小值范围组成的矩形来判断是否需要做复数积分运算，可以部分地改善运算时间长的困难。

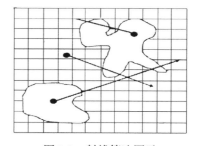

3) 射线算法

射线算法可逐点判别数据栅格点在某多边形之外或在多边形内(图 3-2)，由待判点向图外某点引射线，判断该射线与某多边形所有边界相交的总次数，如相交偶数次，则待判点

图 3-2　射线算法图示

在该多边形的外部，如为奇数次，则待判点在该多边形的内部。

射线算法要计算与多边形的交点，因此运算量大。另一个比较麻烦的问题是射线与多边形相交时有些特殊情况，如相切、重合等，会影响交点的个数，必须予以排除，由此造成算法的不完善，并增加了编程的复杂性。

4) 扫描算法

扫描算法是射线算法的改进，通常情况下，沿栅格阵列的行方向扫描，在每两次遇到多边形边界点的两个位置之间的栅格，属于该多边形 (图 3-3)。扫描算法省去了计算射线与多边形交点的大量运算，大大提高了效率，但一般需要预留一个较大的数组以存放边界点，而且扫描线与多边形边界相交的几种特殊情况仍然存在，需要加以判别。

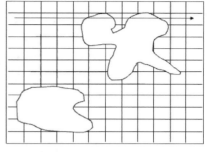

图 3-3 扫描算法图示

5) 边界代数算法

是一种基于积分思想的矢量转栅格算法。图 3-4 表示单多边形转行的情况，多边形编号为 a，模仿积分求多边形区域面积的过程，初始化的栅格阵列各栅格值为 0，以栅格行列为参考坐标轴，由多边形边界上的某点开始顺时针搜索边界线，适合于记录拓扑关系的多边形矢量数据转换。该方法是由多边形边界上的某点开始，顺时针搜索边界线，上行时边界左侧具有相同行开始坐标的栅格减去 a 值，下行时边界左侧 (前进方向看为右侧) 所有栅格的点加上 a 值，边界搜索完毕后即完成多边形的转换。可以证明，对于多个多边形的矢量向栅格的转换问题，只需对所有多边形边界弧段做如下运算而不考虑排列次序：当边界弧段上行时，该弧段与左图框之间栅格减少一个值 (左多边形编号减去右多边形编号)，下行时该弧段与左图框之间栅格增加一个值 (右多边形编号减去左多边形编号)。

(a)   (b)

图 3-4 单个多边形的转换

2. 栅格格式向矢量格式转换

栅格数据格式向矢量数据格式转换称为矢量化。矢量化的过程要保证以下两点。

(1) 拓扑转换，即保持栅格表示出的连通性和邻接性。否则，转换出的图形是杂乱无章的，没有任何实用价值的。

(2) 转换空间对象正确的外形。栅格向矢量转换的主要步骤如下。

二值化：一般情况下，栅格数据是按 0~255 的不同灰度值表达的。为了简化追踪算法，需把 256 个灰阶压缩为 2 个灰阶，即 0 和 1 两级。

细化：细化是消除线划横断面栅格数的差异，使得每一条线只保留代表其轴线或周围轮廓线(对多边形而言)位置的单个栅格的宽度。

边界跟踪：跟踪的目的是把细化后的栅格数据整理为从节点出发的线段或闭合的线条，并以矢量形式加以存储。跟踪时，根据人为规定的搜索方向(如沿图幅边界的顺时针或逆时针方向)，从起始点开始，在保证趋势的情况下对八个邻域进行搜索，依次得到相邻点，最终得到完整的弧段或多边形。

去除多余点及曲线光滑：由于搜索是逐个栅格进行的，所以，弧段或多边形的数据列十分密集。为了减少存储量，在保证线段精度的情况下可以删除部分数据点。

拓扑关系的生成：判断弧段与多边形间的空间关系，以形成完整的拓扑结构并建立与属性数据的关系。

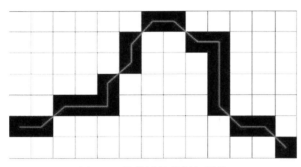

图 3-5　线状栅格数据矢量化

点状栅格的矢量化即将栅格点的中心转换为矢量坐标的过程。

线状栅格数据向矢量数据转换是提取弧段栅格序列点中心矢量坐标的过程。矢量化追踪的基本思想就是沿着栅格数据线的中央跟踪，将其转化为矢量数据线，如图 3-5 所示。细化矢量化先将具有一定粗细的线状栅格进行细化，提取其中轴线；非细化无条件全自动矢量化是一种新的矢量化技术，与传统的细化矢量化方法相比，它具有无需细化处理，处理速度快，不会出现细化过程中常见的毛刺现象，矢量化精度高等特点。

无条件全自动矢量化无需人工干预，系统自动进行矢量追踪，既省事，又方便。全自动矢量化对于那些图面比较清洁，线条比较分明，干扰因素比较少的图，跟踪出来的效果比较好，但是对于那些干扰因素比较大的图(注释、标记特别多的图)，就需要人工干预，才能追踪出比较理想的图。

面状栅格的矢量化是提取具有相同编号的栅格集合表示的多边形区域的边界和边界的拓扑关系，并表示成矢量格式边界线的过程。步骤包括多边形边界提取，即使用高通滤波将栅格图像二值化；边界线追踪，即对每个弧段由一个节点向另一个节点搜索；拓扑关系生成和去除多余点及曲线圆滑。

3.2　地图投影与空间坐标变换

地图投影和空间坐标计算是地图编制的数学基础，而空间分析是以地图数据为基础的。本节将介绍地图投影原理和我国基本比例尺地形图的投影系统，在此基础上，介绍地图投影变换与地图平面坐标计算及其变换方法。

3.2.1　地图投影和投影变形

1. 地图投影原理

地球是一个不规则的球体，球面上的位置，是以经纬度 (B, L) 来表示，将其称为"球面坐标系统"或"地理坐标系统"。地球表面是一个不规则的自然表面，为便于测量成果的计算与制图工作的需要，假定海水处于完全静止状态，海水面延伸到大陆上，形成包围整个地球的连续面，包围的球体称为大地体，选用一个大小和形状同大地体极为相似且可用数学方法表达的旋转椭球体代替，该旋转椭球体称为参考地球椭球体。

在球面上计算角度距离十分麻烦，而且地图是印刷在平面纸张上的，要将球面上的物体画到纸上，就必须展平，这种将球面转化为平面的过程，称为"投影"。地图投影的实质就是球面上的经纬网按照一定的数学法则转移到平面图纸上，如图 3-6 所示。因此，地图投影就是在球面与平面之间建立经纬度与直角坐标函数关系的数学方法。

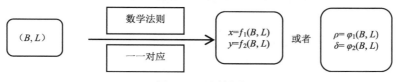

图 3-6　地图投影

地图投影根据投影面不同分为圆柱投影、圆锥投影与方位投影；根据投影面及其与球面相关位置可分为正轴投影、横轴投影和斜轴投影；按投影面与地表的关系分为切投影、割投影，如图 3-7 所示。

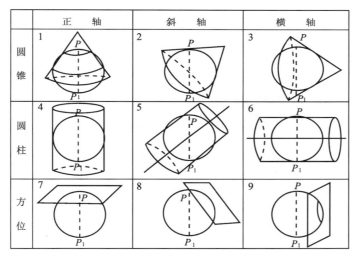

图 3-7　按投影面与球面相关位置的分类(胡毓巨和龚剑文，1992)

由于地球椭球面是不可展开的面，不采用一定的方法而直接展为平面时，都会产生褶皱、拉伸或断裂等无规律变形，这种不完整的平面无法绘制科学、准确的地图。针对如何将一个不可展开成平面的曲面的几何形状投影表象于平面上，并符合一定的精度和其他特殊要求，地图投影需解决球面与平面之间的矛盾——将地球椭球面上的点转换成平面上的点。

2. 投影变形

由地图投影造成的变形称为投影变形，考虑地图投影不能保持球面与平面之间在长度（距离）、角度（形状）、面积等方面完全不变，因此，地图投影一般存在长度、面积、角度的变形。根据投影变形性质又可分为等角投影、等积投影和任意投影。

1）长度比与长度变形

长度比：指投影面上一微分线段与椭球面上相应的微分线段之比，用 μ 表示。μ 随点的位置、方向的变化而变化，且均为正值。

$$v_\mu = \frac{\mathrm{d}s' - \mathrm{d}s}{\mathrm{d}s} = \mu - 1 \tag{3-1}$$

式中，$\mathrm{d}s$ 为椭球面上微分线段长度；$\mathrm{d}s'$ 为相应投影面上微分线段长度；v_μ 为正，表示投影后长度放大了；v_μ 为负，表示投影后长度缩小了。

2）面积比与面积变形

面积比 p：指投影面上一微分面积与椭球面上相应的微分面积之比，用 p 表示。即

$$p = \frac{\mathrm{d}F'}{\mathrm{d}F} \tag{3-2}$$

p 随点位变化而变化，但均为正值。

面积变形：

$$V_p = \frac{\mathrm{d}F' - \mathrm{d}F}{\mathrm{d}F} = p - 1 \tag{3-3}$$

3）角度变形

角度变形：投影面上任意两方向所夹的角 β' 与椭球面上相应夹角 β 之差（$\beta' - \beta$）。最大角度变形 ω 为某点上可能会出现的最大角度变形值，也常用 $\omega/2$ 表示该点的角度变形。

4）变形椭圆

变形椭圆：在地球表面上过某点作一微分圆，投影后一般为一微分椭圆。

5）主方向

主方向：在投影后仍保持正交的一对线的方向称为主方向。

底索定律："无论采用何种转换方法，球面上每一点至少有一对正交方向线，在投影平面上仍能保持其正交关系。"

在描述一个点上不同方向长度的变化时，常需要指出长度比中最大者和最小者（极值长度比 a/b），主方向上的长度比为极值。

地球椭球面上两正交直线投影后仍为两正交直线的两方向，可证明某点至少有一个主方向，且主方向上的长度比为极值。

6）等角条件、等面积条件、等距离条件

（1）等角条件。地球椭球面上任意两方向所夹的角投影到平面上以后，保持夹角大小不变，如图 3-8 所示。

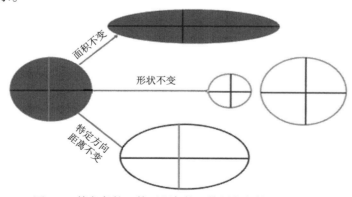

图 3-8　等角条件、等面积条件、等距离条件下微分圆的投影

等角投影中，主方向上的投影长度比相等，或者说变形椭圆是一个圆。当经纬线方向为主方向时，有 $a=m=b=n$。

（2）等面积条件。投影之后面积保持不变，即 $P=1$，如图 3-8 所示。

特殊情况：当主方向为经纬线方向时，即 $\theta=90°$ 或 $\varepsilon=0°$，等面积条件为：$p=m \cdot n=1$。

（3）等距离条件。主方向之一上的长度投影后无变形，即 $a=1$ 或 $b=1$，如图 3-8 所示。

特殊情况：当主方向为经纬线方向时，常使 $m=1$，因此等距离条件为：$m=1$。

3.2.2　中国基本比例尺地形图投影

在空间分析建模中，往往地形图作为地图数据应用最为广泛，我国的基本比例尺地形图（1∶5000，1∶1 万，1∶2.5 万，1∶5 万，1∶10 万，1∶25 万，1∶50 万，1∶100 万）中，大于等于 1∶50 万的均采用高斯-克吕格投影（Gauss-Kruger），又称为横轴墨卡托投影（Transverse mercator）；小于 1∶50 万的地形图采用正轴等角割圆锥投影，又称为兰勃特投影（Lambert conformal conic）；大于 1∶5000 的城镇地图可根据实际情况采用城市局部坐标系的高斯-克吕格投影。另外，海上小于 1∶50 万的地形图多用正轴等角圆柱投影，又称为墨卡托投影（Mercator）。下面将主要针对我国基本比例尺地形图的两种主要投影进行系统介绍。

1. 高斯-克吕格投影

高斯投影是等角横切椭圆柱投影。它是由德国数学家高斯（Gauss，1777～1855 年）提出，后经德国大地测量学家克吕格（Kruger，1857～1923 年）加以补充完善，故又称"高斯-克吕格投影"，简称"高斯投影"。

高斯投影是一种横轴等角切椭圆柱投影，它是将一椭圆柱横切于地球椭球体上，该椭圆柱面与椭球体表面的切线为一母线，投影中将其称为中央经线，然后根据一定的约束条件（投影条件），将中央经线两侧规定范围内的点投影到椭圆柱面上，从而得到点的高斯投影，如图 3-9 所示。

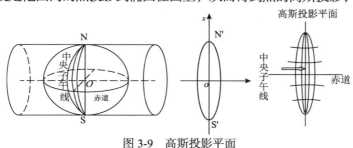

图 3-9　高斯投影平面

（1）高斯投影的基本条件为：①高斯投影为正形投影，即等角投影；②中央子午线投影后为直线，且为投影的对称轴；③中央子午线投影后长度不变。

（2）高斯投影坐标正算公式为

$$x = S + \frac{L^2 N}{2} \sin B \cos B + \frac{L^4 N}{24} \sin B \cos^3 B (5 - \tan^2 B + 9\eta^2 + 4\eta^4) +$$
$$NL^6 \sin B \cos^5 B (61 - 58 \tan^2 B + \tan^4 B) / 720$$
$$y = LN \cos B + \frac{L^3 N}{6} \cos^3 B (1 - \tan^2 B + \eta^2) +$$
$$\frac{L^5 N}{120} \cos^5 B (5 - 18 \tan^2 B + \tan^4 B)$$

$$(3\text{-}4)$$

式中，(x, y) 为高斯平面直角坐标；(B, L) 为地理坐标，以弧度计；S 为从赤道开始到任意纬度 B 的子午线弧长；N 为纬度 B 处的卯酉圈曲率半径；$\eta = e'^2 \cos^2 B$，$e'^2 = \dfrac{a^2 - b^2}{b^2}$ 为地球的第二偏心率，a 和 b 为地球椭球体的长、短半径。

（3）在高斯投影坐标反算时，原面是高斯平面，投影面是椭球面，已知的是平面坐标 (x, y)，要求的是大地坐标 (B, L)，相应地有如下投影方程：

$$\begin{cases} B = \varphi_1(x, y) \\ L = \varphi_2(x, y) \end{cases} \tag{3-5}$$

（4）高斯投影的特性：①中央子午线投影后为直线，且长度不变；②除中央子午线外，其余子午线的投影均为凹向中央子午线的曲线，并以中央子午线为对称轴，投影后有长度变形；③赤道线投影后为直线，但有长度变形；④除赤道外的其余纬线，投影后为凸向赤道的曲线，并以赤道为对称轴；⑤经线与纬线投影后仍然保持正交；⑥所有长度变形的线段，其长度变形比均大于 L；⑦离中央子午线越远，长度变形越大。

（5）高斯投影的变形分析。高斯投影由于是等角投影，故没有角度变形，其沿任意方向的长度比都相等，其投影变形具有以下特点：①中央经线上无长度变形；②除中央经线上的长度比为 1，任何的长度比均大于 1；③同一纬线距中央经线越远变形越大，变形最大位于投影带边；④同一经线上，纬度越低，变形越大。

（6）投影带的划分。高斯-克吕格投影的最大变形处为各投影带在赤道边缘处，为了控制变形，我国地形图采用分带的方法，每隔 3°或 6°的经差划分为互不重叠的投影带，如图 3-10 所示。1:2.5 万至 1:50 万的地形图采用 6°分带方案。从格林尼治 0°经线开始，全球共分为 60 个投影带。我国位于 72°E 到 136°E 之间，共 11 个投影带（13~23 带）。1:1 万以及更大比例尺地图采用 3°分带方案。3°带自 1.5°开始，按 3°的经差自西向东分成 120 个带。3°带的中央子午线与 6°带的中央子午线及分带子午线重合，减少了换带计算。工程测量采用 3°带，特殊工程可采用 1.5°带或任意带。

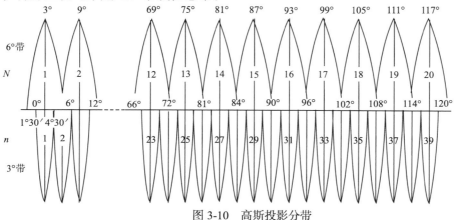

图 3-10　高斯投影分带

自 1952 年起，我国将高斯投影作为国家大地测量和地形图的基本投影，也称为主投影。

（7）6°带与 3°带的区别与联系。①6°带：从 0°子午线起划分，带宽 6°，用于中小比例尺

（1：25000 以下）测图；②3°带：从 1.5°子午线起划分，带宽 3°，用于大比例尺（如 1：10000）测图；③3°带是在 6°带的基础上划分的，6°带的中央子午线及分带子午线均作为 3°带的中央子午线，其奇数带的中央子午线与 6°带的中央子午线重合，偶数带与分带子午线重合。

按照 6°带划分的规定，1 带中央子午线的经度为 3°，其余各带中央子午线经度与带号的关系是

$$L_0 = 6° N - 3° \quad (N \text{ 为 } 6° \text{带的带号}) \tag{3-6}$$

例：20 带中央子午线的经度为 $L_0 = 6° \times 20 - 3° = 117°$。

按照 3°带划分的规定，1 带中央子午线的经度为 1.5°，其余各带中央子午线经度与带号的关系是

$$L_0 = 3° n \quad (n \text{ 为 } 3° \text{带的带号}) \tag{3-7}$$

例：120 带中央子午线的经度为 $L_0 = 3° \times 120 = 360°$。

若已知某点的经度为 L，则该点的 6°带的带号 $N = \mathrm{int}(L/6) + 1$；若已知某点的经度为 L，则该点所在 3°带的带号 $n = L/3$（四舍五入）。

2. 兰勃特投影

国际上编制 1：100 万地形图和航空图所用的兰勃特投影是由德国数学家兰勃特（Lambert）拟定的正形圆锥投影。设想用一个正圆锥切于或割于球面，应用等角条件将地球面投影到圆锥面上，然后沿一母线展开成平面。投影后纬线为同心圆圆弧，经线为同心圆半径。没有角度变形，经线长度比和纬线长度比相等。适合于制作沿纬线分布的中纬度地区的中、小比例尺地图。

正轴圆锥投影时，经线投影后为交于圆锥顶点的一束直线，纬线为以圆锥顶点为圆心的同心圆弧（图 3-11）。同心圆的半径就是经线的投影长度，经线间的夹角与相应的经差成正比。

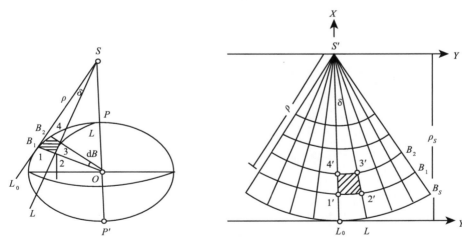

图 3-11 正轴圆锥投影

正轴圆锥投影的一般公式如下所述。

1）平面极坐标系

以圆锥顶点 S' 为原点，中央经线投影为极轴。

由正轴圆锥投影的经纬线形状，同一纬度的不同经线弧段的投影长度相同，而同一经线上不同纬度的弧段的投影长度不同，所以经线弧段的投影长度 ρ 只是 B 的函数，可表示为

$\rho=f(B)$。由于相邻经线的夹角的投影 δ 与经差成正比,故有 $\delta=kl$,其中,k 为比例系数,l 为经差。

2)直角坐标系

(1)中央经线 L_0 的投影为 X 轴,过 S' 点垂直于中央经线的直线为 Y 轴。

(2)将上述坐标原点移至投影区域中最低纬线 B_s 和中央经线 L_0 的交点 O 处,则有

$$x=\rho_S-\rho\cos\delta, \qquad y=\rho\sin\delta$$

由于经纬线投影后正交,故经纬线方向就是主方向。故投影变形计算的公式为

$$\begin{cases} m=-\dfrac{\mathrm{d}\rho}{M\mathrm{d}B} \\ n=\dfrac{k\rho}{r} \\ P=mn=-\dfrac{k\rho\mathrm{d}\rho}{Mr\mathrm{d}B} \\ \sin\dfrac{\omega}{2}=\left|\dfrac{m-n}{m+n}\right| \end{cases} \tag{3-8}$$

式中,M 为子午圈曲率半径;k 为比例系数;r 为纬圈半径,$r=N\cos B$,N 为卯酉圈曲率半径。

由于 ρ 值由原心起算,椭球体的纬度由赤道起算,两者方向相反,故 $\mathrm{d}\rho/M\mathrm{d}B$ 为负值,故其前应加负号。

在正轴圆锥投影公式中加入等角条件 $m=n$,再根据切圆锥或割圆锥的标准纬线(长度比为 1)条件,可推导公式计算出投影坐标。

我国的 1:100 万地形图采用兰勃特投影,但由于受长度变形和面积变形的影响较大,采用该比例尺地图在空间建模与分析中往往只是作为底图参考。

3.2.3　地图投影变换

当 GIS 系统使用的数据取自不同地图投影的图幅时,需要将取自不同地图投影的数字化坐标数据转换为系统规定投影的坐标数据,称为地图投影变换。投影变换的目的和实质是针对原始资料地图和新编地图之间的点位转换。

解析投影变换是投影变换常用的方式(原始图的投影方式未知,新图的投影方式已知),又可分为正解变换、反解变换和数值变换。

1)正解变换

通过建立资料地图的投影坐标数据到目标地图投影坐标数据的严密或近似的解析关系式,直接由资料地图投影坐标数据 x,y 转换为目标投影的直角坐标 X,Y。两个不同投影平面场上的点可对应写为

$$X=f_1(x,y),\quad Y=f_2(x,y) \tag{3-9}$$

式中,f_1,f_2 为定域内单值、连续的函数。

2)反解变换

将资料地图的投影坐标数据 x,y 反解出地理坐标 φ,λ,然后再将地理坐标代入到目标地图的投影坐标公式中,从而实现投影坐标的转换,如图 3-12 所示。

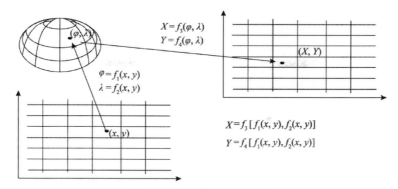

图 3-12　地图投影反解变换

对前后两种地图投影，可分别有如下表达形式：

$$X = f_1(\phi,\ \lambda); \quad Y = f_2(\phi,\ \lambda); \quad X = f_3(\phi,\ \lambda), \quad Y = f_4(\phi,\ \lambda)$$

根据资料地图的投影公式求反解，对前一投影则有

$$\phi = f_1(x,\ y), \quad \lambda = f_2(x,\ y)$$

代入目标地图的投影方程即有

$$X = f_3\big[f_1(x,\ y),\ f_2(x,\ y)\big], \quad Y = f_4\big[f_1(x,\ y),\ f_2(x,\ y)\big] \tag{3-10}$$

这就是地图投影反解变换的数学模型。

3) 数值变换

根据两种投影在变换区内的若干同名数据点，采用插值法、待定系数法等，实现由资料地图投影到目标地图投影的转换，如图 3-13 所示。

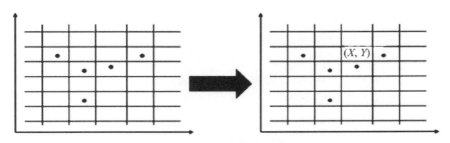

图 3-13　地图投影数值变换

以下是利用两平面直角坐标的高阶多项式实施变换，即

$$\begin{aligned}X &= a_{00} + a_{10}x + a_{20}x^2 + a_{01}y + a_{11}xy + a_{02}y^2 + a_{30}x^3 + a_{21}x^2y + a_{12}xy^2 + a_{03}y^3 + \cdots \\ Y &= b_{00} + b_{10}x + ab_{20}x^2 + b_{01}y + b_{11}xy + b_{02}y^2 + b_{30}x^3 + b_{21}x^2y + b_{12}xy^2 + b_{03}y^3 + \cdots\end{aligned} \tag{3-11}$$

式中，待定系数 a_{ij}，b_{ij} 可由若干已知点坐标求出。

任何投影都存在着投影变形，因而不同投影间的变换过程通常不是完全可逆的，即能把地图数据从它的原投影转换到某些其他投影，但不是总能非常精确地把它转换回来，因此，在进行投影转换前应将原有文件另存。而且在进行投影变换时应尽量减少投影变换的次数，以求投影变换结果的精确性。

3.2.4　地图平面坐标计算及其变换

1. 地图坐标系与坐标计算

地图坐标系定义由基准面和地图投影两组参数确定，而基准面的定义则由特定椭球体及其对应的转换参数确定。基准面是利用特定椭球体对特定地区地球表面的逼近，因此每个国家或地区均有各自的基准面。

我国参照原苏联从 1953 年起采用克拉索夫斯基(Krassovsky)椭球体建立了我国的北京 54 坐标系，1978 年采用国际大地测量协会推荐的 1975 地球椭球体建立了我国的大地坐标——西安 80 坐标系，目前大地测量基本上仍以北京 54 坐标系作为参照，北京 54 与西安 80 坐标之间的转换可查阅国家测绘局公布的对照表。WGS1984 基准面采用 WGS84 椭球体，它是一个地心坐标系，即以地心作为椭球体中心，目前 GPS 测量数据多以 WGS1984 为基准。各椭球体参数如表 3-1 所示。

表 3-1　椭球体参数

参数	克拉索夫斯基椭球体	1975 地球椭球体	WGS84 椭球体
a	6378245.0000000000m	6378140.0000000000m	6378137.0000000000m
b	6356863.0187730473m	6356755.2881575287m	6356752.3142m
c	6399698.9017827110m	6399596.6519880105m	6399593.6258m
α	1/298.3	1/298.257	1/298.257223563
e^2	0.006693421622966	0.006694384999588	0.0066943799013
e'^2	0.006738525414683	0.006739501819473	0.00673949674227

椭球体与基准面之间的关系是一对多的关系，也就是基准面是在椭球体基础上建立的，但椭球体不能代表基准面，同样的椭球体能定义不同的基准面，如原苏联的 Pulkovo 1942、非洲索马里的 Afgooye 基准面都采用了克拉索夫斯基椭球体，但它们的基准面显然是不同的。

另外，2000 国家大地坐标系是我国当前最新的国家大地坐标系(China geodetic coordinate system 2000，CGCS2000)，2000 国家大地坐标系是全球地心坐标系在我国的具体体现，其原点为包括海洋和大气的整个地球的质量中心。Z 轴指向 BIH1984.0 定义的协议极地方向(BIH 国际时间局)，X 轴指向 BIH1984.0 定义的零子午面与协议赤道的交点，Y 轴按右手坐标系确定。

2000 国家大地坐标系采用的地球椭球参数如下。

长半轴　$a = 6378137m$

扁率　$f = 1/298.257222101$

地心引力常数　$GM = 3.986004418 \times 10^{14} \, m^3 / s^2$

自转角速度　$\omega = 7.292115 \times 10^{-5} rad / s$

我国 1：50 万～1：5000 地形图的投影坐标采用高斯投影平面坐标。根据不同的投影椭球体和基准面，同一个点获得的平面坐标是不一样的，因此，空间分析中涉及地图的坐标时，一定要先弄清楚地图的坐标系统。

2. 地图平面坐标变换

坐标变换的目的是建立两个平面点之间的一一对应关系，即一种地图坐标系与另一种地图坐标系的变换模型。

通常采用两种方法：仿射变换(affine transformation)和相似变换(similarity transformation)。仿射变换即坐标需经过缩放(scale)、平移(translate)、旋转(rotate)变换；相似变换即坐标需经过 x 轴、y 轴同尺度缩放、平移、旋转变换，如图3-14所示。

1) 坐标平移和旋转原理

由坐标平移可知：

$$x' = x - a$$
$$y' = y - b$$

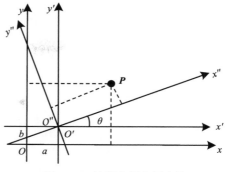

图3-14　地理空间坐标变换

由坐标旋转可知：

$$x'' = x'\cos\theta + y'\sin\theta, \qquad y'' = -x'\sin\theta + y'\cos\theta$$
$$x = x''\cos\theta - y''\sin\theta + a, \qquad y = x''\sin\theta + y''\cos\theta + b \tag{3-12}$$

2) 空间直角坐标系转换的三参数法

若只有原点不重合，则坐标系的变换可采用如下三参数法进行变换。

$$\begin{bmatrix} X_2 \\ Y_2 \\ Z_2 \end{bmatrix} = \begin{bmatrix} X_1 \\ Y_1 \\ Z_1 \end{bmatrix} + \begin{bmatrix} \mathrm{d}X \\ \mathrm{d}Y \\ \mathrm{d}Z \end{bmatrix} \tag{3-13}$$

3) 空间直角坐标系转换的七参数法

当原点不重合，并且各坐标轴不平行，同时两坐标系的尺度不一样时，采用七参数法进行坐标变换(图3-15)，其步骤如下。

(1) 平移将原点重合。同上述三参数法，存在三个平移参数。

(2) 绕 Z 轴转 ε_Z。

$$\boldsymbol{T}_Z = \begin{bmatrix} \cos\varepsilon_Z & \sin\varepsilon_Z & 0 \\ -\sin\varepsilon_Z & \cos\varepsilon_Z & 0 \\ 0 & 0 & 1 \end{bmatrix}, \text{ 得}$$

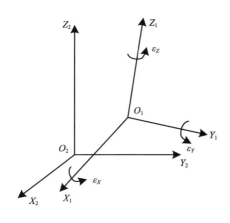

图3-15　七参数法坐标变换

$$\hat{X} = \cos\varepsilon_Z \cdot X_2 + \sin\varepsilon_Z \cdot Y_2 + 0 \cdot Z_2$$
$$\hat{Y} = -\sin\varepsilon_Z \cdot X_2 + \cos\varepsilon_Z \cdot Y_2 + 0 \cdot Z_2$$
$$\hat{Z} = 0 \cdot X_2 + 0 \cdot Y_2 + 1 \cdot Z_2$$

(3) 绕 X 轴转 ε_X，同理得

$$\boldsymbol{T}_X = \begin{bmatrix} 1 & 0 & 0 \\ 0 & \cos\varepsilon_X & \sin\varepsilon_X \\ 0 & -\sin\varepsilon_X & \cos\varepsilon_X \end{bmatrix}$$

(4)绕 Y 轴转 ε_Y，同理得

$$T_Y = \begin{bmatrix} \cos\varepsilon_Y & 0 & \sin\varepsilon_Y \\ 0 & 1 & 0 \\ -\sin\varepsilon_Y & 0 & \cos\varepsilon_Y \end{bmatrix}$$

若 ε_X，ε_Y，ε_Z 是秒级微小量，则有 $\cos\varepsilon_X \approx \cos\varepsilon_Y \approx \cos\varepsilon_Z \approx 1$；$\sin\varepsilon_X \approx \varepsilon_X$，$\sin\varepsilon_Y \approx \varepsilon_Y$，$\sin\varepsilon_Z \approx \varepsilon_Z$。$\sin\varepsilon_X \sin\varepsilon_Y \approx \sin\varepsilon_X \sin\varepsilon_Z \approx \sin\varepsilon_Y \sin\varepsilon_Z \approx 0$，因此有

$$\begin{bmatrix} X_2 \\ Y_2 \\ Z_2 \end{bmatrix} = T_X T_Y T_Z \begin{bmatrix} X_1 \\ Y_1 \\ Z_1 \end{bmatrix}, \qquad T = T_X T_Y T_Z \approx \begin{bmatrix} 1 & \varepsilon_Z & -\varepsilon_Y \\ -\varepsilon_Z & 1 & \varepsilon_X \\ \varepsilon_Y & -\varepsilon_X & 1 \end{bmatrix} \tag{3-14}$$

考虑平移及缩放的尺度，当两个空间直角坐标系的坐标换算既有旋转又有平移时，则存在三个平移参数和三个旋转参数，再顾及两个坐标系尺度不尽相同，因此还引入一个尺度变化参数 m，共计有七个参数，相应的坐标变换公式为

$$\begin{bmatrix} X_2 \\ Y_2 \\ Z_2 \end{bmatrix} = (1+m) \begin{bmatrix} X_1 \\ Y_1 \\ Z_1 \end{bmatrix} + \begin{bmatrix} 0 & \varepsilon_Z & -\varepsilon_Y \\ -\varepsilon_Z & 0 & \varepsilon_X \\ \varepsilon_Y & -\varepsilon_X & 0 \end{bmatrix} \begin{bmatrix} X_1 \\ Y_1 \\ Z_1 \end{bmatrix} + \begin{bmatrix} \Delta X \\ \Delta Y \\ \Delta Z \end{bmatrix} \tag{3-15}$$

3.3　空间尺度变换

3.3.1　空间数据的多尺度表达

尺度(scale)，原指官方规定的尺寸标准，但正如 Goodchild 所说，scale 在英文中是最多义的词之一。就空间建模和分析范畴而言，尺度一般是指空间分辨率范围的大小，空间数据的多尺度表达是指随着地理实体的分辨率(尺度)不同，同一地理实体在几何、拓扑结构和属性方面的不同数字表达形式。以 GIS 空间数据库为基础，根据用户需要绘制出不同内容和详细程度的地图是 GIS 数字制图的基本功能，但如何在空间数据库中存储、表达和分析多尺度的空间数据仍然是目前 GIS 研究的一个热点问题。多尺度表达要求空间数据库中的数据能够表达在不同等级、具有不同详细程度的地理实体中，并能将不同尺度的信息动态连接，允许在可变尺度上表达、分析和处理空间数据，开展有效的综合分析和辅助决策。

多尺度 GIS 即无级比例尺 GIS 是 GIS 的发展趋势。无级比例尺技术是以一个大比例尺空间数据为基础数据源，对一定区域内空间对象的信息量随比例尺变化自动增减，从而使得空间数据的压缩和复现与比例尺自适应的一种信息处理技术。目前，多比例尺 GIS 空间数据库往往存放了多种来源、不同版本、多种比例尺和详细程度的空间数据，同一数据库中保存了同一地理实体的多种表示形式，形成了异构多源数据库。这样的数据库存在空间数据重复存储、不支持空间数据动态修改和空间关系维护，实际上也不支持空间数据详细程度的动态变换即空间尺度的变换。如何从存储最详细的数据源着手，实现多尺度空间数据库的智能化自动更新，满足多尺度地理信息综合分析与表达的要求，涉及空间数据多尺度变换的理论与技术等多个方面。

无级比例尺思想贯穿着细节层次技术(level of detail, LOD)，因此，有些研究也引用"LOD

技术"进行表述。无级比例尺技术在地形可视化方面的研究较多，方法也比较成熟。

随着 GIS 的进一步推广，空间分析建模与应用对不同比例尺的地图产品的需求与日俱增，现有数据处理技术已不能完全满足无级比例尺电子地图的需求，其中一个重要方面就是矢量空间数据随比例尺变化而产生的信息量增减的问题，即无级比例尺空间数据压缩与再现问题。

3.3.2 空间尺度变换方法

综上所述，空间数据的多尺度变换的一个重要方面就是要实现以一个大比例尺基础数据源派生出满足不同应用层次、不同详细程度的任意比例尺的数据集，因此，建立多尺度之间空间数据的逻辑关系显得尤为重要，空间尺度变换过程中需要满足相应尺度的空间数据精度和特征，并保持空间目标的语义以及空间关系的一致性。

目前，有许多关于空间尺度变换方面的研究，地图自动综合、LOD 技术都是研究的热点，还引入了小波变换等数学方法通过伸缩和平移等运算功能对函数或信号进行多尺度细化分析（multiscale analysis）。本书主要介绍空间实体建模和分析中应用较多的空间尺度变换方法，即地图自动综合、LOD 技术。

1）地图自动综合

随着 GIS 应用领域的不断扩展和需求层次的日益提高，人们越来越多地需要在不同分辨率、不同空间尺度上对地理现象进行描述、观察和理解，即多尺度空间数据的表达、处理和分析。这导致了无级比例尺地图概念的产生，从而对地图自动综合的理论和技术提出了支持无级比例尺地理信息系统开发与应用的新要求。

地图是根据一定的数学法则，使用地图语言，通过制图综合，表示地面上地理事物的空间分布、联系及在时间中发展变化状态的图形。制图的基本目的是以缩小的图形来显示客观世界。

制图综合的目的是突出制图对象的类型特征，抽象出基本规律，更好地运用地图图形向读者传递信息。

制图综合是一个十分复杂的智能化过程，为了实现制图综合的科学化，它还要受到一系列条件的约束：地图用途、比例尺、景观条件、图解限制和数据质量，并使用约定的方法。

数字地图自动综合的基本过程如下。

（1）建立无缝地图数据库。

（2）地图投影变换。

（3）数据更新。

（4）区域地理特征分析。

（5）依据地图的综合目的建立地图要素分类代码的转换表。

（6）根据（4）、（5）建立地图综合的要素数据表和地图综合所需的不同要素的综合标准体系。

（7）依据（6）选取、概括地图要素，并进行相应的地理信息或地图要素的分类概念抽象和空间目标的聚合操作，该过程通常称为"地理信息抽象"。

（8）在（7）所生产的新地图数据库的基础上重新建立空间拓扑关系。

（9）在保证空间关系和特征一致的条件下，根据综合标准建立新的原始的综合后的地图数据库，该过程目前通常称为"地图的模型综合"。

（10）以地图符号配置方案为标准建立数字制图模型（DCM 模型），生成可视化地图产品。

　　在传统的制图综合过程中，常常由于制图者的认识水平和技能差异存在一定程度的主观性，表现为在同样的约束条件下，使用同样的资料所作出的地图图形不一致。计算机技术的应用使制图综合在数量上和完善程度上都得到很快的发展，每种算法可以重复出现同样的结果，并且可以以手工方法无法达到的精度来实现。

　　自动制图综合试图把地图—人—地图的关系转化为地图—计算机—地图的关系，其前提是解决计算机人工智能问题，实现这个转变绝非易事。在自动综合中，手工作业到底占多大比重，一直是个有争议的问题。研究者一直致力于全自动综合的研究，但就目前技术水平看来，缺少人工干预的全自动地图综合还无法实现。人机协同系统是当前数字地图综合的唯一可选之路。

　　所谓人机协同系统是指将与抽象思维有关的数值计算和逻辑推理问题由计算机来完成，将迄今为止成熟的综合处理技术计算机化，而对综合过程中的形象思维如哪个物体需要综合、特殊参数的设置等问题，交由人来决策或完成，以人机交互的形式共同完成整个地图综合的工作。这样的制图综合工作设计，计算机能最大限度地完成所能完成的工作，而人则是在最关键部分控制整个工作，最终保证以较高的效率来完成这项工作。

　　2）LOD 技术

　　1976 年，Clark 提出了 LOD 技术的概念，认为当物体覆盖屏幕较小区域时，可以使用该物体描述较粗的模型，并给出了一个用于可见面判定算法的几何层次模型，以便对复杂场景进行快速绘制。1982 年，Rubin 结合光线跟踪算法，提出了复杂场景的层次表示算法及相关的绘制算法，从而使计算机能以较少的时间绘制复杂场景。因此，LOD 技术实际上是指根据物体模型的节点在显示环境中所处的位置和重要度，决定物体渲染的资源分配，降低非重要物体的面数和细节度，从而获得高效率的渲染运算。

　　20 世纪 90 年代初，图形学方向上派生出虚拟现实和科学计算可视化等新研究领域。虚拟现实和交互式可视化等交互式图形应用系统要求图形生成速度达到实时，而计算机所提供的计算能力往往不能满足复杂三维场景的实时绘制要求，因而，研究人员提出多种图形生成加速方法，LOD 模型则是其中一种主要方法。这几年在全世界范围内形成了对 LOD 技术的研究热潮，并且取得了很多有意义的研究结果。

　　LOD 技术在不影响画面视觉效果的条件下，通过逐次简化景物的表面细节来减少场景的几何复杂性，从而提高绘制算法的效率。该技术通常对每一原始多面体模型建立几个不同逼近精度的几何模型，与原模型相比，每个模型均保留了一定层次的细节。在绘制时，根据不同的标准选择适当的层次模型来表示物体。LOD 技术具有广泛的应用领域，目前在实时图像通信、交互式可视化、虚拟现实、地形表示、飞行模拟、碰撞检测、限时图形绘制等领域都得到了应用，很多造型软件和 VR 开发系统都开始支持 LOD 模型表示。

第4章 基本空间分析方法

空间分析是基本的、解决一般问题的理论和方法，为人们建立复杂的空间应用模型提供基本的分析工具。本章主要介绍基于矢量数据模型与栅格数据模型的基本空间分析方法，包括缓冲区分析、叠置分析、聚类聚合分析、追踪分析、窗口分析、方向分析等。

4.1 缓冲区分析

缓冲区分析是地理信息系统中最重要和最基本的空间分析方法之一，其基本思想是给定一个空间物体（的集合），确定它（们）的某邻域（邻域的大小由邻域半径 R 决定）物体 O_i 的缓冲区定义如下：

$$B_i = \{x : d(x, O_i) \leqslant R\} \tag{4-1}$$

也即 O_i 的半径 R 的缓冲区是全部距 O_i 的距离 d 小于等于 R 的点的集合，d 一般是指最小欧氏距离。对于物体的集合 $\mathbf{O} = \{O_i : i = 1, 2, \cdots, n\}$，其半径为 R 的缓冲区是单个物体的缓冲区的并，即 $B = \bigcup_{i=1}^{n} B_i$。

图 4-1 分别是点状、线状、面状空间物体缓冲区的示例。

图 4-1　点、线、面的缓冲区示例

另外还有一些特殊形态的缓冲区，如点对象有三角形、矩形和圆形等缓冲区，对于线对象有双侧对称、双侧不对称或单侧缓冲区，对于面对象有内侧和外侧缓冲区。这些适合不同应用要求的缓冲区，尽管形态特殊，但基本原理是一致的。

4.1.1　缓冲区生成算法

计算点缓冲区的关键是确定以点状物体为中心的圆周，常用的方法是圆弧步进拟合法，如图 4-2 所示，即将圆心角等分，在圆周上用等长的弦代替圆弧，以直代曲，用均匀步长的直线段逐步逼近圆弧段。

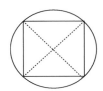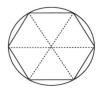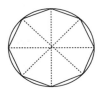

图 4-2　圆弧步进拟合法

线缓冲区计算的基本问题是平行线问题。对于由折线表示的线状物体以及面状物体的边界），平行线是分段计算的，线段间的连接根据具体情况采用圆弧连接法或直接连接法。关于线缓冲区的生成算法有许多，本节主要介绍两种基本算法：角平分线法和凸角圆弧法（邬伦等，2001）。

1）角平分线法

角平分线法是在轴线首尾点处，作轴线的垂线并按缓冲区半径 R 截出左右边线的起止点；在轴线的其他转折点上，用与该线所关联的前后两邻边距轴线的距离为 R 的两平行线的交点来生成缓冲区对应顶点。如图 4-3 所示。

角平分线法的缺点是难以最大限度保证平行线的等宽性，尤其是在凸侧角点再进一步变锐时，将远离轴线顶点。由图 4-3 可知，远离情况可表示如下：

$$d=R/\sin(B/2)$$

当缓冲区半径不变时，d 随张角 B 的减小而增大，结果在尖角处平行线之间的宽度遭到破坏。

为克服角平分线法的缺点，需要对算法进行改进。凸角圆弧法是一种较好的改进方法，能较好地保持凸触点与轴线的距离。

2）凸角圆弧法

凸角圆弧法的基本思想是在轴线首尾点处，作轴线的垂线并按双线和缓冲区半径截出左右边线起止点；在轴线其他转折点处，首先判断该点的凸凹性，在凸侧用圆弧弥合，在凹侧则用前后两邻边平行线的交点生成对应顶点。这样外角以圆弧连接，内角直接连接，线段端点以半圆封闭。如图 4-4 所示。

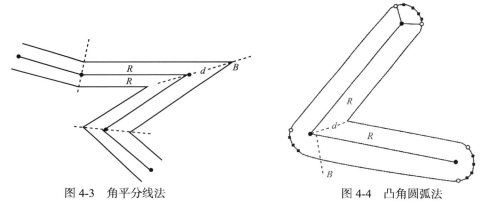

图 4-3　角平分线法　　　　图 4-4　凸角圆弧法

在凹侧平行边线相交在角分线上。交点距对应顶点的距离与角平分线法的公式类似，为

$$d=R/\sin(B/2)$$

该方法最大限度地保证了平行曲线的等宽性，避免了角平分线法的众多异常情况。

该算法中关键的一步是转折点处凸凹性的自动判断。此问题可转化为两个矢量的叉积：把相邻两个线段看成两个矢量，其方向取坐标点序方向，若前一个矢量以最小角度扫向第二个矢量时呈逆时针方向，则为凸顶点，反之为凹顶点。具体算法过程如下所述。

由矢量代数可知，矢量 ***AB***，***BC*** 可用其端点坐标差表示（图 4-5）。

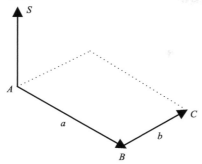

图 4-5　采用向量叉乘判断向量排列

$$\boldsymbol{AB} = (X_B - X_A, Y_B - Y_A) = (a_x, a_y), \quad \boldsymbol{BC} = (X_C - X_B, Y_C - Y_B) = (b_x, b_y)$$

$$\boldsymbol{S} = \boldsymbol{AB} \times \boldsymbol{BC} = \boldsymbol{a} \times \boldsymbol{b} = (a_x b_y - b_x a_y) = (X_B - X_A)(Y_C - Y_B) - (X_C - X_B)(Y_B - Y_A)$$

矢量代数叉积遵循右手法则，即当 ABC 呈逆时针方向时，$\boldsymbol{S}$ 为正，否则为负。

若 $\boldsymbol{S} > 0$，则 ABC 呈逆时针，顶点为凸；

若 $\boldsymbol{S} < 0$，则 ABC 呈顺时针，顶点为凹；

若 $\boldsymbol{S} = 0$，则 ABC 三点共线。

对于简单情形，缓冲区是一个简单多边形，其计算无需任何技巧，但当计算形状比较复杂的物体或物体集合的缓冲区时，问题就复杂得多，当然这种复杂主要是在数据组织方面。图 4-6(a) 给出了一个河网缓冲区的例子，从图中可以看出，河网不同部位的缓冲区相互重叠，使得最后的缓冲区不能以简单多边形表示。对于此类情况，必须计算出所有的重叠，通过一系列判断而产生一个复杂多边形(含有洞的多边形)或多边形集合表示的缓冲区。图 4-6(a) 中河网缓冲区由图 4-6(b) 中的复杂多边形表示。

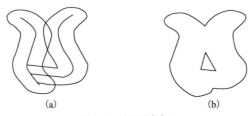

图 4-6　河网缓冲区

对于面状物体，由于其实际上是由线状物体围绕而成，因此其缓冲区边界生成算法同线状物体。

一般来说，在矢量方式下缓冲区的计算量相当大，但如果在栅格方式下则相当容易，如通过欧氏距离变换的方法就很容易进行缓冲区分析。

4.1.2　动态缓冲区

前面讨论的缓冲区，空间目标对邻近对象的影响只呈现单一的距离关系，这种缓冲区称为静态缓冲区。在实际应用中，还涉及空间目标对邻近对象的影响呈现不同强度的扩散或衰减关系，如污染对周围环境的影响呈现梯度变化，这样的缓冲区称为动态缓冲区。对于动态缓冲区的分析，不能简单地设定距离参数，而是根据空间目标的特点和要求，选择合适的模型，有时还需要对模型进行变换。

　　黄杏元于 1997 年根据空间目标对周围空间影响度的变化性质，给出了 3 种动态缓冲区分析模型(朱长青和史文中，2006)。

(1) 线性模型

当目标对邻近对象的影响度 F_i 随距离 r_i 的增大呈线性形式衰减时，如图 4-7(a) 所示，其表达式为

$$F_i = f_0(1-r_i), \quad r_i = \frac{d_i}{d_0}, \quad 0 \leqslant r_i \leqslant 1 \tag{4-2}$$

式中，F_i 为目标对邻近对象的影响度；f_0 为目标本身的综合规模指数；d_i 为邻近对象离开目标的实际距离；d_0 为目标对邻近对象的最大影响距离。

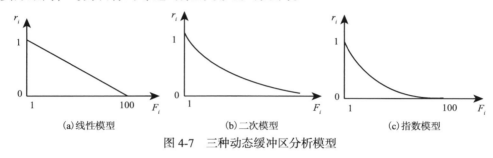

(a) 线性模型　　　　　　　(b) 二次模型　　　　　　　(c) 指数模型

图 4-7　三种动态缓冲区分析模型

(2) 二次模型

当目标对邻近对象的影响度 F_i 随距离 r_i 的增大呈二次形式衰减时，如图 4-7(b) 所示，其表达式为

$$F_i = f_0 \left(1-r_i\right)^2, \quad r_i = \frac{d_i}{d_0}, \quad 0 \leqslant r_i \leqslant 1 \tag{4-3}$$

(3) 指数模型

当目标对邻近对象的影响度 F_i 随距离 r_i 的增大呈指数形式衰减时，如图 4-7(c) 所示，其表达式为

$$F_i = f_0^{(1-r_i)}, \quad r_i = \frac{d_i}{d_0}, \quad 0 \leqslant r_i \leqslant 1 \tag{4-4}$$

　　根据实际情况的变化，空间目标对周围空间的影响度可能还有其他关系，这些关系可以通过实际数据进行拟合来确定，也可以通过经验或已有模型来确定。这些模型可用于城市辐射影响分析、环境污染分析、矿山开采影响分析等。

　　动态缓冲区的应用也很广泛。例如，对于流域问题，从流域上游的某一点出发沿流域下溯，河流的影响范围或流域辐射范围逐渐缩小。另外，两个城市之间的影响力，随着与城市之间距离的增大而逐渐变小。

　　对于流域问题，其缓冲区生成算法，可基于线目标的缓冲区生成算法，采用分段处理的方法生成各流域的缓冲区，然后按某种规则将各段缓冲区光滑连接；也可以基于点目标的缓冲区生成算法，采用逐点处理的方法分别生成沿线各点的缓冲圆，然后求出缓冲圆序列的两两外切线(包络线)，所有外切线相连即形成流域问题的动态缓冲区，如图 4-8 所示。

　　对于城市之间影响力的缓冲区分析，可按流域问题的缓冲区分析方法建立，如图 4-9 所示。

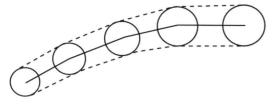

图 4-8　流域缓冲区

图 4-9　城市影响力的缓冲区

4.1.3　三维缓冲区

三维空间物体包括三维空间点、线、面及体，三维空间点、线、面是二维平面上点、线、面的推广，而体则是三维空间所特有的。

一般地，设空间物体 T，其缓冲距为 R，则其对应的缓冲区定义为与物体 T 距离不超过 R 的所有点的集合，即

$$V = \left\{ (x,y,z) \left| \sqrt{(x-x_T)^2 + (y-y_T)^2 + (z-z_T)^2} \leqslant R;\ \ (x_T, y_T, z_T) \in T \right. \right\} \tag{4-5}$$

从几何上看，三维空间对象的缓冲区是以 T 为中心外推距离 R 的空间的体。图 4-10 所示为半径为 r 的空间球面的缓冲区（缓冲距为 R）是半径为 $r+R$ 的球。

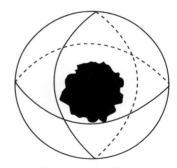

图 4-10　球面缓冲区

1) 三维空间点的缓冲区

设有空间点 $P(x_0, y_0, z_0)$，其缓冲距为 r，则其对应的缓冲区定义为与 P 点距离不超过 r 的所有点的集合，即

$$V = \left\{ (x,y,z) \left| \sqrt{(x-x_0)^2 + (y-y_0)^2 + (z-z_0)^2} \leqslant r \right. \right\} \tag{4-6}$$

从几何上看，三维空间点的缓冲区是以 P 为中心，半径为 r 的球体（图 4-11(a)）。

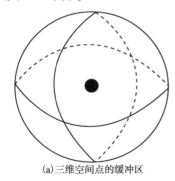

(a) 三维空间点的缓冲区

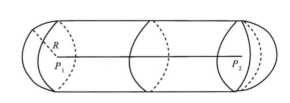

(b) 三维空间线的缓冲区

图 4-11　三维点与线的缓冲区

2) 三维空间线的缓冲区

设有空间线段 P_1P_2，端点坐标分别为 $P_1(x_1, y_1, z_1)$，$P_2(x_2, y_2, z_2)$，设缓冲距为 R，则 P_1P_2 的缓冲区定义为与 P_1P_2 距离不超过 R 的所有点的集合。从几何上看，P_1P_2 的缓冲区由以线对象 P_1P_2 的轴线为轴、半径为 R 的圆柱体及端点处两个半径为 R 的半球组成（图 4-11(b)）。

空间线状物体是由空间一系列线段组成的复合对象，可类似于二维的方法，但三维与二维有些不同，相关算法也需要进行相应改进（朱长青和史文中，2006）。

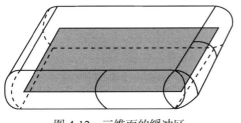

图 4-12　三维面的缓冲区

3）三维空间面的缓冲区

对于三维空间平面物体，其缓冲区是由面的两边各向面的垂直方向外移一个缓冲距得到的平面，面的外侧形成的半圆柱及面的顶点形成的部分球体共同形成的体状物体。图 4-12 显示了一个空间长方形平面形成的三维面物体的缓冲区。

对于不在同一平面的面状物体，其缓冲区计算则比较复杂。例如，在不同平面交接处的缓冲区的连接。

4.2　叠 置 分 析

叠置分析是在统一的空间坐标系下，将同一地区的两个或多个地理要素图层进行叠置，产生空间区域的多种属性特征的分析方法。其结果不仅生成了新的空间关系，而且还将输入的多个数据层的属性联系起来产生新的属性关系。

栅格数据叠置分析是指将不同图幅或不同数据层的栅格数据叠置在一起，在叠置地图的相应位置上通过栅格运算产生新属性的分析方法。新属性值的计算可由式（4-7）表示。

$$U=f(A, B, C,\cdots) \tag{4-7}$$

式中，A，B，C 等表示第一、二、三等各层上的确定的属性值；f 函数取决于叠置的要求。多幅图叠置后的新属性可由原属性值的简单加、减、乘、除、乘方等格网运算得出，也可以取原属性值的平均值、最大值、最小值、或原属性值之间逻辑运算的结果等，甚至可以由更复杂的方法计算出，新属性的值不仅与对应的原属性值相关，而且与原属性值所在区域的长度、面积、形状等特性相关。

矢量数据的叠置分析即点、线、多边形对象之间的叠置分析，包括点与点的叠置、点与线的叠置、点与多边形的叠置、线与线的叠置、线与多边形的叠置和多边形与多边形的叠置 6 种（张成才等，2004）。

4.2.1　点与点的叠置

点与点的叠置是将不同图层的点进行叠置，为图层内的点建立新的属性，并进行统计分析，如图 4-13 中网吧与学校的叠置，建立的新属性为各网吧与最近的学校的距离。

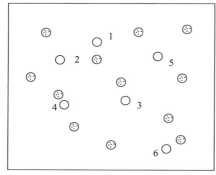

网吧代号	网吧与学校的距离/m
1	100
2	150
3	125
4	50
5	160
6	100

图 4-13　网吧与学校的叠置

点与点的叠置可通过计算点状物体间的距离来实现。

$$d_{ij} = \left[\left(x_i - x_j \right)^2 + \left(y_i - y_j \right)^2 \right]^{1/2} \tag{4-8}$$

式中，i，j 表示物体 i 和 j。

4.2.2　点与线的叠置

点与线的叠置是将一个图层上的点对象与另一图层上的线对象进行叠置，并建立新的属性，通常是计算一个图层中的点到另一个图层中的最近的线的距离。图 4-14 表示城市与高速公路叠置分析的结果。

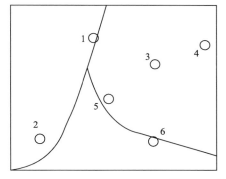

城市代号	城市与高速公路的距离/km
1	0
2	20
3	80
4	140
5	10
6	0

图 4-14　城市与高速公路的叠置

点与线的叠置可通过计算点状物体与线状物体间的距离来实现。

点状物体与线状物体间的距离定义为点状物体与线状物体上的点之间的距离的最小值，即点 P 与线 L 间距离可定义为

$$d_{PL} = \min_{x \in L} \left(d_1, \ d_2 \right) \tag{4-9}$$

在 GIS 中，线状物体是由折线表示的，因此可以通过计算点到直线段的距离来确定点到线的距离。设一线状物体由 P_0，P_1，$\cdots$，P_n 这 $n+1$ 个数据点所定义的 n 个直线段描述，点 P 到直线段 $P_{i-1}P_i(i=1，2，\cdots，n)$ 的距离 d_i 可按图 4-15 确定。

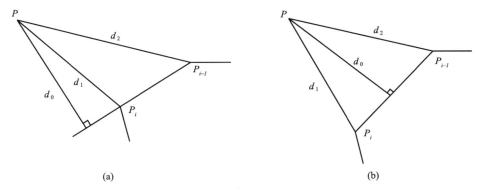

(a)　　　　　　　　　　　　　　　　(b)

图 4-15　点到直线段的距离

则点到线的最终距离为

$$d_{PL} = \min_{x \in L} \left(d_1, \ d_2, \cdots, \ d_n \right) \tag{4-10}$$

对 d_i 的计算，如图 4-15 所示，可通过计算 d_0，d_1，d_2 来进行，而 d_0，d_1，d_2 的最后确定则取决于点 P 到直线段 $P_{i-1}P_i$ 的垂足是否落在点 P_{i-1} 和 P_i 之间。设垂足为 P_0，若 (x_0, y_0) 在 P_{i-1} 和 P_i 之间，则有 (x_0, y_0) 到 P_{i-1} 及 P_i 的距离之和等于 P_{i-1} 和 P_i 之间的距离，因此，关键在于 (x_0, y_0) 的计算。

设 $P_{i-1}P_i$ 的直线方程为 $Ax+By+C=0$，则

$$x_0 = \frac{B^2 x - ABy - AC}{A^2 + B^2}$$

$$y_0 = \frac{A^2 y - ABx - BC}{A^2 + B^2}$$

式中，(x, y) 为点 P 的坐标值。

4.2.3　点与多边形的叠置

点与多边形的叠置是一个图层上的点与另一个图层上的多边形进行叠置，从而为图层内的点建立新的属性，同时对每个多边形内点的属性进行统计分析。

点与多边形的叠置主要通过点在多边形内的判别来完成，也就是著名的"点在多边形中"的识别问题，在空间拓扑部分已有详细介绍。

通过点与多边形的叠置，可以计算出每个多边形内有多少个点，不但要区分点是否在多边形内，还要描述在多边形内部的点的属性信息。例如，图 4-16 中将自动取款机（ATM）与居民区进行叠置，对 ATM 图层，除可以得到自动取款机本身的属性外，还可以得到 ATM 点所属居民区的属性信息；对居民区图层，则除居民区本身的属性外，还包括每个居民区包含哪些 ATM 点。

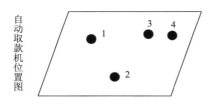

点号	名称	多边形号
1	农行取款机	A
2	建行取款机	B
3	农行取款机	C
4	商行取款机	C

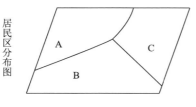

多边形号	名称	点号
A	进德小区	1
B	阳光小区	2
C	花园小区	3，4

图 4-16　自动取款机与居民区的叠置

4.2.4　线与线的叠置

线与线的叠置是不同图层上的线进行叠置（如图 4-17 中的公路与河流），通过分析线之间

的关系，从而为图层中的线建立新的属性关系。

线与线的叠置主要是判断线和线是否相交，若相交则计算其交点，若不相交则计算其间的距离。

1）相交探测

线状物体是否相交可归结于组成线状物体的直线段对间的相交判断，为了减少计算量，可先简单判断线段是否相交，再通过解二元一次线性方程组计算交点。

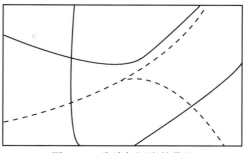

图 4-17　公路与河流的叠置

图 4-18（a）中，直线段 AB 与 CD 相交，其相交的充要条件是 C，D 两点分别位于 AB 线段的两侧，A，B 两点也分别位于 CD 线段的两侧。如果 AB 与 CD 不相交（或相交于延长线上），则以上特征不存在，如图 4-18（b）所示。因此，可先行判断 AB 与 CD 的交点是否存在。由解析几何可知，直线可看作空间平面与 $z=0$ 的平面的交线，因而直线将平面域分为正负区域，如果 C，D 位于 AB 的两侧，则分别位于正负区域。

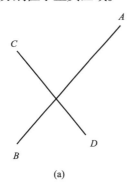

(a)

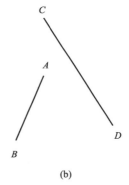

(b)

图 4-18　相交探测

设 AB 的直线方程为 $ax+by+c=0$，C，D 的坐标分别为 $(x_c，y_c)$，$(x_d，y_d)$，如果 $(ax_c+by_c+c)(ax_d+by_d+c)<0$，就可确认有 C，D 位于直线 AB 的两侧。A，B 对直线 CD 有类似的判断准则。

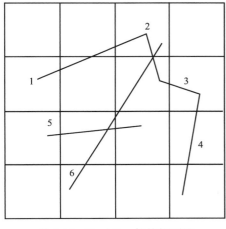

图 4-19　Frankling 栅格探测法

对于由若干直线段组成的线状物体，判别两者是否相交、有多少交点以及有哪些交点。如果盲目地进行直线段对之间的交点判断，其计算量相当大。一般来说，如果有 n 条线段，则要探测 $n(n+1)/2$ 次。Frankling 提出了利用栅格化方法缩小搜索范围、减少盲目判断、提高运算速度的方法，其基本思想是将数据栅格化，每个栅格记录所包含的线段编号，这样只有包含于同一栅格的线段才有可能相交（如图 4-19 的栅格（1，3）包含线段 1，2 与 6），因此，以栅格为索引，逐栅格考察相关线段，就会避免盲目的线段相交探测，从而加快运算速度。图 4-19 中只有 5 个栅格（分别为（1，3），（2，3），（2，4），（3，2），（3，3））包含多个线段，只需要对这 5 个栅格中的线段进行 7 次相交探测即可找出全部交点，其余线段之间不可能相交。而如果使用盲目探测的方法，则要进行 15 次相交探测。

这种栅格化预探测方法计算效率很高，可以用于地理信息系统中缓冲区分析、叠置分析和开窗选取等多种分析。

2) 距离计算

两个线状物体 L_1 与 L_2 间的距离可定义为 L_1 中点 $P_1(x_1, y_1)$ 与 L_2 中点 $P_2(x_2, y_2)$ 之间距离的极小值，即

$$d = \min(d_{P_1 P_2} \mid P_1 \in L_1, P_2 \in L_2) \tag{4-11}$$

因为 L_1 与 L_2 均为折线，因而对 d 的计算可先计算出 L_1，L_2 中折线线段对间的距离，再从中选出最小值。

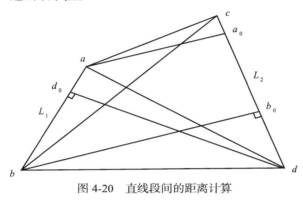

图 4-20　直线段间的距离计算

图 4-20 中两直线段 L_1 和 L_2 间距离的计算如下所述。

分别将 L_1 与 L_2 的两个端点两两相连，并过 L_1 的两个端点作垂直于 L_2 且垂足落在 L_2 的两端点之间的垂线，过 L_2 的两个端点作垂直于 L_1 且垂足落在 L_1 的两端点之间的垂线，如此得到直线段 ac，ad，aa_0，bc，bd，bb_0 和 dd_0 共 7 条，则 L_1 与 L_2 间的距离为

$$d_{12} = \min\left(\overline{ac}, \overline{ad}, \overline{aa_0}, \overline{bc}, \overline{bd}, \overline{bb_0}, \overline{dd_0}\right) \tag{4-12}$$

式中，$\overline{ac}$ 为线段 ac 的长度，其余类推。显然该例中，$d_{12} = \overline{aa_0}$。

计算两条曲线间的距离所需的计算量显然比较大，可以通过适当的数据组织减少计算量。例如避免重复点对连线间距离的计算，以及通过预探测以排除一些折线间的距离计算等。

4.2.5　线与多边形的叠置

线与多边形的叠置是一个图层上的线与另一个图层上的多边形进行叠置，确定哪条线落在哪个多边形内。

图 4-21 中，线状目标 1 与多边形 A 和 B 的边界相交，在叠置过程中将它分割成两个目标 11 和 12，新建立的线状目标属性表包含原来线状目标的属性和被叠置的面状目标的属性。根据叠置的结果，可以确定每条线落在哪个多边形内，查询指定多边形内指定线穿过的长度。

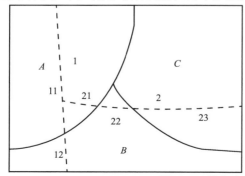

线号	原线号	多边形号
11	1	A
12	1	B
21	2	A
22	2	B
23	4	C

图 4-21　线与多边形的叠置

线与多边形的叠置中,一条线可能跨越多个多边形,这时需要进行线与多边形的求交,可通过线线交点的探测与计算求得。当通过某种途径计算出线与多边形的全部交点后,下一步计算就是截取线状地物位于多边形以内的部分。考虑这样一个事实,在描述线状物体或面状物体时,其坐标串次序是严格确定的,不能打乱。因此,对线状物体,可从起始端点开始成对地找出交点,在交点处截断线段,每一对交点之间的部分就是位于多边形之内应予以截取的部分,如图 4-22 中交点 1 与 2 之间、3 与 4 之间、5 与 6 之间的部分位于多边形之

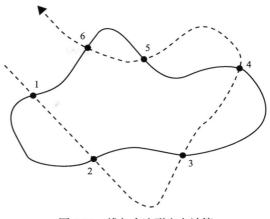

图 4-22 线与多边形交点计算

内。对这些线段重新编号,建立线段与多边形的属性关系。新的属性表不仅包含原有的属性,还有线落在哪些多边形内的目标标识,以及一些附加属性。

4.2.6 多边形与多边形的叠置

多边形与多边形的叠置是指同一地区、相同比例尺的两组或两组以上的不同图幅或不同图层多边形要素之间的叠置,参与叠置分析的两个图层应都是多边形。若需要进行多层叠置,也是两两叠置后再与第三层叠置,以此类推。其中,被叠置的多边形为本底多边形,用来叠置的多边形为上覆多边形,叠置后产生具有多重属性的新多边形。

多边形叠置一般分为合成叠置和统计叠置。

合成叠置是指通过叠置形成新的多边形,使新多边形具有多重属性,即需进行不同多边形的属性合并。属性合并的方法可以是简单的加、减、乘、除,也可以取平均值、最大最小值,或取逻辑运算的结果等,如图 4-23(a)所示。

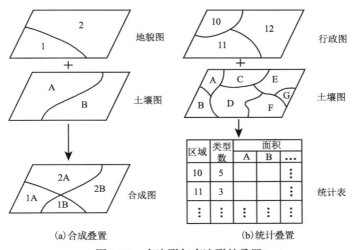

图 4-23 多边形与多边形的叠置

统计叠置是指确定一个多边形中含有其他多边形的属性类型的面积等,即把其他图上的多边形的属性信息提取到本多边形中来。例如,图 4-23(b)所示的城市功能分区图与土壤类

型图叠置，可得出商业区中具有不稳定土壤结构的地区的面积。

矢量多边形叠置运算的核心是多边形的裁剪。下面分别介绍无拓扑多边形的裁剪算法与有拓扑多边形的裁剪算法。

1) 无拓扑多边形的裁剪算法

Weiler-Atherton 算法是一个通用的多边形裁剪算法，在算法中，裁剪窗口与被裁剪多边形处于完全对等的地位，裁剪窗口与被裁剪多边形均可以是凸的、凹的和带孔的任意多边形，其算法描述如下。

由图 4-24(a) 可见，裁剪结果区域的边界由被裁剪多边形的部分边界和裁剪窗口的部分边界两部分构成，并且在交点处边界发生交替，即由被裁剪多边形的边界转至裁剪窗口的边界，或者相反。由于多边形构成一个封闭区域，因此，如果被裁剪多边形和裁剪窗口有交点，则交点成对出现，这些交点可分成两类。一类称为"入"点，即被裁剪多边形由此点进入裁剪窗口，如图 4-24(a) 中的 1，3，5；另一类称为"出"点，即被裁剪多边形由此点离开裁剪窗口，如图 4-24(a) 中的 2，4，6。交点的计算可归结为线线交点的探测与计算（见前述线与线的叠置部分）。

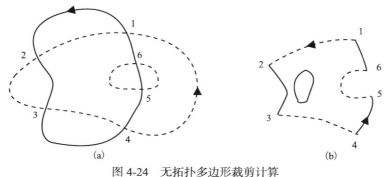

图 4-24　无拓扑多边形裁剪计算

假设被裁剪多边形和裁剪窗口的顶点序列都按顺时针方向排列，当两个多边形相交时，"入"点和"出"点必然成对出现。算法从被裁剪多边形的一个"入"点开始，碰到"入"点，沿被裁剪多边形按顺时针方向盘搜集顶点序列；而当遇到"出"点时，则沿裁剪窗口按顺时针方向搜集顶点序列。按上述规则，交替地沿着两个多边形的连线行进，直到回到起始点，这时，收集到的全部顶点序列就是裁剪所得的一个多边形。

算法步骤如下所述。

(1) 逆时针分别记录被裁剪多边形与裁剪多边形顶点序列。

(2) 求出被裁剪多边形和裁剪多边形的所有交点，并识别"入"点与"出"点。

(3) 从被裁剪多边形边界中提取始于"入"点止于"出"点的边界。

(4) 从裁剪多边形中提取始于"出"点止于"入"点的窗口边界。

(5) 根据交点之间的连接关系，形成的闭合多边形即为裁剪多边形，如图 4-24(b) 所示。

2) 有拓扑多边形的裁剪算法

Weiler-Atherton 算法是以多边形顶点序列为基础，而具有拓扑关系的多边形是由弧段序列组成的，因此，其无法直接应用于具有拓扑关系的多边形裁剪。

吴兵等在 2000 年提出了具有拓扑关系的任意多边形裁剪算法（吴兵等，2000），该算法对 Weiler-Atherton 算法进行了扩展,用有向弧段表示多边形(被裁剪多边形外部边界弧段按逆时针排列,内环弧段按顺时针排列),当用裁剪区域来裁剪多边形时,裁剪多边形与被裁剪多边形边界相交的点成对出现,其一为"入"点,即被裁剪多边形进入裁剪多边形内部的交点;其二为"出"点,即被裁剪多边形离开裁剪多边形内部的交点。

该算法的基本原理是:由"入"点开始,沿被裁剪多边形追踪,当遇到"出"点时跳转至裁剪多边形继续追踪;如果再次遇到"入"点,则跳转回被裁剪多边形继续追踪。重复以上过程,直至回到起始"入"点,即完成一个多边形的追踪过程。

设区域 R 由一组具有空间拓扑关系的多边形组成,记为 $R=\{P_0, P_1, \cdots, P_n\}$;其中任一多边形 P_i 均由一组有向弧段组成,记为 $P_i=\{A_0, A_1, \cdots, A_m\}$, P_i 的外边界取 A_i 的顺时针方向,内边界取 A_i 的逆时针方向。弧段由其节点来描述,记为 $A_i=\{V_0, V_1, \cdots, V_k\}$,其中 V_0 为起点,V_k 为终点。除此之外,弧段与左右多边形的关系、节点与弧段之间的关系等均已知,即多边形的空间拓扑关系已经得到正确表达。算法步骤如下。

(1)建立被裁剪多边形和裁剪多边形的弧段表,并将 R 的所有弧段与裁剪多边形的弧段求交。

(2)根据交点重组 R 的所有被裁剪多边形与裁剪多边形中的所有子多边形,并维护原有拓扑关系。

(3)对每个子多边形建立交点-弧段混合表。

(4)遍历所有子多边形,反复执行第(5)至第(8)步。

(5)从交点-弧段混合表中取出一个点("入"点或"出"点),在被裁剪多边形中按弧段方向追踪,直到遇到下一个交点,将追踪得到的弧段序列加入裁剪结果多边形中。

(6)跳至裁剪多边形相应位置,按弧段表方向(对"出"点应是反方向)追踪,直到遇到一个交点,将追踪得到的弧段序列加入裁剪结果多边形中。

(7)至被裁剪多边形相应位置,重复(5)、(6)步,直到回到起始交点处,完成一个多边形的追踪。

(8)当多边形的交点-弧段混合表中的所有点均追踪完毕,按弧段顺序组合裁剪结果多边形中的弧段,即为最终的裁剪结果多边形。

该算法适应性广,裁剪多边形和被裁剪多边形可以是凸的、凹的,甚至是带内环的任意多边形。

例:图 4-25 中,(a)为被裁剪多边形,(b)为裁剪多边形,利用上述算法进行多边形裁剪,具体过程包括以下几点。

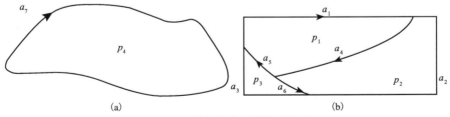

图 4-25　有拓扑多边形裁剪实例

(1)建立被裁剪多边形和裁剪多边形的弧段集如下。

被裁剪多边形的弧段集:$P_{bc}=\{p_1, p_2, p_3\}$, $p_1=\{a_1, a_4, a_5\}$, $p_2=\{a_2, -a_6, -a_4\}$, $p_3=\{a_3, -a_5, a_6\}$

裁剪多边形的弧段集：$P_{cj}=\{p_4\}$，$p_4=\{a_7\}$

(2)将被裁剪多边形的所有弧段与裁剪多边形的所有弧段求交，得到交点集：

$$I=\{i_1,\ i_2,\ i_3,\ i_4,\ i_5,\ i_6,\ i_7\}$$

(3)对被裁剪多边形 P_{bc} 和裁剪多边形 P_{cj} 的所有子多边形进行拓扑重组，结果如下：

$P_1=\{a_8,\ a_9,\ a_{10},\ a_{11},\ a_{14},\ a_{15},\ a_{16},\ a_{17},\ a_{18}\}$，$P_2=\{a_2,\ -a_6,\ -a_{16},\ -a_{15},\ -a_{14}\}$，

$P_3=\{a_{12},\ a_{13},\ -a_{18},\ -a_{17},\ a_6\}$，$P_{cj}=\{a_{19},\ a_{20},\ a_{21},\ a_{22},\ a_{23},\ a_{24},\ a_{25}\}$

(4)依次对被裁剪多边形 P_{bc} 和裁剪多边形 P_{cj} 的所有子多边形建立交点-弧段混合表：

$M_1=\{a_8,\ i_1,\ a_9,\ i_2,\ a_{10},\ i_3,\ a_{11},\ a_{14},\ i_4,\ a_{15},\ i_5,\ a_{16},\ a_{17},\ i_6,\ a_{18}\}$

$M_2=\{a_2,\ -a_6,\ -a_{16},\ i_5,\ -a_{15},\ i_4,\ -a_{14}\}$

$M_3=\{a_{12},\ i_7,\ a_{13},\ -a_{18},\ i_6,\ -a_{17},\ a_6\}$

$M_{cj}=\{i_1,\ a_{19},\ i_2,\ a_{20},\ i_3,\ a_{21},\ i_4,\ a_{22},\ i_5,\ a_{23},\ i_6,\ a_{24},\ i_7,\ a_{25}\}$

(5)对 P_{bc} 中的每个子多边形的交点-弧段混合表执行追踪裁剪操作，过程如下：

在 M_1 中 i_2 为"入"点，由此点开始追踪裁剪结果多边形，得到 $r_1=\{a_{10},\ a_{21},\ a_{15},\ a_{23},\ a_{18},\ a_8,\ a_{19}\}$

在 M_2 中 i_4 为"入"点，由此点开始追踪裁剪结果多边形，得到 $r_2=\{a_{15},\ -a_{22}\}$

在 M_3 中 i_6 为"入"点，由此点开始追踪裁剪结果多边形，得到 $r_3=\{a_{18},\ -a_{13},\ -a_{24}\}$

(6)按弧段顺序对裁剪结果弧段表中的弧段进行组合，得到最终的裁剪结果多边形 $R=\{r_1,\ r_2,\ r_3\}$，如图 4-26 所示。

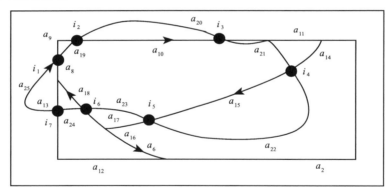

图 4-26　多边形裁剪结果

由此可见，裁剪之前，P_1 和 P_2 拥有公共弧段 a_4，分别为 a_4 的上、下多边形。裁剪之后，r_1 和 r_2 拥有公共弧段 a_{15}，分别为 a_{15} 的上、下多边形，即 r_1 和 r_2 在裁剪之后仍然是空间邻近关系，并且分别继承了 P_1 和 P_2 的各种属性信息。这表明经过本算法裁剪之后的多边形的空间拓扑关系得到了维持和继承。

4.2.7　栅格叠置运算

栅格数据叠置操作可通过逐个网格单元(像元)之间的运算来实现，可以表达为地图代数的运算过程。"地图代数"(map algebra)这个术语由 Tomlin(1983)提出，经常用来描述将两个或多个格网图层按照一个简单的代数表达式相结合的运算，如 $A+B\times5+C/8$，其中，A，B，C 对应于格网图层。

栅格叠置运算按种类可分为代数运算和逻辑运算两大类。

1)代数运算

指两层以上的对应网格值经加、减或函数运算而得到新的栅格数据层的方法，根据运算类型可分为如下几类。

(1)基于常数的基本代数运算。

(2)基于指数、对数、三角函数、幂等数学函数的运算，如图 4-27 所示。

(3)多层栅格数据的代数运算(加、减、乘、除等)，如图 4-28 所示。

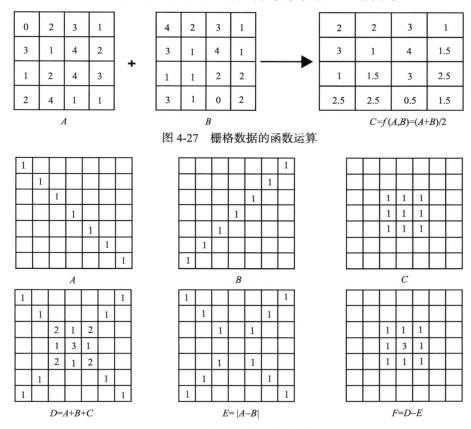

图 4-27　栅格数据的函数运算

图 4-28　栅格数据的算术运算

2)逻辑运算

逻辑运算主要有交(与)、并(或)、差、包含等基本运算形式。设 A，B 是两个栅格数据层，其间的逻辑运算表示如图 4-29 所示。

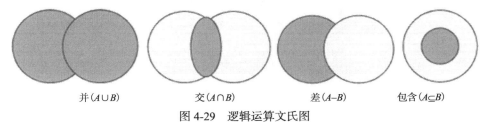

图 4-29　逻辑运算文氏图

　　许多 GIS 软件特别是基于栅格的 GIS 软件提供了地图代数的工具包。例如，ArcGIS 的 Spatial Analyst 工具箱，PCRaster、TNTMips、Idrisi、GRASS 和 MapInfo 等都提供了类似的工具。

　　栅格数据的叠置分析方法被广泛应用于地学综合分析、环境质量评价、遥感数字图像处理等领域中。例如，已知森林地区融雪经验模型：$M=0.19T+0.17D$，其中，M 为融雪速度；T 为空气温度；D 为露点温度。根据此方程，使用该地区的气温和露点温度分布图层，就能计算出该地区融雪速率分布图。

4.3　栅格数据的聚类、聚合分析

　　栅格数据的聚类、聚合分析，也有人称为栅格数据的单层面派生处理法，是指将一个单一层面的栅格数据系统经某种变换得到一个具有新含义的栅格数据系统的数据处理过程(张成才等，2004)。栅格数据的聚类分析是根据设定的聚类条件对原有数据系统进行有选择的信息提取而建立新的栅格数据系统的方法，如图 4-30 所示。而聚合分析是指根据空间分辨率和分类表，进行数据类型的合并或转换以实现空间地域的兼并(图 4-31)。

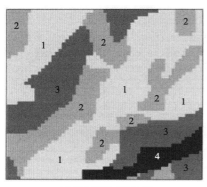
(a)栅格数据系统样图

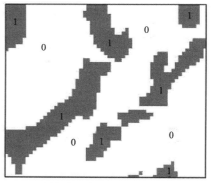
(b)提取要素"2"的聚类结果

图 4-30　聚类分析

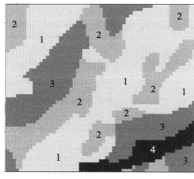
(a)栅格数据系统样图

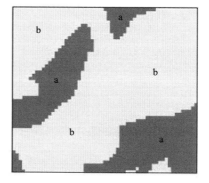
(b)"1"、"2"变为"b"，"3"、"4"变为"a"

图 4-31　聚合分析

　　空间聚合的结果往往将较复杂的类别转换为较简单的类别，并且常以较小比例尺的图形输出。当从地点、地区到大区域的制图综合进行变换时常需要使用这种分析处理方法。

栅格数据的聚类、聚合分析处理法在数字地形模型及遥感图像处理中的应用是十分普遍的。例如，由数字高程模型转换为数字高程分级模型便是空间数据的聚合，而从遥感数字图像信息中提取其中某一地物的方法则是栅格数据的聚类。

4.4　栅格数据的追踪分析

所谓栅格数据的追踪分析，是指对于特定的栅格数据系统，由某一个或多个起点开始，按照一定的追踪线索进行目标或轨迹信息提取的空间分析方法。如图 4-32 所示，栅格所记录的是地面点的海拔高程值，根据地面水流必然向最大坡度方向流动的基本追踪线索，可以得出图中高程值分别为 39 和 31 的两个点位地面水流的基本轨迹。此外，追踪分析法在扫描图件的矢量化、利用数字高程模型自动提取等高线、污染源的追踪等方面都发挥着十分重要的作用。

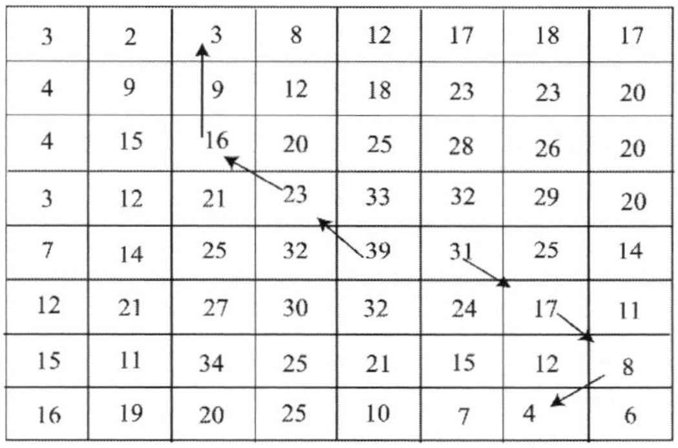

3	2	3	8	12	17	18	17
4	9	9	12	18	23	23	20
4	15	16	20	25	28	26	20
3	12	21	23	33	32	29	20
7	14	25	32	39	31	25	14
12	21	27	30	32	24	17	11
15	11	34	25	21	15	12	8
16	19	20	25	10	7	4	6

图 4-32　地面水流追踪分析

4.5　栅格数据的窗口分析

地学信息除了在不同层面的因素之间存在着一定的制约关系之外，还表现在空间上存在着一定的关联性。对于栅格数据所描述的某项地学要素，其中的栅格 (I, J) 往往会影响其周围栅格的属性特征。准确而有效地反映这种事物空间上联系的特点，也必然是进行地学分析的重要任务。

窗口分析，又称邻域分析，是指对于栅格数据系统中的一个、多个栅格点或全部数据，开辟一个有固定分析半径的分析窗口，并在该窗口内进行诸如极值、均值、标准差、最大值、最小值等一系列统计计算，或与其他层面的信息进行必要的复合分析，从而实现栅格数据有效的水平方向扩展分析。

1）分析窗口的类型

按照分析窗口的形状，可以将分析窗口划分为以下类型。

（1）矩形窗口：是以目标栅格为中心，分别向周围八个方向扩展一层或多层栅格，从而形成如图 4-33 所示的矩形分析区域。

（2）圆形窗口：是以目标栅格为中心，向周围作一等距离搜索区，构成一圆形分析窗口，见图 4-33 所示的圆形窗口。

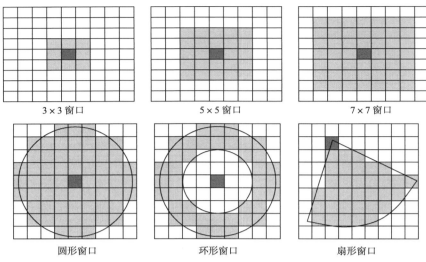

图 4-33　分析窗口的类型

（3）环形窗口：是以目标栅格为中心，按指定的内外半径构成环型分析窗口，如图 4-33 所示的环形窗口。

（4）扇形窗口：是以目标栅格为起点，按指定的起始与终止角度构成扇型分析窗口，如图 4-33 所示的扇形窗口。

2）窗口内统计分析的类型

栅格分析窗口内的空间数据的统计分析类型一般有以下几种类型。

（1）mean，求窗口内各栅格单元数值的平均值。

（2）maximum，求窗口内各栅格单元数值的最大值。

（3）minimum，求窗口内各栅格单元数值的最小值。

（4）median，求窗口内各栅格单元数值的中值。

（5）sum，求窗口内各栅格单元数值的总和。

（6）range，求窗口内各栅格单元数值的范围。

（7）majority，求窗口内各栅格单元内出现频率最高的数值。

（8）minority，求窗口内各栅格单元内出现频率最低的数值。

（9）variety，找出窗口内各栅格单元上不同数值的个数。

图 4-34 是利用 3×3 矩形窗口进行邻域求和分析的实例。在实际工作中，为解决某个具体的应用命题，以上 4 种栅格数据的分析模式往往综合使用。

输入栅格

2	0	1	1
2	3	0	2
3		2	3
1	1		2

（邻域求和）＝

输出栅格

7	8	7	4
10	13	12	9
10	12	13	9
5	7	8	7

图 4-34　3×3 矩形窗口分析实例

窗口分析的一个重要用途是数据简化。例如，滑动平均法可用来减少输入栅格层中像元值的波动水平，该方法通常用 3×3 或 5×5 矩形作为邻域，随着窗口从一个中心像元移到另一个中心像元，计算窗口内的像元平均值并将其赋予窗口中心像元，滑动平均的输出栅格是对初始单元栅格进行了平滑处理。

4.6　方　向　分　析

相比于其他空间分析方法，方向分析的应用相对不那么广泛，它主要通过线、点集和表面的方位分析（有时从不同的时段）以在特定的方向或走向上识别和利用信息。在地质学、沉积学和地形学等领域，方向分析可用来观察断裂线和断裂系统、冰迹、沉积物分布以及石印格局；在生态学中，用来研究野生动物迁徙和植物传播的模式；在水文学和其他形式的流动性分析中，方向讨论尤为重要。此外，方向分析也可以用在疾病发病模式或特殊犯罪事件分布的研究中，如果一个特定的数据集在整个研究区域不同的方向上没有显现出明显的变化，则这个数据集是各向同性的。而这种情况在现实世界中并不常见，只是作为许多分析的初始假设。具有特别的方向偏差的变化被称为各向异性。在 GIS 分析的某些领域，如在地质统计学中，各向异性的观察是建模和预测过程的基本部分（Michael et al.，2009）。

需要注意的是，进行方向分析的数据集应具有相同的投影和近似的比例尺，当参与方向分析的数据集具有不同投影坐标系统时，可能会引入方向偏差，必要时可使用球面坐标系统。

4.6.1　线数据集的方向分析

线性对象（线段、折线或平滑曲线）的方向分析有时又被称为准直分析或线性体分析。GIS 中的线要素在一般情况下是有向的，但线的指向是否具有实际意义需要在分析前仔细考虑，如果有实际意义而在分析中没有考虑进去，则分析可能不正确。

除了本身具有方向的线数据外，某些点数据集也可具有方向属性，如各种鸟类从某林区的初始迁徙方向记录；种子的扩散模式；系列气象站每小时记录的风向；城市中某类特殊犯罪事件的方向等。这些是针对某个特定数据集的特殊应用，如果按通常的方法把这种数据存储于点的属性表中进行传统的均值、方差等统计计算则不太合适。类似的问题很多，如以星期为单位记录的每周发生事件的天数等。

具有方向信息的数据主要有两种：一种是有向（或矢量）数据，其中的方向是唯一的且被定义为[0°，360°]或[0，2π]范围内的角度；另一种是方位或双向数据，常被称为轴向数据，只定义了方向。轴向数据通常是双重的，通过模运算转化到360°范围内进行处理，再将其结果转到[0°，180°]或[0，π]的范围内。

出于种种原因，在 GIS 中确定和处理线的方向存在很多问题，譬如：

（1）线的表达方式方法、描述得详细程度、现实世界特征被概化的程度。

（2）数据获取过程和线表达的组合形式（折线）——针对方向分析的目的，线的真正起点和终点在哪里？

（3）圆形（周期）测量的性质。一条无向线与垂直方向成 90°或 270°角是不可区分的，而且，280°和 90°的差并不是 280°–90°=190°，而是 360°–280°+ 90°= 170°，类似地，在 280°（或–80°），90° 和　90° 方向 的 三 条 线 的 平 均 方 向 并 不 是 (280°+90°+90°)/3=153.3° 或 (–80°+90°+90°)/3=33.3°，而是需要对这个平均值作出一致和有意义的定义。对于从正北方向开始的两个角 350°和 10°，问题就更明显了，作为平均方向的 180°（即向南）是没有意义的。

下面来逐个论述这些问题。

由于数据获取的过程一般默认了 GIS 模型已经包含的对现实世界的简化，假如这种表达对所研究的问题而言是可以接受和有意义的，则可以对已获取的数据进行分析。在这种情况下，要特别注意初始点和末尾点的位置，因为这些点的位置对方向分析最为重要。

数据获取之后，为表达需要可能要进行某种概括，概括过程明显地改变了线性要素的方向，尤其是折线的组成部分(线段)。因此，当对折线进行方向分析时，有一些可选择的处理方法，如端点到端点、线最佳拟合于所有点、分解分析(把所有线段当做独立的要素处理)、加权分析(构成线段的加权平均方向，如取线段的长度加权)、平滑曲线(如等值线)等。

这些方法主要是针对上述第一个和第二个问题，对于第三个问题，一种解决的方法是将线或线段当做矢量(即具有一个原点、一个模和一个相对原点的方向)，然后用方向的三角函数而不是方向本身来计算，以此得到合成矢量 r (每个矢量"拉"向它自己方向的平均效果)的方向。例如，由 $N=i+1$ 个点的集合确定的一条折线定义了 i 个方向的集合 $\{\theta_i\}$，这些方向均是从一个给定的原点出发，与预定义方向(如正北方向)的夹角。

计算两个矢量分量(向北和向东)：$V_n = \sum \cos\theta_i$ 和 $V_e = \sum \sin\theta_i$。

合成矢量 r 有一个平均或优势方向 $\arctan(V_e/V_n)$。例如，前面例子中三个水平方向的矢量$-80°$、$90°$和$90°$，则合成的平均方向是$80.3°$；对于两个矢量$350°$和$10°$，合成的平均方向为$0°$(正北方向)。方向均值本身是一个有限的值，除非基本数据表现为一致方向的模式，如果一个矢量集表现出任意或随机的模式，则平均方向可能是无用的任意值。

如果所有 N 个矢量具有单位模或简单的角度值，则合成矢量的长度或模可以简单表示为

$$|r| = \sqrt{v_n^2 + v_e^2} \tag{4-13}$$

对于所有 i，如果$\{\theta_i\}=0$，则所有的 v_n 分量都为 1，所有的 v_e 分量都为 0，$|r|=N$，用 N 除模，标准化$|r|$，使得平均矢量长度 $r^*=|r^*|$的取舍范围为$[0,1]$。值越大，说明样本矢量围绕平均矢量的聚集程度越高。

环形方差为 $\text{Var}=1-|r|/N$，或 $\text{Var}=1-r^*$，范围也为$[0,1]$，环形标准差为

$$\text{SD} = \sqrt{-2\ln(r^*)} \tag{4-14}$$

若用于分析的点集包含矢量长度 v_i，则方向平均值表达式可以概括为 $V_n = \sum v_i \cos\theta_i$ 和 $V_e = \sum v_i \sin\theta_i$，这种情况下，由矢量数归一化后的合成矢量的模的范围将不再是$[0，1]$。

4.6.2　点数据集的方向分析

许多 GIS 软件中使用点集的平均中心来描述点集的分布情况，点围绕均值的距离变化可被视为一个圆或一系列标准距离处的一系列圆(类似单变量统计中的标准差)。另外，在 x 和 y 坐标值上的变化可用来生成一个标准距离椭圆，长短轴反映了点模式的方向变化。

可以分别用一个和两个标准差建立两个标准差椭圆，确定 x 方向和 y 方向的标准差时需要进行坐标变换(旋转)，y 轴(顺时针)旋转角度公式为

$$\theta = \arctan\left(\frac{\sum(x_i-\bar{x})^2 - \sum(y_i-\bar{y})^2 + \sqrt{C}}{2\sum(x_i-\bar{x})(y_i-\bar{y})}\right) \tag{4-15}$$

式中，

$$C = \left[\sum(x_i-\bar{x})^2 - \sum(y_i-\bar{y})^2\right]^2 + 4\sum\left[(x_i-\bar{x})(y_i-\bar{y})\right]^2$$

相应的两个标准差计算公式为（已被校准，来源于 Crimestat）

$$SD_x = \sqrt{\frac{2\sum\left[(x_i - \overline{x})\cos\theta - (y_i - \overline{y})\sin\theta\right]^2}{n-2}} \tag{4-16}$$

$$SD_y = \sqrt{\frac{2\sum\left[(x_i - \overline{x})\sin\theta - (y_i - \overline{y})\cos\theta\right]^2}{n-2}} \tag{4-17}$$

这里标准差的计算方法与传统标准差的计算十分相似，但这种情况下自由度为 $n-2$，其中，n 是样本中的数量。

4.6.3 表面方向分析

地学分析中有很多涉及与表面有关的方向分析，如分析和绘制表面坡向、水流流向的模拟、光照可视化及通视分析等，这种情况下的方向表达大都受数据模型的影响较大。

第5章　空间网络分析

网络分析是通过研究网络的状态以及模拟和分析资源在网络上的流动和分析情况，对网络结构及其资源等的优化问题进行研究的一种空间分析方法，其目的是对地理网络(如交通网络)、城市基础设施网络(如各种网线、电力线、电话线、供排水管线等)进行地理分析和模型化，其数学基础是图论与运筹学。目前，网络分析在电子导航、交通旅游、城市规划管理以及电力、通信等各种管网、管线的布局设计中发挥了重要的作用。

空间网络分析的基本内容包括路径分析、资源分配、连通分析、流分析、动态分段、地址匹配等。

5.1　图的相关概念

1)图

已知点集 $\mathbf{V}=\{v_1, v_2, \cdots, v_n\}$，边集 $\mathbf{E}=\{e_1, e_2, \cdots, e_n\}$，若对任一边 $e_k \in \mathbf{E}$，有 $\mathbf{V}$ 中一个点对 (v_i, v_j) 与之对应，则称由顶点 $\mathbf{V}$ 和边 $\mathbf{E}$ 组成的集合为一个图，记为 $\mathbf{G}=\langle\mathbf{V}, \mathbf{E}\rangle$。称 v_i 和 v_j 为边 e_k 的端点，点 v_i 或 v_j 与边 e_k 相互关联，v_i 和 v_j 彼此相邻。若两条边 e_i 和 e_j 关联相同的点，则称 e_i 和 e_j 为相邻边。

可见，关联是指不同元素之间的关系，相邻是指相同元素之间的关系。

具体应用中，图的边可能表示各种不同的意义，因此，还需要对图的边进行赋值。假如边是一条道路，那么边的值就可能是道路的长度。设边 e_i 的值为 w_i，则 $\mathbf{E}=\{(e_1, w_1), (e_2, w_2), \cdots, (e_m, w_m)\}$。设 $\mathbf{W}=\{w_1, w_2, \cdots, w_m\}$，则 $\mathbf{G}$ 是一个三元组：$\mathbf{G}=\langle\mathbf{V}, \mathbf{E}, \mathbf{W}\rangle$。

2)子图

对图 $\mathbf{G}$ 和图 $\mathbf{H}$，如果 $\mathbf{V}(\mathbf{H})\subseteq\mathbf{V}(\mathbf{G})$，$\mathbf{E}(\mathbf{H})\subseteq\mathbf{E}(\mathbf{G})$，则称图 $\mathbf{H}$ 是图 $\mathbf{G}$ 的子图，称 $\mathbf{G}$ 为 $\mathbf{H}$ 的母图，记为 $\mathbf{H}\subseteq\mathbf{G}$。当 $\mathbf{H}\neq\mathbf{G}$ 时，记为 $\mathbf{H}\subset\mathbf{G}$，此时称 $\mathbf{H}$ 为 $\mathbf{G}$ 的真子图。

$\mathbf{G}$ 的生成子图是指满足 $\mathbf{V}(\mathbf{H})=\mathbf{V}(\mathbf{G})$ 的子图。

3)顶点的度

图 $\mathbf{G}=\langle\mathbf{V}, \mathbf{E}\rangle$ 中任一顶点 v_i 的度 $d_{\mathbf{G}}(v_i)$ 是指图 $\mathbf{G}$ 中与顶点 v_i 相关联的边的数目。

4)有向图与无向图

对于图中的边 $e_{ij}=(v_i, v_j)$，如果图中点对 (v_i, v_j) 是有顺序的，即 $\langle v_i, v_j\rangle\neq\langle v_j, v_i\rangle$，此时就称图 $\mathbf{G}$ 为有向图。否则，称为无向图。在有向图中，边的方向用箭头表示，对有向边 e_{ij}(也称为弧)而言，点 v_i 是起点，v_j 是终点。

5)路和连通

设图 $\mathbf{W}=v_0 e_1 v_1 e_2 v_2 \cdots e_n v_n$ 为图 $\mathbf{G}=\langle\mathbf{V}, \mathbf{E}\rangle$ 中的一个非空点边交替序列，对 $1\leqslant i\leqslant n$，e_i 的端点是 v_{i-1} 和 v_i，则称 $\mathbf{W}$ 为 $\mathbf{G}$ 的一条从 v_0 到 v_n 的长为 n 的路径，v_0 和 v_n 分别称为 $\mathbf{W}$ 的起点和终点，$v_1, v_2, \cdots, v_{n-1}$ 称为其内部顶点，整数 n 称为路径 $\mathbf{W}$ 的长度。若 $v_0=v_n$，则 $\mathbf{W}$ 称为回路。

如果 $\mathbf{G}$ 中顶点 v_i 和 v_j 间存在路径，则称两个顶点 v_i 和 v_j 是连通的。

6) 关联矩阵、邻接矩阵和可达矩阵

对任意有向无环图 $G=\langle V, E \rangle$，其关联矩阵是指矩阵 $M(G)=[m_{ij}]$，其中，m_{ij} 是 v_i 和 e_j 相关联的次数（0，1或-1）。

$$m_{ij}=\begin{cases} 1, & v_i是e_j的起点 \\ 0, & v_i与e_j不关联 \\ -1, & v_i是e_j的终点 \end{cases}$$

对任意有向图 $G=\langle V, E \rangle$，其邻接矩阵是指矩阵 $A(G)=[a_{ij}]$，其中，a_{ij} 是 v_i 到 v_j 的边数，若边数为 0，则 $a_{ij}=0$。

对有向图 $G=\langle V, E \rangle$，若存在从节点 v_i 到节点 v_j 的一条路，则称从 v_i 到 v_j 可达。图 G 的可达矩阵是指矩阵 $P(G)=[p_{ij}]$，若从 v_i 到 v_j 至少存在一条路，则 $p_{ij}=1$；否则，$p_{ij}=0$。

7) 连通度

设 G 为连通图，$V' \subset V(G)$，$G[V-V']$ 不连通，则称 V' 为 G 的点断集。最小点断集中顶点的个数称为 G 的连通度，记为 $K(G)$；若 G 无点断集，则规定 $K(G)=V(G)-1$；K（不连通图）$=0$，K（平凡图）$=0$；由一个顶点组成的点断集称为割点。若 $K \leq K(G)$，称 G 为 K-连通图。

事实上，使 G 成为不连通图或平凡图至少需要删除 k 个顶点，则 k 为 G 的连通度。图 5-1 中，$K(G_1)=1$，$K(G_2)=2$，$K(G_3)=3$，$K(G_4)=4$。

图 5-1 连通度

设 G 连通，$E' \subset E(G)$，$G-E'$（从 G 中删除 E' 中的边）不连通，则称 E' 是 G 的边断集。最小边断集所含的边数称为 G 的边连通度，记为 $K'(G)$；当 $|E'|=1$ 时，称 E' 中的边 e 为割边；规定 K'（平凡图）$=0$，K'（不连通图）$=0$。

若 $k \leq K'(G)$，称 G 为 k-边连通图。

图 5-1 中，$K'(G_1)=1$，$K'(G_2)=2$，$K'(G_3)=3$，$K'(G_4)=4$。G_1 中每条边均为割边，G_2，G_3，G_4 中无割边。

5.2 网络数据模型

网络是由点、线构成的系统，通常用来描述某种资源或物质在空间的运动。基于图论的思想，网络可表示为由网络节点集 V、网络边集 E 和事件点集 P 组成的集合，即

$$D=\{V, E, P\}$$

将图论中的网络概念引入到地理空间中描述和表达基于网络的地理目标，产生了地理网络。GIS 中的地理网络除了具有图论中网络的弧、节点、拓扑等特征外，还具有空间定位上的地理意义、目标复合上的层次意义和地理属性意义。

网络数据模型是现实世界网络系统（如交通网、通信网等）的抽象表示，在 GIS 中，空间实体被抽象成为点、线、面目标，构成网络的最基本元素是线性实体及这些实体的连接交汇

点，前者称为链(link)，后者称为节点(node)。

网络模型的基本特征是，节点数据间没有明确的从属关系，一个节点可与其他多个节点建立联系。建立一个好的网络模型的关键是清楚地认识现实网络的各种特性与以网络模型的要素(链(link)、节点(node)、站点(stop)、中心(center)、障碍(barrier)、拐点(turn))表示的特性的关系。

1) 链

网络的链是构成网络模型的最主要的几何框架，对应着网络中的各种线性要素，表现的是网络中的地理实体和现象，通常用中心线代表地理实体和现象本身，基本属性存放在中心线上。链代表的对象可以是如公路、铁路、河流等有形的地理实体，也可以是无形的，如航线等。

链的属性信息有三种：第一种是网络链的阻力强度，即链所花费的时间、费用等，如资源流动的时间、速度等；第二种是链的资源需求量，即该链可以收集的或分配给一个中心的资源总量，如学生人数、水流量等；第三种是资源流动的约束条件，即表达链自身对资源通行的限制，如载重量限制等。

2) 节点

网络链的两个端点即为网络节点，链与链之间通过节点相连。如果节点参与资源分配，则节点也有资源需求量，如节点的方向数。节点也具有是否允许通行的约束能力，如人行天桥规定了其下通行车辆的限高。

3) 站点

站点是网络中装载或卸下资源的节点位置，在网络中传输的物质、能量、信息等都是从一个站出发，到达另一个站，如车站、码头等。

站点的属性主要有两种：一种是站点的资源需求量，表示资源在站点上增加或减少，正值表示增加，负值表示减少；另一种是站点的阻碍强度，代表与站点有关的费用或阻碍，如在某个库房装卸货物所用的时间。

4) 中心

网络中具有一定的容量，能够接受或分配资源的节点所在的位置，如水库、商业中心、电站、学校等，其状态属性包括资源容量(如总量)、阻碍强度(如中心到链的最大距离或时间限制)。资源容量决定了为中心服务的弧段的数量，分配给一个中心的弧段的资源需求量总和不能超过该中心的资源容量；中心的阻碍强度是指沿某一路径到达中心所经历的弧段总阻碍强度的最大值，如最大服务半径等。资源沿某一路线分配给一个中心的或由该中心分配出去的过程中，在各弧段上以及各路径转弯处所受到的阻碍强度总和不能超过该中心所承受的阻碍强度。

5) 障碍

障碍是指对资源传输起阻断作用的节点或链，它阻碍了资源在与其相连的链间流动，代表网络中元素的不可通行状态，如破坏的桥梁、禁止通行的路口等。

一般认为障碍只是指状态临时设为阻断，不表示任何属性的网络元素，但对一些元素如交通网络中的交通灯，也可认为是障碍。例如，红灯，尽管红灯可换算为交通的阻碍强度，但是红灯仍然是一种障碍，因为红灯亮时是严格禁止车辆通行的。但红灯又不同于一般的阻碍，它具有周期性，因此，障碍也有相应的属性，可以用障碍持续来表达，如交通红灯、抢修的道路等。

6）拐点

拐点是指网络节点处，所有资源流动的可能的转向，如在十字路口禁止车辆左拐，便形成拐角。

拐点描述了网络中相互连接的网络链在节点处的关系。拐点的属性主要是阻碍强度，表示在一个节点处资源流向某一弧段所需要的时间或费用。阻碍强度为负值时，表示资源禁止流向该弧段。一个拐点定义了某一资源从一条弧段通过某个节点流向另一弧段的通道。

5.3　最短路径分析

针对最短路径问题通常有 3 种不同的提法。

（1）找出两个给定顶点 x，y 之间的最短路径；

（2）从一顶点 x_0 到 **G** 中其他全部顶点的最短路径；

（3）找出所有顶点对之间的最短路径。

从逻辑上讲，第一种提法最简单，似乎也最容易求解，但从目前已提出的各种最短路径的算法来看，解决第一种问题的方法是先解第二种和第三种问题。

最短路径的定义如下。

设 **G**=<**V**，**E**>是一个非空的简单有限图，**V** 为节点集，**E** 为边集。对于任何 $e=(v_i,\ v_j)\in \mathbf{E}$，$w(e)=a_{ij}$ 为边 $(v_i,\ v_j)$ 的权值。P 是 **G** 中两点间的一条有向路径，定义 P 的权值为

$$W(P)=\sum\nolimits_{e\in E(P)}w(e) \tag{5-1}$$

则 **G** 中两点间权值最小的有向路径称为这两点的最短路径。

G 中两顶点 V_i 到 V_j 的最短路径存在的前提条件是 **G** 中无路程为负数的回路，且 v_i 到 v_j 可达。

最短路径常用的实现算法有 Dijkstra 算法、Floyd 算法与 A^*算法。

5.3.1　Dijkstra 算法

Dijkstra 算法是针对第二种提法进行的求解，即计算从某一顶点到图中其他全部顶点的最短路径。该算法是 Dijkstra 于 1959 年提出的一个按路径长度递增的次序产生最短路径的算法，是目前公认的解决最短路径问题的经典算法。其基本思想如下所述。

设 **G**=<**V**，**E**，**A**>为一具有 n 个顶点的赋值有向图，设 $x_0\in \mathbf{V}$，循序渐进的建立这样一个顶点集合 **X**，对所有 $x\in X(x\in \mathbf{V})$，可以知道从 x_0 到 x 的最短路径。

假设每个点 j 都有一对标号：$(d_j,\ p_j)$，其中，d_j 是从源点 S 到该点 j 的最短路径的长度，p_j 则是从 S 到 j 的最短路径中的 j 点的前一点。这样，求解从源点 S 到各点 j 的最短路径算法的基本过程如下（该方法也称标号法或染色法）。

（1）初始化。源点 S 设置为：$d_s=0$，p_s 为空；所有其他点 j：$d_j=\infty$，p_j 未知；将源点 S 标号，记 $k=S$，而其他点未标记。

（2）检验从所有标记的点 k 到其他直接连接的未标记的点 j 的距离，并设置 $d_j=\min[d_j,\ d_k+l_{kj}]$，其中，$l_{kj}$ 是从点 k 到 j 的直接连接距离。

（3）选取下一个点。从所有未标记的点中，选取最小的 d_j 所对应的点为下一个连接点 i，并标记。

(4)找到点 i 的前一点。从已标记的点中找到直接连接到点 i 的点 j^*，作为前一点。

(5)标记点 i。如果所有点已标记，则算法完全退出；否则，记 $k=i$，转到第(2)步再继续。

该算法为全向搜索方法，其时间复杂度是 $O(n^2)$，其中，n 为网络中的节点数。

例：如图 5-2 所示，其为一个带权的有向图，其最短路径及运算过程如下所述。

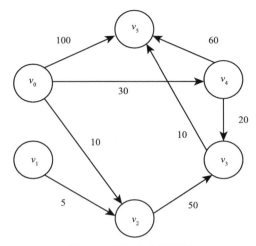

图 5-2　带权有向图示例

(1)令 $d(0)=0$，$d(i)=\infty$，$(i=1，2，3，4，5)$。

(2)计算 $k=1$：

$d(1)=\min\{d(1)，d(0)+l(0，1)\}=\min\{\infty，0+\infty\}=\infty$；

$d(2)=\min\{d(2)，d(0)+l(0，2)\}=\min\{\infty，0+10\}=10$；

$d(3)=\min\{d(3)，d(0)+l(0，3)\}=\min\{\infty，0+\infty\}=\infty$；

$d(4)=\min\{d(4)，d(0)+l(0，4)\}=\min\{\infty，0+30\}=30$；

$d(5)=\min\{d(5)，d(0)+l(0，5)\}=\min\{\infty，0+100\}=100$。

显然，$d(2)=\min\{d(1)，d(2)，d(3)，d(4)，d(5)\}=10$，于是标记 $(v_0，v_2)$，即 $(v_0，v_2)$ 是 v_0 到 v_2 的最短路径。

(3)计算 $k=2$：

$d(1)=\min\{d(1)，d(2)+l(2，1)\}=\infty$；

$d(3)=\min\{d(3)，d(2)+l(2，3)\}=60$；

$d(4)=\min\{d(4)，d(2)+l(2，4)\}=30$；

$d(5)=\min\{d(5)，d(2)+l(2，5)\}=100$。

显然，$d(4)=\min\{d(1)，d(3)，d(4)，d(5)\}=30$，于是标记 $(v_2，v_4)$，即 $(v_2，v_4)$ 是 v_2 到 v_4 的最短路径。

(4)计算 $k=4$：

$d(1)=\min\{d(1)，d(4)+l(4，1)\}=\infty$；

$d(3)=\min\{d(3)，d(4)+l(4，3)\}=50$；

$d(5)=\min\{d(5)，d(4)+l(4，5)\}=90$。

显然，$d(3)=\min\{d(1)，d(3)，d(5)\}=50$，于是标记 $(v_4，v_3)$，即 $(v_4，v_3)$ 是 v_4 到 v_3 的最短路径。

（5）计算 $k=3$：

$d(1)=\min\{d(1)，d(3)+l(3，1)\}=\infty$；

$d(5)=\min\{d(5)，d(3)+l(3，5)\}=60$。

显然，$d(5)=\min\{d(1)，d(5)\}=60$，于是标记 $(v_3，v_5)$，即 $(v_3，v_5)$ 是 v_3 到 v_5 的最短路径。

（6）计算 $k=5$：

$d(1)=\min\{d(1)，d(5)+l(5，1)\}=\infty$。

由于 $d(1)=\infty$，即最后一个未标记点为 ∞。算法停止，所有点都标记完毕。

反向追踪，可得 v_0 到 $v_i(i=1，2，3，4，5)$ 的最短路径。最短路径及其权值如下：

v_0 到 v_1：$(v_0，v_1)$，∞；

v_0 到 v_2：$(v_0，v_2)$，10；

v_0 到 v_3：$(v_0，v_4)$，$(v_4，v_3)$，50；

v_0 到 v_4：$(v_0，v_4)$，30；

v_0 到 v_5：$(v_0，v_4)$，$(v_4，v_3)$，$(v_3，v_5)$，60。

5.3.2　Floyd 算法

Floyd 算法主要是针对第三种提法的最短路径算法，该算法并不要求边的长度大于等于零，仅要求没有路为负数。该算法是 Floyd 于 1962 年提出的，算法基本原理如下。

对于 $\mathbf{G}=\langle \mathbf{V}，\mathbf{E}，\mathbf{A}\rangle$，考察顶点 v_i 到 v_j 的路径：首先考虑仅含一条边的路径，然后考虑通过 v_1 的路径，再次考虑通过 v_1，v_2 的路径，以此类推。归纳起来，在第 k 步，计算 v_i 到 v_j 的含顶点的编号不大于 k 的路径中的最短路径，类似地，此路径的路程记为 $\mathrm{DIS}[i，j]$，此路径中位于 v_j 之前的顶点记为 $\mathrm{PRED}[i，j]$。注意，这里 DIS 和 PRED 都是二维 $n\times n$ 的数组，n 为 G 中顶点数目。

类似于 Dijkstra 算法，初始化 $\mathrm{PRED}[i，j]$ 为 i，$\mathrm{DIS}[i，j]$ 为 v_i 到 v_j 的边的长度，若 v_i 到 v_j 无边相连，则 $\mathrm{DIS}[i，j]$ 置为 ∞。

算法用程序的形式描述如下：

```
BEGIN
初始化
FOR k:=1 TO n DO
FOR i:=1 TO n DO
FOR j:=1 TO n DO
IF DIS[i,k]+DIS[k,j]<DIS[i,j]  THEN
BEGIN
 DIS[i,j]:=DIS[i,k]+DIS[k,j];
 PRED[i,j]:=PRED[k,j];
    END
END
```

该算法可应用于选址分析，解决选址问题的关键是求相应网络中所有点对间的最短路径。

例：已知 6 个村庄，各村的小学生人数如表 5-1 所示。

表 5-1　各村的小学生人数

村庄	v_1	v_2	v_3	v_4	v_5	v_6
小学生	50	40	60	20	70	90

各村庄间的距离如图 5-3 所示，现在计划建造一所医院和一所小学，问医院应建在哪个村庄才能使最远村庄的人到医院看病所走的路最短？小学建在哪个村庄使得所有学生上学走的总路程最短？

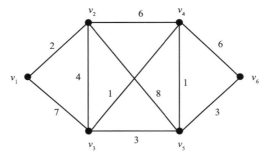

图 5-3　各村庄距离图

解：首先由 Floyd 算法求出任意两点 v_i，v_j 之间的最短路径，如图 5-4(a) 所示。

	v_1	v_2	v_3	v_4	v_5	v_6
v_1	0	2	6	7	8	11
v_2	2	0	4	5	6	9
v_3	6	4	0	1	2	5
v_4	7	5	1	0	1	4
v_5	8	6	2	1	0	3
v_6	11	9	5	4	3	0
	⑪	⑨	⑥	⑦	⑧	⑪

(a) 村庄间的最短路径分析

	v_1	v_2	v_3	v_4	v_5	v_6
v_1	0	100	300	350	400	550
v_2	80	0	160	200	240	360
v_3	360	240	0	60	120	300
v_4	140	100	20	0	20	80
v_5	560	420	140	70	0	210
v_6	990	810	450	360	270	0
总和	2130	1670	1070	1040	1050	1500

(b) 医院选址分析

图 5-4　选址分析

设想医院建在村庄 v_j，则其他村庄的村民就要分别走 d_{1j}，d_{2j}，…，d_{6j} 的路程。其中，d_{ij} 是第 i 村至第 j 村的实际距离，则 d_{ij} 中(i，j=1，2，…，6)必有最大者。对每一点 v_j 求出这个最大值，医院应建在所有这些最大值中最小者所对应的村庄。由图 5-3 可知，每个村庄所对应的最大值分别为 11，9，6，7，8，11，其最小值为 6，对应 v_3，因此，医院应建在 v_3 所对应的村庄，这样其他村庄到该村的就医距离最多为 6。

设想把小学建在 v_j，则其他村庄的小学生所走的总路程为

$$50d_{1j}+40d_{2j}+60d_{3j}+20d_{4j}+70d_{5j}+90d_{6j}$$

对每个村庄，求出这个值，它们的最小值所对应的 v_j 即为所选择的最佳位置。由图 5-4(b) 可知，总和最小的列为 v_4，即小学应建在 v_4 所在的村庄。

5.3.3　A^* 算法

A^* 算法是一种基于静态网络中求解最短路径的启发式搜索算法，通过不断搜索逼近目的地的路径来获得最短路径。A^* 算法引入了当前节点 j 的估计函数 f^*，当前节点 j 的估计函数定义为

$$f^*(j) = g(j) + h^*(j) \tag{5-2}$$

式中，$g(j)$ 为从起点到当前节点 j 的实际费用的量度；$h^*(j)$ 为从当前节点 j 到终点的最小费用的估计。若 $h^*(j)=0$，则 A^* 算法就变成了 Dijkstra 算法。

在该算法实现中，如何选择启发信息 $h^*(j)$ 是问题求解的关键。可依据实际情况选择 $h^*(j)$ 的具体形式，但 $h^*(j)$ 要满足一个要求，即不能高于节点 j 到终点的实际最小费用，这一条件称为相容性条件。

A^* 算法的实现过程中引入两个链表，用 **T** 表示已经生成但尚未扩展的节点集合，**S** 为已经扩展的节点集合，算法执行完毕后，**S** 即为已找到的从 v_s 出发的最短路径的节点集合。

其实现基本步骤如下。

(1) 设置初始值：对起始节点 v_s，令 $g_v=0$；对其余节点 $\forall v \neq v_s$，令 $g_v=\infty$；令 **S**$=\varnothing$，**T**$=\{v_s\}$，显然此时 v_s 是 **T** 中具有最小 f^* 值的节点。

(2) 若 **T**$=\varnothing$，则算法失败；否则从 **T** 中选出具有最小 f^* 值的节点 v，即令 $v=\min\{f^*\}$。令 **S**$=$**S**$\cup\{v\}$，**T**$=$**T**$-\{v\}$。

判断 v 是否为目标节点。若是目标节点，则转 (4)；否则生成 v 的后继节点。继续 (3)。

(3) 对每一个后继节点 w，计算 $g_v+\omega(v,w)$，根据 w 所处的位置，有三种情况。

若 $w \in$ **T**，判断是否有 $g_w > g_v+\omega(v,w)$，若是，则 $g_w=g_v+\omega(v,w)$，$p_w=v$。

若 $w \in$ **S**，判断是否有 $g_w > g_v+\omega(v,w)$，若是，则 $g_w=g_v+\omega(v,w)$，$p_w=v$。

若 $w \notin$ **T** 且 $w \notin$ **S**，令 $g_w=g_v+\omega(v,w)$，$p_w=v$，**T**$=$**T**$\cup\{w\}$。计算节点 w 的估计函数 $f_w^*=g_w+h_w^*$，转 (2)。

(4) 从节点 v 开始，根据 p_v 利用回溯的方法输出起始节点 v_s 到目标节点 v 的最优路径，以及最短距离 g_v，算法终止。

A^* 算法简单迅速且富有针对性，搜索过程较为合理有效，仅仅需要搜索问题的部分状态空间就可达到缩小搜索范围、降低问题复杂度的目的，搜索效率比较高。

5.4　最佳路径分析

在地理网络中，除了最短路径之外，还有最短通行时间、最低运输费用、最安全行驶、最大容量等，这些都统称为最佳路径问题。最短路径是最佳路径中最常见的一种，此外，还有最可靠路径、最大容量路径等 (朱长青和史文中，2006)。

5.4.1　最可靠路径

设 **G**$=\langle$**V**，**E**$\rangle$ 是一个非空简单有向图，**V** 为节点集，**E** 为边集。对于任何 $e_{ij}=(v_i,v_j) \in$ **E**，有 $0 < w(e_{ij}) \leqslant 1$，表示边的可靠性，$P$ 是 **G** 中两点 s，t 间的一条有向路径，定义路径 P 的可靠性为

$$w(P) = \prod_{e_{ij} \in E(P)} w(e_{ij}) \tag{5-3}$$

$w(P)$ 是 P 上所有边权的乘积，并称使 $w(P)$ 达到最大值的路径为 s 到 t 的最可靠路径。最可靠路径的求解可转化为最短路径的求解，对式 (5-3) 取对数，有

$$\ln w(P) = \ln\left[\prod_{e_{ij} \in E(P)} w(e_{ij})\right] = \sum_{e_{ij} \in E(P)} \ln w(e_{ij}) \tag{5-4}$$

由于 $0 \leqslant w(e_{ij}) \leqslant 1$，则 $\ln w(e_{ij}) \leqslant 0$。定义 $p(e_{ij})=-\ln w(e_{ij})$，则 $p(e_{ij}) \geqslant 0$。将 $p(e_{ij})$ 作为边 e_{ij} 对应的权值求得的最短路径即为最可靠路径。

5.4.2 最大容量路径

设 $G=\langle V, E\rangle$ 是一个非空简单有向图，V 为节点集，E 为边集。对于任何 $e=(v_i, v_j) \in E$，c_{ij} 为边 (v_i, v_j) 的容量。P 是 G 中两点间的一条有向路径，定义 P 的容量为 P 中边的容量的最小值，即

$$C(P) = \min_{e \in E(P)} c_{ij} \tag{5-5}$$

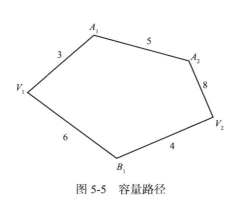

则 G 中这两点间容量最大的有向路径称为这两点的最大容量路径。

交通网络中，最大容量可用来表示道路的最大通行能力。

图 5-5 表示的是从 V_1 到 V_2 的两条路径，每条边上的容量如图所示，过节点 A_1 与 A_2 的路径的容量是 3，过节点 B_1 的路径的容量是 4，于是从 V_1 到 V_2 的路径最大容量是 4。

类似地，可定义其他的最佳路径。例如，将网络中每条弧的权值定义为通过该弧的时间，就可定义通行时间最短的路径；将网络中每条弧的权值定义为通过该弧的费用，就可定义通行费用最小的路径。

图 5-5 容量路径

最佳路径本质上是通过定义在每条弧上的权值来定义的，其求解要根据具体的权值转化为图论中的最佳化问题。

5.5 连通性分析

在现实生活中，常有类似在多个城市间建立通信线路的问题，即在地理网络中从某一点出发能够到达的全部节点或边有哪些，如何选择对于用户来说成本最小的线路，这是连通分析所要解决的问题。

从某一节点或网络出发能够到达的全部节点或网络，这一类问题称为连通分量求解。另一连通分析问题是最少费用连通方案的求解，即在耗费最小的情况下使得全部节点相互连通。

连通分析的求解过程实质上是对应图生成树的求解过程，其中，研究最多的是最小生成树问题。求连通分量往往采用深度优先遍历或广度优先遍历形成深度或广度优先生成树。最小费用连通方案问题就是求解图的最优生成树。

最小生成树问题基于赋值无向图，在空间分析中，假定网络图是连通的，即任意两顶点之间可达，则赋值无向图 $G\langle V, E, A\rangle$ 的生成树是 G 的一个子图，它包含着 G 的全部顶点，但不包含任何回路。G 的生成树可能不唯一，最小生成树就是边长之和最小的生成树。对于连通赋值图 G，只要其边长值非负，则其最小生成树总是存在的。最小生成树也可能不唯一，其唯一的充分条件是 G 的边长全不相同。

常见的最小生成树算法有 Prim 算法（马磊等和李永树，2011）和 Kruskal 算法（Kruskal，1956）。

1）Kruskal 算法

该算法的基本思想是：把 n 个顶点看成 n 棵分离的树（每棵树只有一个顶点），每次选取可连接两个分离树中权值最小的边把两个分离的树合成一个新的树取代原来的两个分离树，

如此重复 $n-1$ 步后便得到最小生成树。

已知图 $\mathbf{G}=\langle\mathbf{V}，\mathbf{E}，\mathbf{W}\rangle$，其最小生成树的 Kruskal 算法步骤如下。

(1) 选取最小权边 e_1，置边数 $I=1$。

(2) 当 $I=n-1$ 时结束，否则转 (3)。

(3) 设已选取的边为 e_1，e_2，$\cdots$，e_k，在 $\mathbf{G}$ 中选取新边 e_{k+1}，使加入后与已有的边不构成回路且 e_{k+1} 是满足此条件的最小权边。

(4) $I=I+1$，转 (2)。

2) Prim 算法

最小生成树因为包含 $\mathbf{G}$ 的全部顶点，所以并不要求以特定顶点为树根，但计算中总是以某顶点为起始点。

设 $\mathbf{T}=[\mathbf{U}，\mathbf{T}(\mathbf{E})]$ 是存放最小生成树的集合，其步骤如下。

(1) 在图 $\mathbf{G}=\langle\mathbf{V}，\mathbf{E}，\mathbf{A}\rangle$ 中，从集合 $\mathbf{V}$ 中任取一个顶点放入集合 $\mathbf{U}$ 中，设为 V_0，这时 $\mathbf{U}=\{V_0\}$，集合 $\mathbf{T}(\mathbf{E})$ 为空。

(2) 从 V_0 出发寻找与 $\mathbf{U}$ 中顶点相邻 (另一顶点在 $\mathbf{V}$ 中) 权值最小的边的另一顶点 V_1，并将 V_1 加入 $\mathbf{U}$，即 $\mathbf{U}=\{V_0，V_1\}$，同时将该边加入集合 $\mathbf{T}(\mathbf{E})$ 中。

(3) 重复 (2)，直到 $\mathbf{U}=\mathbf{V}$ 为止。

这时 $\mathbf{T}(\mathbf{E})$ 中有 $n-1$ 条边，$\mathbf{T}=[\mathbf{U}，\mathbf{T}(\mathbf{E})]$ 就是一棵最小生成树。

5.6　资源定位与分配

资源分配问题本质上是需求点和供应点的优化配置，即在网络中根据应用需求将资源分配到所需的地点，资源从中心出发由近及远分配。

资源分配中，研究问题包括以下 3 个方面。

(1) 需求点和供应点都确定的情况下，现有资源的分配，如物资配送。

(2) 新增供应点，如新的变电所选址。

(3) 新增需求点，如新建居民点。

资源分配的核心是资源的定位及分配。

资源的定位是指已知需求，确定在哪里布设最合适的供应点，即寻找最佳供应点。资源的分配问题则是确定这些需求源分别受哪个供应点服务的问题。在应用中，这两个问题通常必须同时解决，即在网络中根据需求点的要求，选定合适的供应点和供应方案，即在网络中选取相应的边和节点，使得在网络覆盖范围内供应点与需求点的关系在一定意义上达到最优，如费用最小、距离最小等。

5.6.1　资源分配模型

资源分配的数学模型是：设有 n 个需求点 $P_i(x_i，y_i)$ $(i=1，2，\cdots，n)$，$b_i(i=1，2，\cdots，n)$ 是每个需求点的需求量。又设有 m 个供应点 $Q_j(u_j，v_j)$ $(j=1，2，\cdots，m)$，设 t_{ij} 和 $d_{ij}(i=1，2，\cdots，n；j=1，2，\cdots，m)$ 分别是供应点 $Q_j(u_j，v_j)$ 对需求点 $P_i(x_i，y_i)$ 提供的供应量和两点间的距离。

如果所有的需求点都受到供应点的服务，则有

$$\sum_{j=1}^{m} t_{ij} = b_i \quad (i=1,2,\cdots，n) \tag{5-6}$$

若每个需求点都分配给与之最近的一个供应点，则对于 $i=1$，2，$\cdots$，n；$j=1$，2，$\cdots$，m；有

$$t_{ij} = \begin{cases} b_i, & \text{当} d_{ij} < d_{ik} \left(k = 1, 2, \cdots, \ m; \ k \neq j \right) \\ 0, & \text{其他情况} \end{cases} \tag{5-7}$$

此外，需求点 $P_i(x_i, y_i)$ 是否由供应点 $Q_j(u_j, v_j)$ 供给可用矩阵 $(\boldsymbol{X}_{ij})$ 表示，且

$$\boldsymbol{X}_{ij} = \begin{cases} 1, & P_i \text{由} Q_j \text{供给} \\ 0, & \text{其他情况} \end{cases} \tag{5-8}$$

通过矩阵 $(\boldsymbol{X}_{ij})$ 能确定供应点对需求点的配置情况。

如果资源分配要求供应点与需求点间总的加权距离最小，即

$$\sum\nolimits_{i=1}^{n} \sum\nolimits_{j=1}^{m} w_i d_{ij} = \min \tag{5-9}$$

式中，w_i 为权重，可能是运输费用、交通通行能力等，如果只是要求距离最小，则 $w_i = 1$。

5.6.2　P-中心定位与分配问题

在 m 个候选点中选择 p 个供应点为 n 个需求点服务，使得为这 n 个需求点服务的总距离（或时间、费用等）最少，即

$$\sum\nolimits_{i=1}^{n} \sum\nolimits_{j=1}^{m} x_{ij} w_i d_{ij} = \min \tag{5-10}$$

式中，w_i 为需求点 i 的需求量；d_{ij} 为从候选点 j 到需求点 i 的距离；x_{ij} 为权重。

相应的约束条件为

$$\begin{aligned} & \sum\nolimits_{i=1}^{n} x_{ij} = 1 \quad (i = 1, 2, \cdots, \ n) \\ & \sum\nolimits_{j=1}^{m} \left(\prod\nolimits_{i=1}^{n} x_{ij} \right) = p, \quad p \leqslant m \leqslant n \end{aligned} \tag{5-11}$$

上述两个约束条件是为了保证每个需求点仅受一个供应点服务，并且只有 p 个供应点。

P-中心问题的解具有如下特征。

（1）每个供应点都位于其所服务的需求点的中央。

（2）所有的需求点都分配给与之最近的供应点。

（3）从最优的解集中移动一个供应点并用一个不在解集中的候选点代替，会导致目标函数值的增加。

有两种基本的方法可用于 P-中心的模型求解：最优化方法和启发式方法。

最优化方法实现比较复杂，在目前情况下，其最好的应用方法也只能解决 800～900 个节点的问题，因此，在解决更大型问题方面，最优化方法还有待研究。启发式方法则更适应大型问题的求解，并能得到较为合理的结果。

全局/区域性交换式算法是一种效率较高的启发式方式，它通过供应点的全局和区域的不断调整来实现目标方程，其实现步骤如下。

1）选取初始供应点集

即事先选取 p 个候选点作为起始供应点集，并将所有需求点分配到与之最近的供应点，计算目标方程值，即总的加权距离。

2）供应点全局性调整

（1）检验当前解中的所有供应点，选定一个待删供应点，选取的原则是使得目标方程值增加值最小。

（2）从不在当前解的 $m-p$ 个候选点中，寻找一个来代替（1）中选出的点，使其可以最大限度地减少目标方程值。

（3）如果（2）中选择的点所减少的目标方程值大于（1）中选择的点所增加的目标方程值，用（2）中的点代替（3）中的点，并更新目标方程值，返回（1）继续检验；否则转入（3）。

3）供应点区域性调整

（1）如果不是固定的供应点，用它的邻近候选点来代替检验。

（2）如果这一代替可以最大限度减少目标方程值，则进行替换，直到 $p-1$ 个供应点都被检验，并无新的替换为止。

4）重复 2）和 3）直到这两步都无新的替换为止

在这一过程中，完成全局调整后的结果满足 P 中心问题的第一、第二条特征，但并不满足第三条特征，即用任一不在当前解中的候选点来代替解中的供应点都会使目标函数值增加。为了满足这一条件，还必须进行区域性调整，这里的区域性调整利用空间邻近相关性的特性，每个供应点只被其服务范围内的候选点进行替换检测，所以，每个候选点只被检验了一次，避免了很多不必要的计算，在一定程度上提高了计算效率。

但是，由于启发式算法自身的局限性，此方法还存在以下不足：①并不保证全局的最佳结果，但非常接近；②并不平衡供应点间的负担；③并不限制供应点的容量；④初始点集的不同会影响最终结果。

5.7　流　分　析

在许多实际的网络系统中都存在着流量问题。例如，铁路运输系统中的车辆流，城市给排水系统的水流，控制系统中的信息流，常见的人流、物流、水流、气流、电流、现金流等。

所谓流，就是将资源由一个地点运送到另一个地点。

流分析的问题主要是按照某种最优化标准（时间最少、费用最低、路程最短或运送量最大等）设计运送方案。为了实施流分析，就要根据最优化标准的不同扩充网络模型，把中心分为收货中心和发货中心，分别代表资源运送的起始点和目标点。这时发货中心的容量就代表待运送资源量，收货中心的容量代表它所需要的资源量。网络的相关数据也要扩充，如果最优化标准是运送量最大，就要设定网络的传输能力；如果目标是使费用最低，则要为网络设定传输费用（在该网络上运送一个单位的资源所需的费用）。

5.7.1　问题

制定一个运输方案，使图 5-6 中从 v_1 运到 v_6 的产品数量最多。

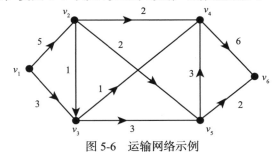

图 5-6　运输网络示例

问题：这个运输网络中，从图 5-5 中 v_1 到 v_6 的最大输送量是多少？

在一定条件下，求解给定系统的最大流量，就是网络最大流问题。

设连通网络 $\mathbf{G}(\mathbf{V}，\mathbf{A})$ 中有 m 个节点，n 条边，边 e_{ij} 上的流量上界为 c_{ij}，求从起始节点 v_s 到终点 v_t 的最大流量的问题就是最大流问题。

5.7.2　基本概念

1) 容量网络

设一个赋权有向图 $\mathbf{D}=(\mathbf{V}，\mathbf{A})$，在 $\mathbf{V}$ 中指定一个发点 v_s 和一个收点 v_t，其他的点叫做中间点。对于 $\mathbf{D}$ 中的每一个弧 $(v_i，v_j)\in\mathbf{A}$，都有一个非负数 c_{ij}，叫做弧的容量，表示弧 $(v_i，v_j)$ 最大的通过能力，记为 $c(v_i，v_j)$ 或简写为 c_{ij}。图 $\mathbf{D}=(\mathbf{V}，\mathbf{A}，\mathbf{C})$ 则叫做一个容量网络。

对有多个发点和多个收点的网络，可以另外虚设一个总发点和一个总收点，并将其分别与各发点、收点连起来(图 5-7)，就可以转换为只含一个发点和一个收点的网络。所以一般只研究具有一个发点和一个收点的网络。

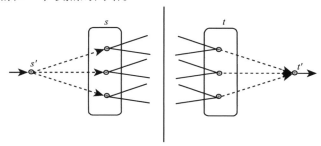

图 5-7　多发点、多收点网络

2) 流

流是加在容量网络各条弧上的一组负载量。$f(v_i，v_j)$ 表示加在弧 $(v_i，v_j)$ 上的负载量，简记为 f_{ij}，为非负数。

网络上的流：是指定义在弧集合上的一个函数 $f=\{f(v_i，v_j)\}$，其中，$f(v_i，v_j)$ 称为弧 $(v_i，v_j)$ 上的流量。流也可看做一个双下标变量。

弧的流量 $f(v_i，v_j)$：表示弧 $(v_i，v_j)$ 上每单位时间内的实际通过能力。

弧的容量 $c(v_i，v_j)$：表示弧 $(v_i，v_j)$ 上每单位时间内的最大通过能力。

零流：网络上所有的 $f_{ij}=0$。

3) 可行流

对于实际的网络系统上的流，有几个显著的特点：①发点的净流出量和收点的净流入量必相等。②每一个中间点的流入量与流出量的代数和等于零。③每一个弧上的流量不能超过它的最大通过能力(即容量)。将满足下列条件的流称为可行流。

(1) 容量限制条件：对于每一个弧 $(v_i，v_j)\in\mathbf{A}$，有 $0\leqslant f(v_i，v_j)\leqslant c(v_i，v_j)$，简记为 $0\leqslant f_{ij}\leqslant c_i$。

(2) 平衡条件：

$$\sum f_{ij} - \sum f_{ji} = \begin{cases} v(f)， & i=s \\ 0， & i\neq s，t \\ -v(f)， & i=t \end{cases} \tag{5-12}$$

式中，$v(f)$ 为可行流 f 的流量，即发点的净输出量(或收点的净输入量)。

对收、发点：总流量=发点的净输出量=收点的净输入量；

中间点：流入量＝流出量。

容量网络的可行流总是存在的，如当所有弧的流均取零，即对所有的 (i, j) 有 $f(v_i, v_j)=0$，就是一个可行流。

可行流中 $f_{ij}=c_{ij}$ 的弧叫做饱和弧，$f_{ij} < c_{ij}$ 的弧叫做非饱和弧，$f_{ij} > 0$ 的弧叫做非零流弧，$f_{ij}=0$ 的弧叫做零流弧。

网络最大流就是要求一个可行流 $\{f_{ij}\}$，使其流量 $v(f)$ 达到最大。

4）增广链

链的方向：若 μ 是联结 v_s 和 v_t 的一条链，定义链的方向是从 v_s 到 v_t。

容量网络 $\mathbf{D}$，若 μ 为网络中从 v_s 到 v_t 的一条链，给 μ 定向为从 v_s 到 v_t，μ 上的弧分为两类：凡与 μ 方向相同的称为前向弧，其集合用 μ^+ 表示；凡与 μ 方向相反的称为后向弧，其集合用 μ^- 表示。

f 是一个可行流，如果满足：

$$\begin{cases} 0 \leqslant f_{ij} < C_{ij} & (v_i, v_j) \in \mu^+，即 \mu^+ 中的每一条边都是非饱和边 \\ 0 < f_{ij} \leqslant C_{ij} & (v_i, v_j) \in \mu^-，即 \mu^- 中的每一条边都是非零流边 \end{cases}$$

则称 μ 为从 v_s 到 v_t 的关于 f 的一条增广链，如图 5-8 所示。

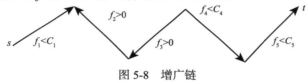

图 5-8 增广链

5）截集与截量

容量网络 $\mathbf{D} = (\mathbf{V}, \mathbf{A}, \mathbf{C})$，$v_s$ 为始点，v_t 为终点。如果把 V 分成两个非空集合 $\mathbf{V}_1$，$\overline{\mathbf{V}}_1$，使 $v_s \in \mathbf{V}_1$，$v_t \in \overline{\mathbf{V}}_1$，则所有始点属于 $\mathbf{V}_1$，而终点属于 $\overline{\mathbf{V}}_1$ 的弧的集合 $(\mathbf{V}_1, \overline{\mathbf{V}}_1)$，称为是分离 v_s 和 v_t 的截集（或割），如图 5-9 所示。

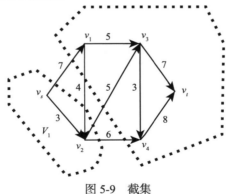

图 5-9 截集

截量：截集 $(\mathbf{V}_1, \overline{\mathbf{V}}_1)$ 中所有弧的容量之和，称为这个截集的容量，记为 $c(\mathbf{V}_1, \overline{\mathbf{V}}_1)$，也称截量，则有

$$c(\mathbf{V}_1, \overline{\mathbf{V}}_1)=\sum_{(i,j)\in(\mathbf{V}_1, \overline{\mathbf{V}}_1)} c_{ij} \tag{5-13}$$

图 5-9 中，$\mathbf{V}_1=(v_s, v_2)$，$\overline{\mathbf{V}}_1=(v_1, v_3, v_4, v_t)$，$(\mathbf{V}_1, \overline{\mathbf{V}}_1)=\{(v_s, v_1), (v_2, v_4), (v_2, v_3), (v_2, v_1)\}$，$C(\mathbf{V}_1, \overline{\mathbf{V}}_1)=w_{s1}+w_{24}+w_{23}+w_{21}=7+6+5+4=22$。

5.7.3 求解最大流——标号法

这种算法由 Ford 和 Fulkerson 于 1956 年提出，故又称 Ford-Fulkerson 标号法。其基本思想是：首先给一个可行流 $f=\{f_{ij}\}$，一般来说，初始可行流取零流，表示网络开始不运输任何资源；然后在满足可行流条件的情况下，逐渐增加流量，直至无法增加流量为止，这时的可行流便是最大流。其实质是判断是否存在增广链，并设法把增广链找出来，并予以调整，最终使图中无增广链。

设已有一个可行流 f，标号的方法可分为两步。

1）第一步，标号与检查

在标号过程中，网络中的点分为两种：已标号的点（分为已检查和未检查）和未标号的点。每个点的标号包含两部分：第一个标号表示这个标号是从哪一点得到的，以便找出增广链。第二个标号是从上一个标号点到这个标号点的流量的最大允许调整值，是为了确定增广链上的调整量 θ。

（1）标号过程开始，先给发点以标号（0，+∞），这时发点 v_s 是标号而未检查的点，其余都是未标号点；

（2）选择一个已标号的顶点 v_i，对于 v_i 的所有未给标号的邻接点 v_j 按下列规则处理：若弧 $(v_i,v_j) \in A$ 且 $f_{ij} < c_{ij}$，令 $\delta_j=\min(c_{ij}-f_{ij}, \delta_i)$，并给 v_j 以标号（$+v_i$，δ_j）；若弧 $(v_j,v_i) \in A$ 且 $f_{ji}>0$，令 $\delta_j=\min(f_{ji}, \delta_i)$，并给 v_j 以标号（$-v_i$，δ_j）。此时，v_j 成为标号未检查点，v_i 成为标号已检查点。

重复（2）直到收点 v_t 被标号或不再有顶点可标号为止。

如若 v_t 得到标号，说明存在一条可增广链，转第二步调整过程；若 v_t 未获得标号，标号过程已无法进行时，说明 f 已是最大流。

2）第二步，调整过程

利用反向追踪找增广链，调整增广链的流量，去掉旧的标号，对新的可行流重新进行标号，具体做法如下。

（1）此时，收点 v_t 已得到标号，则按 v_t 标号中的第一个量，逆向追踪找出可增流链 P，若 v_t 标号（v_k，δ_t），则弧 (v_k,v_t) 是链 P 上的前向弧，接下来看 v_k 的标号中的前一个量，依次逆向追踪下去，直到发点 v_s 为止。若 v_t 标号（$-v_k$，δ_t），则弧 (t_k,v_k) 是链 P 上的反向弧，接下来看 v_k 的标号，直到发点 v_s 为止，如此找出增广链，确定调整量 δ_t。

（2）按下述关系调整网络中的可行流：

$$f_{ij}' = \begin{cases} f_{ij} + \delta_t, & \text{若}(v_i, v_j)\text{是可增广链上的前向弧} \\ f_{ij} - \delta_t, & \text{若}(v_i, v_j)\text{是可增广链上的后向弧} \\ f_{ij}, & \text{若}(v_i, v_j)\text{不在可增广链上} \end{cases}$$

（3）去掉所有标号，回到第一步，对可行流 f' 重新标号。

当标号无法进行下去，收点 v_t 无标号时，这时的可行流已是最大流，按式（5-14）求最大值 H^*。

$$H^* = \sum_j f_{ij} \tag{5-14}$$

应用上述标号法求最大流时，为了保证算法在有限步之内结束，要求每条弧的容量都为非负整数，且初始可行流也都是整数。若每条弧的容量都是有理数时，可将每条弧的容量都扩大同样大的倍数，使其都为整数即可。

例：求图 5-10 中的最大流。

解：（1）对所有 $(x, y) \in \mathbf{E}$，令 $f(x, y)=0$，如图 5-11（a）中的各边的第二个数。

标 s 为 (s^+, ∞)，令 $\delta_s=\infty$。

（2）对 s 的邻接点 a 标 $(s^+, 3)$。这里因 s 指向 a，故标 s 的上标为+，又 $\delta_a=\min\{c(s, a)-f(s, a), \delta_s\}=\min\{3-0, \infty\}=3$，同理对 s 的邻接点 b 标 $(s^+, 4)$。如图 5-11（a）所示。

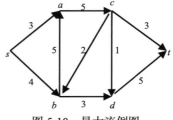

图 5-10　最大流例图

（3）对与 a 相邻的点 c，标 $(a^+, 3)$；与 b 相邻的点 d，标 $(b^+, 3)$；与 c 相邻的点 t，标 $(c^+, 3)$，此时 $\delta_t=3$，同时得增广链 $sact$。如图 5-11（b）所示。

（4）将边 (s, a)、(a, c)、(c, t) 的流量增加 $\delta_t=3$，再去掉各点（除 s 点）的标号，得图 5-11（c）。

（5）图 5-11（c）重新标号得图 5-11（d），路 $sbdt$ 为增广链，$\delta_t=3$。

（6）再将此路中各边的流量增加 3 后删去标号得图 5-11（e）。

（7）同理由图 5-11（e）得图 5-11（f），再得图 5-11（g），由图 5-11（g）得最大流 $f_v=7$。

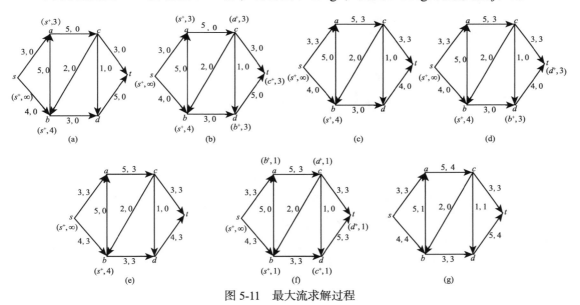

图 5-11　最大流求解过程

5.7.4　最小费用最大流问题

最小费用最大流（或称最小代价最大流）问题是考虑在最大流的基础上使其费用最小，类似这样的实际问题很多。例如，在考虑物资运送问题时，如果已知每条弧运送单位物资的费用，那么怎样运送，才能得到最大运输量，并且输送费用最少？这便是所谓最小费用最大流问题。

设一个网络 $\mathbf{G}(\mathbf{V}, \mathbf{E}, \mathbf{C}, \mathbf{A})$，$c_{ij}$ 表示弧 (v_i, v_j) 上的容量，w_{ij} 表示弧 (v_i, v_j) 上的输送单位流量所需的费用，f_{ij} 表示弧 (v_i, v_j) 上的流量，则最小费用流问题可用如下的线性规划问题描述：

$$\min \sum_{(i,\ j)\in E} w(i,\ j)f(i,\ j) \tag{5-15}$$

其中，对所有的弧 $(v_i,\ v_j)$，$f(i,\ j)$ 必须满足下列条件：

$$\sum f(i,\ j)-\sum f(j,\ i)=\begin{cases} f_v, & i=s \\ 0, & i\neq s \\ -f_v, & i=t \end{cases} \tag{5-16}$$

解决最小费用最大流问题，一般有两种方法。

第一种方法是先用最大流算法算出最大流，然后根据弧费用，检查是否有可能在流量平衡的前提下通过调整弧流量，使总费用得以减少? 只要有这个可能，就进行这样的调整。调整后，得到一个新的最大流。然后，在这个新流的基础上继续检查，调整。这样迭代下去，直至无调整可能，便得到最小费用最大流。这一思路的特点是保持问题的可行性(始终保持最大流)，向最优推进。

第二种方法和前面介绍的最大流算法思路相类似，一般首先给出零流作为初始流。这个流的费用为零，当然是最小费用的。然后寻找一条源点至汇点的增流链，但要求这条增流链必须是所有增流链中费用最小的一条。如果能找出增流链，则在增流链上增流，得出新流。将这个流作为初始流看待，继续寻找增流链增流。这样迭代下去，直至找不出增流链，这时的流即为最小费用最大流。这一算法思路的特点是保持解的最优性(每次得到的新流都是费用最小的流)，而逐渐向可行解靠近(直至最大流时才是一个可行解)。

由于第二种方法和已介绍的最大流算法接近，且算法中寻找最小费用增流链，可以转化为一个寻求源点至汇点的最短路径问题，所以这里介绍一种求最小费用流的方法——迭代法。这个方法是由 Busacker 和 Gowan 在 1961 年提出的。其主要步骤如下：

(1)求出从发点到收点的最小费用通路 $P(s,\ t)$，记该通路的弧集合为 $\mathbf{E}(P)$。

(2)对 $P(s,\ t)$ 分配最大可能的流量：$f_0=\min\{c(x,y)\,|\,(x,y)\in\mathbf{E}(P)\}$。对所有的 $(x,y)\in\mathbf{E}(P)$，令 $c(x,\ y)=c(x,\ y)-f_0$；对 $P(s,\ t)$ 上的饱和弧，其单位流费用相应改为 ∞，且当 x 或 $y\neq s$ 或 t 时，将该 $P(s,\ t)$ 上的饱和弧 $(x,\ y)$ 变为反向弧 $(y,\ x)$，令 $c(y,\ x)=f_0$，$w(y,\ x)=-w(x,\ y)$。

(3)在这样构成的新网络中，重复上述步骤(1)和步骤(2)，直到从发点到收点的全部流量等于 f_v 为止(或者再也找不到从 s 到 t 的最小费用道路)，此时即为最小费用最大流。

例：求图 5-12(a)网络中的最小费用流。图中每弧上第一个数字是容量 c_{ij}，第二个数字是单位流费用 w_{ij}。

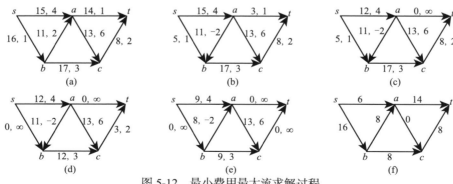

图 5-12 最小费用最大流求解过程

解：(1)求 s 到 t 的最小费用通路 $sbat$，如图 5-12(a)所示，单位费用和 $w_{sb}+w_{ba}+w_{at}=1+2+1=4$；本路径中可分配的最大流 $f_0=11$。弧 (b, a) 饱和；此时流量总费用为 $4×11=44$。

(2)在上述最小费用通路中的每弧的 c_{ij} 中减去 11，去掉弧 (b, a)，作反向弧 (a, b)，且 $C(a, b)=f_0$，$w(a, b)= -2$，如图 5-12(b)所示；在新网络中求最小费用通路 sat，$w_{sa}+w_{at}=5$，$f_0=3$，弧 (a, t) 饱和；此时流量总费用=原费用+新增费用=44+5×3=59。

(3)在 sat 通路中，每弧的容量减 3，$w_{at}=∞$，如图 5-12(d)所示。在新网络中求最小费用通路 $sbct$，单位流费用和为 6，$f_0=5$，弧 (s, b) 饱和；此时流量总费用=原费用+新增费用 $=59+6×5=89$。

(4)在 $sbct$ 通路中，每弧的容量减 5，$w_{sb}=∞$，如图 5-12(e)所示。在新网络中求最小费用通路 $sabct$，单位流费用和为 $4+(-2)+3+2=7$，$f_0=3$，弧 (c, t) 饱和；此时流量总费用=原费用+新增费用=89+3×7=110。

(5)在 $sabct$ 通路中，每弧的容量减 3，$w_{ct}=∞$，如 5-12 图(f)所示。在(f)中再也找不到 s 到 t 的最小费用通路，算法结束。

综合以上结果，网络中流的分配如图 5-12(f)所示。于是从 s 到 t 的流为 $f_v=11+3+5+3=22$。最小费用为 110。

5.8 线性参考系统与动态分段技术

在传统的地理信息系统中，线要素用抽象的二维坐标点对来表示，这种静态的表示方法比较方便进行精确的定位和有效的长度、距离等几何形态的计算，但不利于将线性要素作为一个整体进行操作，也难以描述地理现象沿线的变化情况。现实生活中，许多地理位置就是作为沿线要素的事件记录，如某一交通事故发生在高速公路第 32 个路口向西 500m 处。过于精确的位置坐标数字对人们是没有实用意义的，点或线的相对位置则可以一目了然地帮助我们获取想要的信息。

5.8.1 线性参考系统

线性参考系统一般包括 3 个部分：线性参考方法、线性网络和线性分布事件。线性参考方法(linear referencing method, LRM)是通过确定线性特征上的任意未知点到已知点的距离和方向，从而确定未知点位置的方法(Vonderohe et al., 1997)。未知要素的位置信息可由已知线性要素的位置信息及其相对位置关系加以表示或量测。线性参考还可以在不把线性要素分割成不同分段的情况下，为线性要素的每一个部分关联不同的属性值，这样大大简化了数据记录，并且能直观看到线性要素的部分属性。

线性参考系统一般涉及以下几个基本概念。

1)路径及测量值

路径是指任意的线性物体，如匝道、桥梁、隧道等，它有一个唯一的识别码(路径标示符)和一个测量系统。路径测量值是指在线性参考中线性要素上的值，它表示与线性要素起点位置相关的一个位置点，或线性要素上的一些点，但不是 x，y 坐标点。测量值常用于地图事件中，如线性要素的距离、时间或地址。

2)路径位置

描述沿着一条路径的一个离散位置(点)或者一条路径的一个部分(线)。一个点的路径位置用一个测量值（M 值）来描述，如"路径 400030 上 100m 处"。一条线的路径位置用两个 M 值"从_"和"至_"来描述，如"路径 400030 从 0m 至 90m 段"。

3）路径事件

当路径位置及其相关联的属性被存放在一张表上时，即被称为路径事件或事件。一个路径事件表至少包含两个字段：一个路径标示符及一个 M 值。路径事件可分为点事件、线事件和连续事件。

点事件描述路径中某一个精确的点。道路上交通事故发生点、铁路线上沿路的标志点、公共汽车路线上的站点、管线上可提取的站点都是点事件的例子。点事件用一个单一的 M 值来描述它们的位置。

线事件描述路径上的某一个部分，如软基处理路段、路面铺设、桥的箱梁安装。线事件用两个值（两端的端点值）来描述它们的位置。

5.8.2 动态分段技术

动态分段（dynamic segmentation，DS）的思想是由美国威斯康星交通厅戴维弗莱特先生于 1987 年首先提出的，是一种新的线性特征的动态分析、查询、显示和绘图技术。它不是在线状要素沿线上某种属性发生变化的地方进行物理分段，而是在传统的 GIS 数据模型的基础上利用线性参考系统的思想及算法，通过建立一种比"弧段–节点"数据模型高级的"动态段–动态节点"模型，将属性和它对应的线状要素位置存储为独立的事件属性表（事件表），在分析、显示、查询和输出时，直接依据事件属性表中的距离值对线性要素进行动态逻辑分段，动态的计算出属性数据的空间位置，不必随每个属性集的分段不同来修改对应的二维空间中的 X，Y 坐标数据，是一种动态地完成各种属性数据集的显示、分析及绘图的方法。

简单地说，动态分段是：在地图上动态显示线性参考要素的过程，是线性参考技术的应用。它在不改变要素原有空间数据结构的条件下，建立线性要素上任意路段与多重属性信息之间的关联关系。

动态分段技术能很好地将线性特征、地理坐标与线性参照系统结合，可以极大地增强线性特征的处理功能，因而广泛应用于公路、铁路、河流等线性特征的数据采集、路面质量管理、公共交通系统管理、河流管理、航海路线模拟及通信和分配网络（如电网、电话线路、电视电缆、给排水管）模拟等领域。

5.9　地　址　匹　配

地址匹配实质是对地理位置的查询，涉及地理的编码。地址匹配与其他网络分析功能结合起来，可以满足实际工作中复杂的分析要求。所需输入的数据，包括地址表、含地址范围的街道网络及待查询地址的属性值。

第 6 章 三维地形分析

三维地形分析是基于数字地面模型进行地形分析的一种空间分析技术。利用三维基础地形数据生成三维地形透视图，模拟真实环境，进行三维空间分析，是当代地理信息系统的一个重要内容。三维地形分析还可应用到其他领域，如降雨量分析、土壤酸碱度分析、气温分析等。

本章主要介绍三维地形分析的常用方法，包括数字地面模型的表示及构建方法、各种地形因子的计算、剖面分析、通视分析、淹没分析等。

6.1 DTM 及其表示方法

地理空间实体是三维的，但人们一般习惯于在二维地理空间上描述并分析地面特性的空间分布，如专题图大多是平面地图。数字地面模型(digital terrain model，DTM)是 20 世纪 50 年代由美国 MIT 摄影测量试验室主任米勒(Miller)首次提出的，之后又相继出现了许多意思相近的术语，如德国的 DHM(digital height model)、英国的 DGM(digital ground model)、美国地质测量局(USGS)的 DTEM(digital terrain elevation model)、DEM(digital elevation model)等，这些模型都是对某一种或多种地面特性空间分布的数字描述，是叠加在二维地理空间上的一维或多维地面特性向量空间，其本质共性是二维地理空间定位和数字描述。可用如下数学模型描述：

$$K_p = f_k(u_p, \ v_p) \quad (k=1,2,3,\cdots, \ m ; \ p=1,2,3, \ \cdots, \ n) \tag{6-1}$$

式中，K_p 为第 p 号地面点(可以是单一的点，但一般是某点极其微小邻域所划定的一个地表面元)上的第 k 类地面特性信息的取值；$(u_p, \ v_p)$ 为第 p 号地面点的二维坐标，可以是采用任一地图投影的平面坐标，或者是经纬度和矩阵的行列号等；$m(m{\geqslant}1)$ 为地面特性信息类型的数目；n 为地面点的个数。当上述函数的定义域为二维地理空间上的面域、线段或网络时，n 趋于正无穷大；当定义域为离散点集时，n 一般为有限正整数。例如，假定将土壤类型编作第 I 类地面特征信息，则数学地面模型的第 i 个组成部分为

$$I_p = f(u_p, \ v_p) \quad \left(p=1,2,3, \ \cdots, \ n \right) \tag{6-2}$$

DTM 主要有以下 3 种表示方法。

1) 数学分块曲面表示法

采用局部拟合方法，将地表复杂表面分成若干块，每块用一种数学函数，如傅里叶级数高次多项式、随机布朗运动函数等，以连续的三维函数高平滑度地表示复杂曲面，并使函数曲面通过离散采样点。这种近似数学函数表示的 DTM 广泛应用于复杂表面模拟的机助设计系统。

2) 规则格网表示法

用正方形或矩形、三角形等规则网格将区域空间切分为规则的格网单元，每个格网单元对应一个数值。数学上可以表示为一个矩阵，在计算机实现中则是一个二维数组。每个格网单元或数组的一个元素对应一个高程值。

这种方法是把 DTM 表示成高程矩阵，如下所示：

$$\text{DTM}=\{H_{ij}\} \quad (i=1, 2, \cdots, m-1, m; j=1, 2, \cdots, n-1, n) \tag{6-3}$$

这种高程矩阵可以很容易地用计算机进行处理，特别是在栅格数据结构的地理信息系统中。它还可以很容易地计算等高线、坡度坡向、山坡阴影和自动提取流域地形，使得它成为 DEM 最广泛使用的格式，目前许多国家提供的 DEM 数据都是以规则格网的数据矩阵形式提供的。

3) 不规则三角网表示法

尽管规则格网 DEM 在计算和应用方面有许多优点，但也存在许多难以克服的缺陷。

(1) 在地形平坦的地方，存在大量的数据冗余。

(2) 在不改变格网大小的情况下，难以表达复杂地形的突变现象。

(3) 在某些计算，如通视问题，过分强调网格的轴方向。

不规则三角网(triangulated irregular network，TIN)是另外一种表示数字高程模型的方法(Peuker et al.，1978)，由连续的三角面组成，三角面的形状和大小取决于不规则分布的测点，或采样点的位置和密度。不规则三角网与高程矩阵方法不同之处是随地形起伏变化的复杂性而改变采样点的密度和决定采样点的位置，因而它能够避免地形平坦时规则格网方法带来的数据冗余，同时在计算(如坡度)效率方面又优于纯粹基于等高线的方法。

TIN 模型根据区域有限个点集将区域划分为相连的三角面网络，区域中任意点落在三角面的顶点、边上或三角形内。如果点不在顶点上，该点的高程值通常通过线性插值的方法得到(在边上用边的两个顶点的高程，在三角形内则用三个顶点的高程)。所以 TIN 是一个三维空间的分段线性模型，在整个区域内连续但不可微。

TIN 的数据存储方式比格网 DEM 复杂，它不仅要存储每个点的高程，还要存储其平面坐标、节点连接的拓扑关系，三角形及邻接三角形等关系。TIN 拓扑结构的存储表达方式很多，一个简单的记录方式是：对于每一个三角形、边和节点都对应一个记录，三角形的记录包括三个指向它三个边的记录的指针；边的记录有四个指针字段，包括两个指向相邻三角形记录的指针和它的两个顶点的记录的指针；也可以直接对每个三角形记录其顶点和相邻三角形(图 6-1)。每个节点包括三个坐标值的字段，分别存储 X，Y，Z 坐标。这种拓扑网络结构的特点是：对于给定一个三角形查询其三个顶点高程和相邻三角形所用的时间是定长的，在沿直线计算地形剖面线时具有较高的效率。当然可以在此结构的基础上增加其他变化，以提高某些特殊运算的效率，如在顶点的记录里增加指向其关联的边的指针。

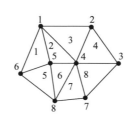

图 6-1 三角网的一种存储方式

6.2 不规则三角网的构建

不规则三角网的构网方法有多种，不同方法构网的结果不完全相同。如图 6-2 所示，(a)

中的离散点可能构成(b)、(c)、(d)不同的网形。从理论上讲，三角网的建立应基于最佳三角形的条件，即应尽可能保证每个三角形是锐角三角形或三边的长度近似相等，避免出现过大的钝角和过小锐角。

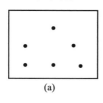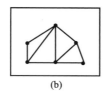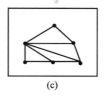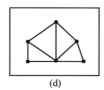

<table>
<tr><td>(a)</td><td>(b)</td><td>(c)</td><td>(d)</td></tr>
</table>

图 6-2　三角网构网方法

6.2.1　角度判别法建立 TIN

该方法的基本思想是当已知三角形的两个顶点(即一条边)后，利用余弦定理计算备选第三顶点为角顶点的三角形内角的大小，选择最大者对应的点为该三角形的第三顶点，其步骤如下。

(1)将原始数据分块，以便检索所处理三角形邻近的点，而不必检索全部数据。

(2)确定第一个三角形。从几个离散点中任取一点 A，通常可取数据文件中的第一个点或左下角检索格网中的第一个点，在其附近选取距离最近的一个点 B 作为三角形的第二个点，然后对附近的 C_i 利用余弦定理计算 $\angle C_i$。

$$\cos\angle C_i = \frac{a_i^2 + b_i^2 - c^2}{2a_i b_i}, \qquad a_i = BC_i;\ b_i = AC_i;\ c = AB \tag{6-4}$$

(3)三角形的扩展。由第一个三角形往外扩展，将全部离散点构成三角网，并要保证三角网中没有重复和交叉的三角形，其做法是依次对每一个已生成三角形新增加的两边，按角度最大的原则向外进行扩展，并进行是否重复的检测。

向外扩展：若从顶点为 $P_1(x_1,\ y_1)$，$P_2(x_2,\ y_2)$，$P_3(x_3,\ y_3)$ 的三角形的 P_1P_2 边向外扩展，应取直线 P_1P_2 与 P_3 的异侧点。P_1P_2 直线方程为

$$F(x,\ y) = (y_2 - y_1)(x - x_1) - (x_2 - x_1)(y - y_1) = 0 \tag{6-5}$$

若备选点 P 的坐标为 $(x,\ y)$，则当 $F(x,\ y)F(x_3,\ y_3) < 0$ 时，P 与 P_3 在直线 p_1p_2 的异侧，该点可作为备选扩展顶点。

重复与交叉检测：由于任意一边最多只能是两个三角形的公共边，因此只需给每一边记下扩展的次数，当该边的扩展次数超过 2，则该扩展无效；否则扩展才有效。

当所有生成的三角形的新生边均经过扩展处理后，全部离散的数据点被连成了一个不规则的三角网。

6.2.2　Delaunay 三角网构建 TIN

Delaunay 三角网是一系列相连但不重叠的三角形集合，而且这些三角形的外接圆不包含其他任何点，它具有以下特性。

(1)空外接圆性质：保证最邻近的点构成三角形，即三角形的边长之和尽可能最小，且每个 Delaunay 三角形的外接圆不包含面域内其他任何点，该特征已作为创建 Delaunay 三角网的一项判别标准。

(2)最大最小角性质：在由点集 V 中所能形成的三角网中，Delaunay 三角网中三角形的最小内角应尽量最大，即三角形尽量接近等边三角形。

(3)唯一性：对于一个平面点集，其 Delaunay 三角网具有唯一性。

Delaunay 三角网的这些特性使其被公认为在三角剖分中是最优的，它使用原始数据建模，尽可能避免了病态三角网的出现，具有地表重构精度高以及不规则区域数据点分布适应能力强等特点。

Delaunay 三角网的构建过程应遵循如下准则。

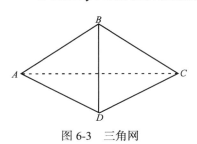

图 6-3　三角网

(1)外接圆优化准则：任何一个 Delaunay 三角形的外接圆的内部不能包含其他任何点(Delaunay, 1934)，Shamos 和 Hoey 在 1975 年给予了证明。

(2)Lawson 在 1972 年提出了最大化最小角原则，每两个相邻的三角形构成凸四边形的对角线，在相互交换后，六个内角的最小角不再增大，也就是说，这条对角线不可替换，此时这个三角网最优。如图 6-3 所示，剖分后所形成的三角网是△ABD 和△BCD，而不能是△ABC 和△ADC。

Lawson 在 1977 年提出的一个局部优化过程(local optimization procedure，LOP)方法，运用 Delaunay 三角网的性质对由两个有公共边的三角形组成的四边形进行判断：如果其中一个三角形的外接圆包含第四个顶点，则将这两个四边形的对角线交换。

这里介绍两种建立 Delaunay 三角网的方法：一种是先构成梯森多边形再连三角网，另一种是根据离散点直接形成 Delaunay 三角网。

Delaunay 三角网是梯森多边形的伴生图形，它是通过连接具有公共梯森顶点的 3 个梯森多边形的生成点而生成的，这个公共顶点就是 Delaunay 三角形外接圆的圆心。如果已经生成梯森多边形，根据梯森多边形的性质，每个多边形内仅有一个发生点，将这些发生点连起来即形成 Delaunay 三角网。

直接 Delaunay 三角网生成算法可分为 3 类：逐点插入算法、分治算法和三角网增长算法。

1)逐点插入算法

该算法是目前 Delaunay 三角网的通用算法，其实现的基本步骤如下。

(1)定义一个包含所有数据点的初始多边形。

(2)在初始多边形中建立初始三角网，迭代以下步骤(3)与(4)，直到所有数据点都被处理。

(3)插入一个数据点 P，在三角网中找出包含 P 的三角形 t，把 P 与 t 的三个顶点相连，生成 3 个新的三角形。

(4)用 Lawson 设计的 LOP 算法优化三角网，以保证生成 Delaunay 三角网。

2)分治算法

Shamos 和 Hoey 提出了分治算法思想，Lewis 和 Robinson 将分治算法思想用于生成 Delaunay 三角网，Lee 和 Schachter 又在此基础上进行了改进和完善，其实现步骤如下。

把点集 **V** 以横坐标为主、纵坐标为辅按升序排序，递归进行以下步骤。

(1)把点集 **V** 分成近似相等的两个子集 $\mathbf{V}_L$ 和 $\mathbf{V}_R$。

(2)在 $\mathbf{V}_L$ 和 $\mathbf{V}_R$ 中生成三角网。

(3)用 Lawson 设计的 LOP 算法优化三角网,以保证生成 Delaunay 三角网。

(4)找出连接 $\mathbf{V}_L$ 和 $\mathbf{V}_R$ 中两个凸壳的底线和顶线。

(5)由底线至顶线合并 $\mathbf{V}_L$ 和 $\mathbf{V}_R$ 中的两个三角网。

可见,分治算法的基本思路是使问题简化,把点集划分到足够小,使其易于生成三角网,然后把子集中的三角网进行合并,并用 LOP 算法保证其成为 Delaunay 三角网。该算法缺点在于当数据量很大时,递归划分子集过程将占用很大内存,时间效率低而且空间性能也差。

3)三角网增长算法

三角网增长算法的基本思路是,先找出点集中相距最近的两点连接成一条 Delaunay 边,然后按 Delaunay 三角网的判别法则找出包含此边的 Delaunay 三角形的另一端点,依次处理所有新生成的边,直至最终完成。其生成的基本步骤如下。

(1)以任一点为起始点。

(2)找出与起始点最近的数据点相互连接形成 Delaunay 三角形的一条边作为基线,按 Delaunay 三角网的外接圆优化准则,找出与基线构成 Delaunay 三角形的第三点,在找第三点的过程中要逐点比较,一般取第三点到前两点的距离平方和最小的参考点作为候选点,以这三点作一外接圆,然后判断周围是否有落入该外接圆的参考点,如果有,则该三角形不是 Delaunay 三角形,如图 6-4 中的三角形△412,用周围的其他点作为候选点,重新作外接圆,重新判断周围是否有参考点落入该外接圆内,一直找到没有其他参考点落入外接圆内,该三角形就是 Delaunay 三角形,如△312。

(3)基线的两个端点与第三点相连,成为新的基线。

(4)迭代(2)和(3)步,直到所有基线都被处理。

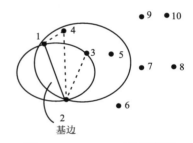

图 6-4　Delaunay 三角形判断

以上介绍的计算中对点集中点和边没有作任何限制,这样生成的三角网叫做无约束 Delaunay 三角网。有时需要对三角网作一定的约定,如对表示地形的离散点集计算 Delaunay 三角网时,必然要求三角网的边不能横穿山脊和山谷,或者说,作为山脊或山谷抽样点间的连线必须是最终三角网中的边。将满足预定条件的三角网叫做"约束三角网"。约束条件可以多种多样,一般来讲,约束三角网可以从无约束三角网改造而来,但改造后的三角网通常不再是 Delaunay 三角网。

6.3　地形因子计算

6.3.1　曲面曲元曲率

对于正方形格网,其曲面曲率是在格网中心作趋势面 $z=f(x, y)$ 的法截面,它们是格网面元趋势面的最大曲率和最小曲率的平均值,称为格网面元曲率,记为 GC。

$$\mathrm{GC}=\frac{1}{2}\left(\frac{1}{R_{\max}}+\frac{1}{R_{\min}}\right)=\frac{1}{2}\left(\frac{\left(1+q^2\right)r-2pqs+\left(1+p^2\right)t}{\left(1+p^2+q^2\right)^{\frac{3}{2}}}\right) \tag{6-6}$$

式中, $p = \dfrac{\partial z}{\partial x}$; $q = \dfrac{\partial z}{\partial y}$; $r = \dfrac{\partial^2 z}{\partial x^2}$; $t = \dfrac{\partial^2 z}{\partial xy^2}$; $s = \dfrac{\partial^2 z}{\partial x \partial y}$; $R_{\max}$ 为最大曲率半径; $R_{\min}$ 为最小曲率半径; s 为格网面积。

水文研究中经常要计算表面曲率, 用于确定在一个单元位置的表面是凸面或凹面。常用的方法是以二阶多项式方程来拟合一个 3×3 窗口, 即

$$z = Ax^2 y^2 + Bx^2 y + Cxy^2 + Dx^2 + Ey^2 + Fxy + Gx + Hy + I \tag{6-7}$$

式中, 系数 $A \sim I$ 可由 3×3 窗口中的高程值和网格单元大小估算, 由这些参数可计算出:

$$剖面曲率 = -2\left[\left(DG^2 + EH^2 + FGH\right)\big/\left(G^2 + H^2\right)\right] \tag{6-8}$$

$$平面曲率 = 2\left[\left(DH^2 + EG^2 - FGH\right)\big/\left(G^2 + H^2\right)\right] \tag{6-9}$$

$$表面曲率 = -2\left(D + E\right) \tag{6-10}$$

剖面曲率是沿着最大坡度方向的估算值, 平面曲率是与最大坡度方向呈直角方向的估算值。表面曲率则是两者的差值, 即

$$表面曲率 = 剖面曲率 - 平面曲率 \tag{6-11}$$

若单元曲率为正值代表该单元表面向上凸出, 为负值代表表面下凹, 0 代表表面为平面。

6.3.2 坡度和坡向

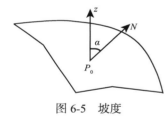

图 6-5 坡度

1) 坡度

坡度是地形描述的常用参数, 是地面特定区域高度变化比率的量度。广泛应用于厂矿选址、工程设施的构筑、地貌分析、农林业等诸多领域。空间曲面的坡度是点位的函数, 曲面上不同位置的坡度是不相等的(除非曲面为平面), 给定点位的坡度是曲面上该点的法线方向与垂直方向之间的夹角, 如图 6-5 所示。由数学分析可知, 对曲面 $z = f(x, y)$, 其给定点 (x_0, y_0, z_0) 的坡度为

$$\alpha = \arccos\left[f_x^2\left(x_0, y_0\right) + f_y^2\left(x_0, y_0\right) + 1\right]^{-\frac{1}{2}} \tag{6-12}$$

由坡度的概念可知 $0 \leqslant \alpha \leqslant 90°$, 故坡度值比较容易确定。

例如, 对于特殊的三角形格网, 设其平面模型为 $z = a_0 + a_1 x + a_2 y$, 由于平面上坡度处处相等, 故可直接计算坡度如下:

$$\alpha = \arccos\left(a_1^2 + a_2^2 + 1\right)^{-\frac{1}{2}} \tag{6-13}$$

对于正方形网格, 若曲面模型为双线性多项式 $z = a_1 + a_2 x + a_3 y + a_4 xy$ 拟合函数, 则其上任意一点的坡度为

$$\alpha = \arccos\left[\left(a_2 + a_4 y\right)^2 + \left(a_3 + a_4 x\right)^2 + 1\right]^{-\frac{1}{2}} \tag{6-14}$$

实际工作中, 点上的坡度并无多大用处, 通常总是计算基本格网单元上的平均坡度。更常用的方法是在基本格网单元上用最小二乘法逼近的方法拟合一个平面, 然后进行计算。

对于矢量数据的坡度计算, 原苏联著名科学家伏尔科夫在 20 世纪 50 年代提出了等高线计算坡度法, 该方法定义地表坡度为

$$\tan\alpha = h\sum l/p \tag{6-15}$$

式中，p 为测区面积；Σl 为测区等高线总长度；h 为等高距。

　　该方法求出的是一个区域内坡度的平均值，并假设量测区内等高距相等。但对于测区较大或等高距不等时，该方法会具有较大误差。一种改进的方法是基于统计学理论，该方法是基于地图上地形坡度越大等高线越密，反之，坡度越小等高线越稀这一地形地貌表示的基本逻辑，将所研究的区域划分为 $m\times n$ 个矩形子区域(格网)，计算各子区域内等高线的总长度，再根据回归分析的方法统计计算出单位面积内的等高线长度值与坡度值之间的回归模型，然后将等高线的长度值转换成坡度值。这种算法的最大优点是可操作性强，且不受数据量的限制，能够处理海量数据。

　　2) 坡向

　　坡度反映斜坡的倾斜程度，坡向反映斜坡所面对的方向。当基于 DEM 计算坡向时，通常定义为：过格网单元所拟合的曲面片上某点的切平面的法线正方向在平面上的投影与正北方向的夹角，即法方向水平投影向量的方位角，如图 6-6 所示。

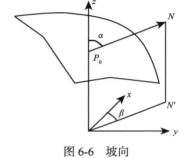

图 6-6　坡向

　　设曲面 $z=f(x, y)$ 在点 (x_0, y_0, z_0) 的切平面方程为

$$z = Ax + By + C = f_x(x_0, y_0)x + f_y(x_0, y_0)y + C$$

　　则该点的坡向为

$$\beta = \arctan\left[f_x(x_0, y_0)/f_y(x_0, y_0)\right] \tag{6-16}$$

β 值在 $(-\pi/2, 2\pi)$，而坡向的取值应在 $(0, 2\pi)$，其对应关系如表 6-1 所示。

表 6-1　坡向取值表(柯正谊等，1993)

$f_x(x_0, y_0)$	$f_y(x_0, y_0)$	β	坡向
>0	>0	$[0, \pi/2]$	β
>0	<0	$[-\pi/2, 0]$	$\beta+2\pi$
<0	>0	$[-\pi/2, 0]$	$\beta+\pi$
<0	<0	$[0, \pi/2]$	$\beta+\pi$
≈ 0	>0	0	$\pi/2$
>0	≈ 0	$\pi/2$	0
≈ 0	<0	0	$3\pi/2$
<0	≈ 0	$-\pi/2$	π

　　表中 "$\approx$" 意味着当在 A(或 B)的绝对值很小时，其与计算时的数值要求精度有关，一般地说，当 A 或 B 的绝对值足够小时，其 β 值趋向于 $\pm\pi/2$，因此，可根据情况设定一个值，当 $|A|(|B|)<\xi$ 时，就可以认为 $|A|(|B|)=0$。

　　无论坡度还是坡向，在一个很小的范围内计算都只有理论上的意义，但计算的原理是一样的。

　　对于三角形格网，设平面模型为 $z=a_0+a_1x+a_2y$，由于平面上坡向处处相等，故可直接计算坡向如下：

$$\beta = \arctan\frac{a_1}{a_2}$$

对整个 DEM，其坡向可定义为每个三角形格网坡向的平均值。

对于矢量数据如等高线数据的坡向计算，可以将矢量数据转换成格网数据，再由格网数据计算坡向，也可以直接从矢量数据计算坡向。

龚健雅(2003)给出基于等高线矢量数据的坡向计算，方法如下。

(1)等高线方向线的计算。等高线方向线即是根据等高线的数据点拟合该等高线的最小二乘直线，设等高线方向线为 $Ax+By+C=0$，根据等高线上的数据拟合上述系数。

(2)坡向的计算。等高线方向线坡向即窗口内所有单根等高线方向线的法线按等高线长度加权平均的斜率。

等高线方向线确定之后，等高线方向的斜率为 $K=-B/A$，则其法线的倾角 β(即坡向)与等高线方向线的倾角 α 相差为 $\pm90°$，从而可以得到等高线方向线的坡向。

6.3.3 地表粗糙度

地表粗糙度是反映地表起伏变化与侵蚀程度的一个指标，定义为地表单元的表面积 S 与投影面积 S_p 之比，用 C_Z 表示，即

$$C_z = \frac{S}{S_p} \tag{6-17}$$

C_Z 越大，地表越粗糙，反之则越平坦。当 $C_Z=1$ 时，粗糙度最小，表示该表面为平面。

但是，根据这种定义，对倾角不同的平面，由于其倾角不同，相应的投影面积不同，从而所求出的粗糙度不同，这显然不妥。

在实际应用中，对于正方形格网，以格网顶点空间对角线 L_1 和 L_2 的中点高程差值的绝对值 D 来表示地表粗糙度，如图 6-7 所示，其计算公式为

$$D = \left| \frac{(Z_{i+1,j+1} + Z_{i,j})}{2} - \frac{(Z_{i,j+1} + Z_{i+1,j})}{2} \right| = \frac{1}{2} \left| Z_{i+1,j+1} + Z_{i,j} - Z_{i,j+1} - Z_{i+1,j} \right| \tag{6-18}$$

D 越大，说明 4 个顶点的起伏变化也越大，即地表表面越粗糙，反之越平坦。

三角形格网的粗糙度可用顶点的起伏变化表示(图 6-8)，其粗糙度定义为该顶点的高程与相邻点高程差的绝对值之和除以该顶点相邻顶点的个数。例如，对于图 6-8 中的 P 点，其粗糙度定义为

$$C_Z(P) = (|Z_P-Z_A|+|Z_P-Z_B|+|Z_P-Z_C|+|Z_P-Z_D|+|Z_P-Z_E|+|Z_P-Z_F|+|Z_P-Z_G|)/7 \tag{6-19}$$

式中，Z_P 为 P 点的高程。

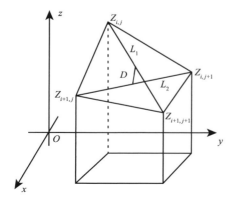

图 6-7 正方形格网地表粗糙度

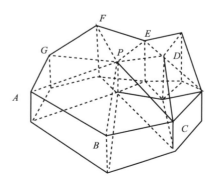

图 6-8 三角形格网地表粗糙度

6.3.4　格网面元凹凸系数

正方形格网面元的 4 个顶点中，最大高程顶点与其对角点的连线称为格网面元主轴，主轴两端点高程平均值与格网面元平均高程的比，称为格网面元的凹凸系数，记为 C_D，即

$$C_D = \frac{(h_{\max} + h'_{\max})\big/2}{\overline{h}} \tag{6-20}$$

式中，$h_{\max}$ 为最高格网点高程；$h'_{\max}$ 为最高格网点对角格网点的高程；$\overline{h}$ 为格网点面元四顶点高程的平均值。

当 $C_D > 0$ 时，格网面元上的地形表面为凸形坡；当 $C_D < 0$ 时，格网面元上的地形表面为凹形坡；当 $C_D = 0$ 时，格网面元上的地形表面为平面坡。如图 6-9 所示。

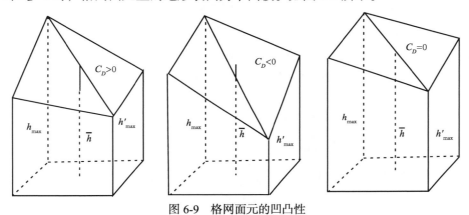

图 6-9　格网面元的凹凸性

6.3.5　高程变异系数

高程包括平均高程与相对高程。一个格网单元的平均高程通常定义为格网顶点 $P_k (k=1$，$2，\cdots，L；L=3$ 为三角形格网，$L=4$ 为正方形格网) 的高程平均值，即

$$\overline{z} = \frac{1}{L}\sum_{k=1}^{L} z(P_k) \tag{6-21}$$

格网单元的相对高程定义为格网的平均高程与研究区域某一最低点高程 $z_{\min}$ 之差，即

$$D_z = \overline{z} - z_{\min} \tag{6-22}$$

高程变异系数是反映地表单元格网各顶点高程变化的指标，它以格网单元顶点的标准差与平均高程的比值来表示，即

$$V = \frac{S}{\overline{z}} \tag{6-23}$$

式中，标准差 S 为

$$S = \left[\frac{1}{L}\sum_{k=1}^{L}\left[z(P_k) - \overline{z}\right]^2\right]^{\frac{1}{2}}$$

6.4　剖　面　分　析

剖面是一个假想的垂直于海拔零平面的平面与地形表面相交，并延伸其地表到海拔零平面之间的部分。从几何上来看，剖面就是一个空间平面上的曲边梯形，如图 6-10 所示。

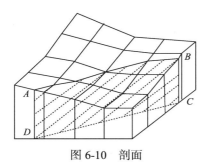

图 6-10　剖面

研究地形剖面，常常以线代面，概括研究区域的地势、地质和水文特征，包括区域内的地貌形态、轮廓形状、绝对与相对高度、地质构造、斜坡特征、地表切割强度和侵蚀因素等。如果在地形剖面上叠加其他地理变量，如坡度、土壤、岩石抗蚀性、植被覆盖类型、土地利用现状等，可以作为土地侵蚀速度研究、农业生产布局的立体背景分析、土地利用规划及工程决策等的参考依据。

求剖面可转化为求剖面线与 DEM 网格交点的平面和高程坐标，由剖面线可绘制地形剖面图。

剖面图的绘制应在格网 DEM 或三角网 DEM 上进行，已知两点的坐标 $A(x_1，y_1)$，$B(x_2，y_2)$，则可以求出两点连线与格网或三角形的交点，以及各交点之间的距离，然后按选定的垂直比例尺和水平比例尺，按距离和高程绘出剖面图。

6.4.1　基于正方形格网的剖面线

设基于正方形格网的 DEM 的格网坐标点为 $\{z_{i, j}\}$，格网间距为 d，DEM 表面表达函数为下列双线性多项式，即

$$z = a_1 + a_2 x + a_3 y + a_4 xy \tag{6-24}$$

可得插值多项式，即

$$z = \sum_{i=1}^{l} \sum_{j=0}^{l} u(x_i，y_i) l_{ij}(x，y)$$

如图 6-11 所示，设剖面线的起点与终点坐标分别为 (i_1, j_1, z_1)、(i_2, j_2, z_2)，且设 $\Delta x = i_2 - i_1$，$\Delta y = j_2 - j_1$，并设 $\Delta x \geq 0$，$\Delta y \geq 0$，又设剖面线与格网纵轴交于 $t_l(l=1，2，\cdots，n)$，与格网横轴交于 $s_k(k=1，2，\cdots，m)$。下面分几种情况计算剖面线上的点的坐标。

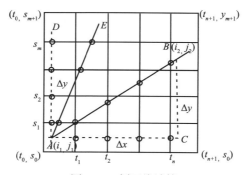

图 6-11　剖面线计算

1）$\Delta x = 0$

此时，剖面线与格网纵轴平行，如图 6-11 中线段 AD，可计算出剖面线与格网横轴的交

点平面坐标为 $(i_1, s_k)(k=1, 2, \cdots, m)$。

设 (i_1, s_k) 的左、右两网格点平面坐标为 (t_0, s_k)，(t_1, s_k)，易计算出其高程坐标，设分别为 z_{kl}，z_{kr}，由于双线性表面在边界上是线性表示，可得高程坐标

$$z_k = \frac{z_{kl} - z_{kr}}{d}(i_1 - t_0) + z_{kl} \tag{6-25}$$

2）$\Delta y = 0$

此时，剖面线与格网横轴平行，如图 6-11 中线段 AC，可计算出剖面线与格网横轴的交点平面坐标为 (t_l, j_1) $(l=1, 2, \cdots, n)$。设 (t_l, j_1) 下、上两网格点平面坐标为 (t_l, s_0)、(t_l, s_1)，易计算出其高程坐标，设分别为 z_{td}，z_{tu}，由于双线性表面在边界上是线性表示的，可得高程坐标为

$$z_k = \frac{z_{td} - z_{tu}}{d}(j_1 - s_0) + z_{td} \tag{6-26}$$

3）$\left|\dfrac{\Delta y}{\Delta x}\right| \leqslant 1$，$\Delta x \neq 0$

如图 6-11 中线段 AB，应求剖面线与格网纵轴的交点，即求线段 AB 的方程与格网纵轴方程的公共解，线段 AB 的方程可写为

$$y = \frac{\Delta y}{\Delta x}(x - i_1) + j_1 \tag{6-27}$$

线段 AB 与格网水平线 $x=t_l$ 的交点坐标为

$$y = \frac{\Delta y}{\Delta x}(t_l - i_1) + j_1 \tag{6-28}$$

交点平面坐标为 $(t_l, y_l)(l=1, 2, \cdots, n)$。

设 $s_j \leqslant y_l < s_{j+1}$，则 (t_l, y_l) 的下、上两网格点平面坐标是 (t_l, s_j)、(t_l, s_{j+1})，易得到其对应的高程坐标，设分别为 $z_{t,j}$，$z_{t,j+1}$，则可得高程坐标为

$$z_k = \frac{z_{k,j+1} - z_{k,j}}{d}(y_l - s_j) + z_{k,j} \tag{6-29}$$

4）$\left|\dfrac{\Delta y}{\Delta x}\right| > 1$，$\Delta x \neq 0$

如图 6-11 中线段 AE，应求剖面线与格网横轴的交点，即求线段 AE 的方程与格网横轴方程的公共解，线段 AE 的方程可写为

$$x = \frac{\Delta x}{\Delta y}(y - j_1) + i_1 \tag{6-30}$$

线段 AB 与格网水平线 $y=s_k$ 的交点坐标为

$$x = \frac{\Delta x}{\Delta y}(s_k - j_1) + i_1 \tag{6-31}$$

交点平面坐标为 $(x_k, s_k)(k=1, 2, \cdots, n)$。设 $t_j \leqslant x_k < t_{j+1}$，则 (x_k, s_k) 的左、右两网格点平面坐标是 (t_j, s_k)、(t_{j+1}, s_k)，易得到其对应的高程坐标，设分别为 $z_{k,j}$，$z_{k,j+1}$，则可得高程坐标为

$$z_k = \frac{z_{k,\,j+1} - z_{k,\,j}}{d}\left(x_k - t_j\right) + z_{k,\,j} \tag{6-32}$$

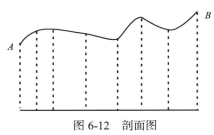

图6-12　剖面图

5）剖面线交点内插

对于上述计算得到的交点坐标值，以离起始点的距离从小到大排序，然后进行插值计算，最后选择一定的垂直比例尺和水平比例尺，以各点的高程和到起始点的距离为纵横坐标绘制剖面图，如图6-12所示。

剖面可以用来研究 DEM 的误差。剖面方法计算DEM 误差即是对某个剖面，将量测计算的高程点和实际的高程点进行比较。剖面可沿 x 方向、y 方向或任意方向，可以用数学方法（如传递函数法或协方差函数法）计算任意剖面的误差，也可以用实际剖面和内插剖面相比较的方法估算高程误差。

6.4.2　基于 TIN 的剖面线

基于 TIN 的剖面线求解思想与基于格网的剖面线求法类似，只是这里是求过起点与终点的垂面与 DEM 表面的交线，实际上是计算垂面与相交三角形边的交点，如图6-13所示。

求解基于 TIN 的剖面线的基本方法如下。

（1）建立过起点与终点的垂面。

（2）求垂面与 DEM 表面格网交线的交点坐标。

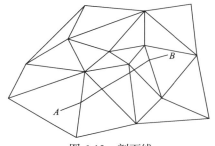

图6-13　剖面线

（3）顺序连接交点坐标，内插交点间的点，将交点与内插点顺序相连，即得到剖面线。

基于 TIN 的剖面线与 TIN 格网的构成方式、DEM 表面表达模型有关，基于 TIN 的剖面图的绘制方法与基于正方形格网的剖面图方法相同。

6.5　通 视 分 析

通视分析是指以某一点为观察点，研究某一区域内的通视能力。通视分析应用很广泛，典型的例子如观察哨所的设定，观察哨所应设在能监视某一感兴趣区域的位置，视线不能被地形挡住，与此类似的问题还有森林中火灾监测点的设定，无线发射塔的设定等。有时还可能对不可见区域进行分析，如低空侦察飞机在飞行时，要尽可能选择雷达盲区以躲避敌方雷达的捕捉。

通视问题可以分为 5 类（Lee，1991）。

（1）已知一个或一组观察点，找出某一地形的可见区域。

（2）欲观察到某一区域的全部地形表面，计算最少观察点数量。

（3）在观察点数量一定的前提下，计算能获得的最大观察区域。

（4）以最小代价建造观察塔，要求全部区域可见。

（5）在给定建造代价的前提下，求最大可见区。

根据问题输出维数的不同，通视可分为点的通视、线的通视和区域的通视，如图6-14所示。点的通视是指计算视点与待判定点之间的可见性问题；线的通视是指已知视点，计算视点的视野问题；区域的通视是指已知视点，计算视点能可视的地形表面区域集合的问题。基于格网 DEM 模型与基于 TIN 模型的 DEM 计算通视的方法差异很大，下面关于通视的介绍是基于格网 DEM 模型的。

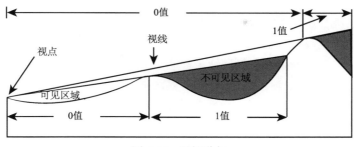

图 6-14　通视分析

6.5.1　点对点通视

基于格网 DEM 的通视问题，为了简化问题，可以将格网点作为计算单位。这样点对点的通视问题简化为离散空间直线与某一地形剖面线的相交问题。

已知视点 V 的坐标为 (x_0, y_0, z_0)，以及 P 点的坐标 (x_1, y_1, z_1)。DEM 为二维数组 $Z[M][N]$，则 V 为 $(m_0, n_0, Z[m_0, n_0])$，P 为 $(m_1, n_1, Z[m_1, n_1])$。计算过程如下。

（1）使用 Bresenham 直线算法，生成 V 到 P 的投影直线点集 $\{x, y\}$，$K=\|\{x, y\}\|$，并得到直线点集 $\{x, y\}$ 对应的高程数据 $\{Z[k], (k=1, \cdots, K-1)\}$，这样形成 V 到 P 的 DEM 剖面曲线。

（2）以 V 到 P 的投影直线为 X 轴，V 的投影点为原点，求出视线在 X–Z 坐标系的直线方程。

$$H[k] = \frac{Z[m_0][n_0] - Z[m_1][n_1]}{K} \cdot k + Z[m_0][n_0] \quad (0 < k < K) \tag{6-33}$$

式中，K 为 V 到 P 投影直线上离散点数量。

（3）比较数组 $H[k]$ 与数组 $Z[k]$ 中对应元素的值，如果 $\forall k, k \in [1, k-1]$，存在 $Z[k] > H[k]$，则 V 与 P 不可见，否则可见。

6.5.2　点对线通视

点对线的通视，实际上就是求点的视野。应该注意的是，对于视野线之外的任何一个地形表面上的点都是不可见的，但在视野线内的点有可能可见，也可能不可见。基于格网 DEM 点对线的通视算法如下。

（1）设 P 点为一沿着 DEM 数据边缘顺时针移动的点，与计算点对点的通视相仿，求出视点到 P 点投影直线上点集 $\{x, y\}$，并求出相应的地形剖面 $\{x, y, Z(x, y)\}$。

（2）计算视点至每个 $p_k \in \{x, y, z(x, y)\}$，$k = 1, 2, \cdots, k-1$ 的连线与 Z 轴的夹角 β_k：

$$\beta_k = \arctan \left| \frac{k}{Z_{pk - Z_{vp}}} \right| \tag{6-34}$$

（3）求得 $\alpha = \min\{\beta_k\}$，α 对应的点就是视点视野线的一个点。

(4)移动 P 点，重复以上过程，直至 P 点回到初始位置，算法结束。

6.5.3　点对区域通视

点对区域的通视算法是点对点算法的扩展。与点到线通视问题相同，P 点沿数据边缘顺时针移动。逐点检查视点至 P 点的直线上的点是否通视。一个改进的算法思想是，视点到 P 点的视线遮挡点，最有可能是地形剖面线上高程最大的点。因此，可以将剖面线上的点按高程值进行排序，按降序依次检查排序后每个点是否通视，只要有一个点不满足通视条件，其余点不再检查。点对区域的通视实质仍是点对点的通视，只是增加了排序过程。

6.5.4　地物可视化模型

在实际应用中，有些可视分析需要考虑地物的高度，这时，可视性的计算方法需要进行相应的改变。如图 6-15 所示，计算在建筑物 A 的顶层所能看到的地面范围，设不可视部分长度为 s，则有

$$s = \frac{v \times \left[(h+t) - (O+tw) \right]}{(H+T) - (h+t)} \tag{6-35}$$

式中，s 为不可视部分的长度；v 为可视部分的长度；H 为建筑物高度；T 为建筑物所在位置的地面高程；h 为中间障碍物的地面高度；O 和 tw 分别为观察者的身高和所在位置的地面高程。

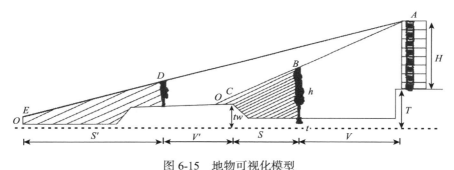

图 6-15　地物可视化模型

6.6　淹　没　分　析

淹没分析需要考虑的因素很多，其中最主要的是洪水特性和受淹区的地形地貌。洪水淹没方式可以分为漫堤式淹没和决堤式淹没两种：前者是堤坝没有溃决，由于洪水水位过高导致的洪水从堤坝顶部进入淹没区；后者是由于堤坝溃决，洪水从溃决处进入淹没区。针对上面两种情况，洪水淹没分析有两种不同的方式来处理：对于漫堤式淹没，通常利用在特定水位条件下，分析洪水会导致多大的淹没范围和多高的水深分布；而对于决堤式淹没，通常是根据某一洪量条件下，分析洪水可能造成多大的淹没范围和水深分布。

目前常用的淹没分析主要还是基于地形数据来实现，常用的地形数据格式包括两大类：一种是 TIN 数据，另一种是基于格网(grid)的 DEM 数据。TIN 数据属于变精度数据，在解决存储空间和表达精度方面有很大的优势，但由于其存储和分析的复杂性，不利于淹没分析。因此，在淹没分折中，通常选择基于格网的 DEM 数据作为分析的数据源。下面分别对给定

洪水水位和给定洪量的两种洪水淹没分析的原理进行介绍。

6.6.1　给定洪水水位的淹没分析

首先确定洪水水源入口，再根据给定的洪水水位，从水源处开始进行格网连通性分析，所有能够与入口处连通的格网单元就是洪水淹没的范围。

对淹没范围内的格网计算水深 W，得到水深分布情况。计算公式为

$$W=H-Z \tag{6-36}$$

式中，H 为洪水水位；Z 为格网单元的高程值。

由于洪水淹没是从洪水水源开始，逐渐向外扩散。也就是说，只有洪水水位高程达到一定程度后，洪水才能从这个地势较高的区域到达另一个洼地。因此，在淹没分析时，需要考虑区域的连通性。

连通分析涉及水流方向、地表径流、洼地连通等多方面的计算。

1. 水流方向

根据地理常识可知，地表水流总是由高往低流动，而且沿着坡度最陡的方向流动，因此，要分析某点的水流方向，可以通过该点的 8 个相邻格网的高程来判断、具体算法如下。

（1）如图 6-16 所示，图中黑色区域表示待判定点，首先从水平、垂直四个方向的格网（灰色格网）高程中找出最大高程点 h_{max1} 和最小高程点 h_{min1}。

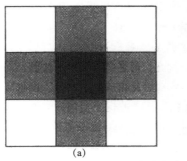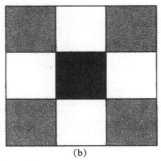

(a)   (b)

图 6-16　水流方向分析示意图

（2）从对角线的四个方向（白色格网）找出最大高程点 h_{max2} 和最小高程点 h_{min2}。

（3）将 h_{max1}、h_{max2} 代入式（6-37）进行比较。

$$\max\left(\frac{h_{max1}-h}{d}, \frac{h_{max2}-h}{\sqrt{2}d}\right) \tag{6-37}$$

式中，d 为 DEM 格网间距；h 为 DEM 中当前点的高程。满足条件的点为当前点的上游点。

（4）将 h_{min1}，h_{min2} 代入式（6-38）进行比较。

$$\max\left(\frac{h_{min1}-h}{d}, \frac{h_{min2}-h}{\sqrt{2}d}\right) \tag{6-38}$$

满足条件的点为当前点的下游点（水流方向点）。

2. 地表径流

能够形成地表径流的地貌形态包括河流及洪水形成的山谷沟渠。河流和山谷属于谷地地貌，可以通过山谷线来判断。山谷线的生成与谷点分布相关。因此，在进行径流分析以前要

先找出该区域的谷脊点。通过谷脊分析得到谷点和脊点分布后，就可以根据谷线的特征获取山谷线，从而得到地表径流路径。其具体方法在第 2 章曲面结构线中已有详述。

3. 洼地连通

洪水淹没的连通分析包括两种情况：第一种是河流沟谷本来就终止于该洼地；第二种是当被淹没的洼地水位到达一定程度时，水从洼地边缘漫出，流向其他较低地区。

(1)对于第一种情况，由于地形洼地是区域地形的集水区域，洼地底点(谷底点)的高程通常小于其相邻点(至少 8 个相邻点)的高程，可以通过对原始 DEM 先进行水流方向矩阵的计算，将结果矩阵中方向值满足下列两个条件的格网点作为洼地底点：①格网点的方向值为负值；②8 个邻域格网点对的水流方向互相指向对方。

(2)对于第二种情况，处理方法是先将洼地填平。由自然地形分析不难知道，地形洼地一般有 3 种，它们分别是单格网洼地区域、独立洼地区域和复合洼地区域，对于这三种洼地区域分别采用以下 3 种方法进行填平。

单格网洼地的填平方法。数字地面高程模型中的单格网洼地是指数字地面高程模型中的某一点的 8 个邻域点的高程都大于该点的高程，并且该点的 8 个邻域点至少一个点是该洼地的边缘点(即洼地区域集水流水的出口)，对于这样的单格网洼地可直接赋予其邻域格网中的最小高程值或邻域格网高程的平均值。

独立洼地区域的填平方法。独立洼地区域是指洼地区域内只有一个谷底点，并且该点的 8 个邻域点中没有一个是该洼地区域的边缘点。对独立洼地区域的填平可采用以下方法：首先以谷底点为起点，按流水的反方向采用区域增长算法，找出独立洼地区域的边界线，即水流流向该谷底点的区域边界线。在该独立洼地区域边缘上找出其高程最小的点，即该独立洼地区域的集水流出点，将独立洼地区域内的高程值低于该点高程值的所有点的高程用该点的高程代替，这样就实现了独立洼地区域的填平。

复合洼地区域填平方法。复合洼地区域是指洼地区域中有多个谷底点，并且各个谷底点所构成的洼地区域相互邻接。复合洼地区域是地形洼地区域的一种主要表现形式，对复合洼地的填平可采用下列方法。

首先，以复合洼地区域的各个谷底点为起点，按水流的反方向应用区域增长算法，找出各个谷底点所在的洼地的边缘和它们之间的相互关联关系及各个谷底点所在洼地的集水出水口所在的点位。出水口点的位置有两种，即在与"0"区域(非洼地区域)相关联的边上或在与非"0"区域(洼地区域)相关联的边上。对于出水口位于与"0"区域(非洼地区域)相关联的边上的洼地区域，找出其出水口的高程最小的洼地区域，并将该区域内高程值低于该点的那些点的高程用该出水口的高程值代替。然后，与该洼地区域相邻的洼地区域的集水出水口位于其所在洼地区域与该区域相邻的边缘，且其高程值低于该洼地区域集水出水口时，将这个洼地区域集水出水口点的高程值用该洼地区域集水出水口的高程值代替。这样就将"0"区域复合洼地区域中的一个谷底点所构成的洼地区域填平，最后可将整个复合洼地区域填平。

用上述方法对数字高程模型区域中存在的洼地及洼地区域进行填平，可得到一个与原数字高程模型相对应的无洼地区域的数字高程模型。在这个数字高程模型中，由于无洼地区域存在，自然流水可以畅通无阻地流到区域地形的边缘，因此，可以借助这个无洼地的数字高程模型对原数字模型区域进行自然流水模拟分析。

6.6.2　给定洪水量的淹没分析

给定洪水量淹没分析的基本思想是计算给定水位条件下的淹没区域的容积，将容积与洪量相比较，再利用二分法等逼近算法，找出与洪水量最接近的容积，容积对应的淹没范围和水深分布就是最后的分析结果。

淹没区域的容积 V 和洪水水位 H 之间的关系可用式(6-39)来表示。

$$V = \sum_{i=1}^{m} A_i \times (H - E_i) \tag{6-39}$$

式中，A_i 为连通淹没区格网单元的面积；E_i 为连通淹没区格网单元的高程；m 为连通淹没区格网单元的个数，由连通性分析求得。

定义一个淹没区域容积与洪量 Q 的逼近函数 $F(H)$。

$$F(H) = Q - V = Q - \sum_{i=1}^{m} A_i \times (H - E_i) \tag{6-40}$$

要使 Q 和 V 最接近，就是要求一个 H，使得 $F(H) \to 0$。$F(H)$ 为单调递减函数，其函数变化趋势如图 6-17 所示，可以利用二分逼近算法加速求解过程，利用变步长方法加速其收敛过程。首先求一个水位 H_1，使得 $F(H_1) < 0$，再利用二分法求 $F(H)$ 在 (H_0, H_1) 范围内趋近 0 的 H_η。H_η 对应的淹没范围和水深就是在给定洪量条件下的淹没范围和水深。

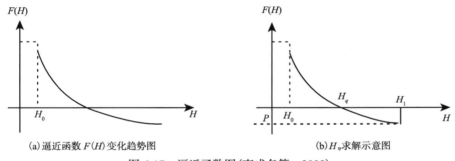

(a)逼近函数 $F(H)$ 变化趋势图　　　　(b) H_η 求解示意图

图 6-17　逼近函数图(李成名等，2008)

第7章 空间统计分析

早期的 GIS 分析侧重于研究空间要素之间的关系，如相邻、叠加，以及要素之间的距离、连通性等。随着 GIS 在各个领域应用地不断扩展，有些特殊的行业，如流行病学、生物学、气象、地质等行业，需要更深入地挖掘空间数据信息，这些信息的获得是与传统的 GIS 分析结果不尽相同的 (Cheng, 1999；李德仁等，2002；陈永良等，2005；Szymanowski and kryza, 2011)。很多行业最需要的是根据多种采样的数据来研究空间事物的变化、分布等特征，这些特征信息往往是通过某种统计分析来获取。但是，传统的统计理论是建立在独立观测值假定基础上的，然而在现实世界中，特别是遇到空间数据问题时，独立观测值在现实生活中并不是普遍存在的。而且，对于具有地理空间属性的数据，一般认为离的近的变量之间比在空间上离的远的变量之间具有更加密切的关系，即在空间上事物的分布是相互关联的 (李裕伟，1998)。正如著名的 Tobler 地理学第一定律 (Tobler's first law of geography) 所说："任何事物之间均相关，而离的较近的事物总比离的较远的事物相关性要高。(Everything is related to everything else, but near things are more related to each other)"因此，用包含多元统计学的经典统计方法研究地学问题存在严重的缺陷。在此背景下，空间统计应运而生。它是将变量的空间关系 (位置、长度、面积、方向、邻近关系等) 整合到经典统计分析中，来研究与空间位置相关的事物和现象的空间关联和空间关系，从而揭示要素的空间分布规律，特别适用于地球科学。空间统计分析是传统空间分析和数理统计的强化和补充，可用于对自然、人文、社科、经济类数据的研究分析，以发现数据的空间分布模式、趋势、过程和空间关联等，以及更深入、定量化地了解空间分布、空间聚集或分散、空间关系等。

7.1 空间自相关分析

地理数据由于受空间相互作用和空间扩散的影响，彼此之间可能不再相互独立，而是相关的。例如，视空间上互相分离的许多市场为一个集合，如市场间的距离近到可以进行商品交换与流动，则商品的价格与供应在空间上可能是相关的，而不再相互独立。实际上，市场间距离越近，商品价格就越接近、越相关。

地理空间自相关 (spatial autocorrelation) 反映的就是一个区域单元上某种地理现象或某一属性值域、邻近区域单元上同一现象或属性值的相关程度，可以简称为"空间自相关"(韦玉春等，2005；郭庆胜等，2006)。因此，当同时处理位置信息和属性信息时，空间自相关是一种特别的、非常有效的分析技术，它作为一个描述性指标，提供了某一现象的空间分布信息，反映了一个观测对其周围观测的影响度。空间自相关统计量是用于度量地理数据的一个基本性质，即某位置上的数据与其他位置上的数据间的相互依赖程度。

1) 通用交叉积统计

空间自相关可通过将属性自相似性矩阵元素 c_{ij} 与位置自相似性矩阵元素 w_{ij} 结合成一种叉乘形式的指标来度量，第一个矩阵确定 n 个位置之间的空间连接，第二个矩阵反映 n 个位置上某一属性变量的值之间明确的相似性定义，交叉积统计指出了两个矩阵对应项之间的相关度。

$$\Gamma = \sum_{i=1}^{n} \sum_{j=1}^{n} c_{ij} w_{ij} \tag{7-1}$$

位置自相似性矩阵是一个对角线元素为 0 的 $(n \times n)$ 阶对称矩阵,其元素 w_{ij} 既可以是距离递减归一化函数,如负幂数 $w_{ij} = \dfrac{d_{ij}^{-b}}{\sum_{k=1}^{n} d_{ik}^{-b}}$ 或负指数 $w_{ij} = \dfrac{e^{-bd_{ij}}}{\sum_{k=1}^{n} e^{-bd_{ik}}}$,且 $w_i = \sum_{j=1}^{n} w_{ij} = 1$,其中,b 可解释为影响权重变化速度的参数;d_{ij} 表示体元 i 和 j 之间的距离;w_{ij} 也可以指定二元空间权重来表达,当位置 j 位于位置 i 的某一给定的距离 d 的范围内,空间权重矩阵的元素 $w_{ij}=1$,否则 $w_{ij}=0$。

属性自相似性矩阵元素 c_{ij} 是对应空间位置 i 和 j 的数值的邻近性的一个度量,$c_{ij} = \dfrac{x_i - x_j}{\overline{x}}$,其中,x_i 和 x_j 分别为随机变量 X 在要素 i 和要素 j 的属性值;$\overline{x}$ 为随机变量的均值。

除了可以开展全局空间自相关统计,通用交叉积统计也可以统计局部空间统计指标。

$$\Gamma_i = \sum_{j=1}^{n} c_{ij} w_{ij} \tag{7-2}$$

假设有一个划分为 n 个区域单元的地区,每个区域单元由一相关点 i 确定,其地理坐标已知,$i=1, 2, \cdots, n$。每个位置 i 与一个值 x_i 相联系,表示随机变量 X 的实际观测值,其他位置 j 上的变量值表示为 $\{x_j, j \neq i\}$。局部空间相关指标 $G_i(d)$ 的计算公式为

$$G_i(d) = \Big(\sum_{j=1\neq i}^{n} w_{ij} x_j\Big)\Big/ \sum_{j=1\neq i}^{n} x_j \tag{7-3}$$

在计算局部空间自相关指标时,可选取距离其一定范围内的要素来近似求解。

2)Moran's I 系数

Moran(1950)首先提出了度量空间自相关的方法,Moran's I 是通用交叉积统计的一个特例,Moran's I 系数的形式定义如下:

$$I = \frac{1}{\sum_{i=1}^{n} \sum_{j=1\neq i}^{n} w_{ij}} \cdot \frac{\sum_{i=1}^{n} \sum_{j=1}^{n} w_{ij}(x_i - \overline{x})(x_j - \overline{x})}{\sum_{i=1}^{n} (x_i - \overline{x})^2 \big/ n} \tag{7-4}$$

Moran's I 系数可用于判断要素的属性分布是否有统计上显著的聚集或离散现象,$I=-1/(n-1)$ 时,表示一种随机的空间分布模式;当 $I>-1/(n-1)$ 时,表示相似的属性值趋向于聚集在一起的空间模式(正的空间自相关);当 $I<-1/(n-1)$ 时,表示不同属性值倾向于聚集在一起(负的空间自相关)。

作为空间自相关局部指标的一个特例,观测单元 i 的局部 Moran's I 统计可以定义为

$$I_i = (x_i - \overline{x}) \sum_{j=1}^{n} w_{ij}(x_j - \overline{x}) \tag{7-5}$$

7.2 确定性空间数据插值

数据分析过程中,需要对缺失值进行处理。所谓缺失值是指在数据采集与整理过程中丢失的内容。缺失值的处理一般有两种方式。一是删除对应的记录,这种方式在数据缺失非常少的情况下是可行的,但如果各个元素的分析项目中都有少数的数据缺失,对所有缺失的记录都进行删除可能会使总样本量变得非常小,从而损失许多有用信息。缺失值处理的第二种方式是进行插值处理,所谓插值,就是指人为地用一个数值去替代缺失的数值。

　　空间数据插值更多用于将离散点的测量数据转换为连续的数据曲面，以便与其他空间现象的分布模式进行比较，它包括了空间内插(interpolation)和外推(extrapolation)两种算法(张成才等，2004)。空间内插算法是通过已知点的数据推求同一区域未知点的数据；空间外推算法是通过已知区域的数据，推求其他区域的数据。空间数据插值的主要用途是内插区域内的未知点，少数情况下是为了外推。任何一种空间数据插值法都是在基于空间相关性的基础上进行的。即空间位置上越靠近，则事物或现象就越相似，空间位置越远，则越相异或者越不相关，体现了事物/现象对空间位置的依赖关系。

　　空间数据插值的一般过程如下：①内插方法(模型)的选择；②空间数据的探索性分析，包括对数据的均值、方差、协方差、独立性和变异函数的估计等；③进行内插；④内插结果评价；⑤重新选择内插方法，直到合理；⑥内插生成最后结果。

　　空间数据插值结果的验证分为交叉验证和实际验证两种。交叉验证法，首先假定每一测点的要素值未知，而采用周围样点的值来估算，然后计算所有样点实际观测值与内插值的误差，以此来评判估值方法的优劣。实际验证法将部分已知变量值的样本点作为"训练数据集"，用于插值计算；另一部分样点作为"验证数据集"，该部分样点不参加插值计算。然后利用"训练数据集"样点进行内插，插值结果与"训练数据集"验证样点的观测值对比，比较插值的效果。

　　插值方法选择一般遵从以下原则。

　　(1)精确性：通过空间插值的结果验证来进行评价。

　　(2)参数的敏感性：许多的插值方法都涉及一个或多个参数，如距离反比法中距离的阶数等。有些方法对参数的选择相当敏感，而有些方法对变量值敏感。后者对不同的数据集会有截然不同的插值结果。希望找到对参数的波动相对稳定，其值不过多地依赖变量值的插值方法。

　　(3)耗时：一般情况下，计算时间不是很重要，除非特别费时。

　　(4)存储要求：同耗时一样，存储要求不是决定性的，特别是在计算机的主频日益提高，内存和硬盘越来越大的情况下，二者都不需特别看重。

　　(5)可视化、可操作性(插值软件选择)：如三维的透视图等。

7.2.1　反距离加权插值

　　反距离加权插值(inverse distance weighted，IDW)最早由 Shepard(1968)提出，其基本原理是未知点的属性或坐标值通过已知采样点距未知点的距离加权来确定，每个采样对插值结果的影响随距离增加而减弱，因此，对距目标点近的样点赋予的权重较大。这一方法的假设是影响随着距离衰减，样点距插值点越近，影响越大，点(x_k, y_k)的值f_k对$F(x, y)$的影响与(x_k, y_k)与(x, y)的距离成反比。该方法中将模拟函数$F(x, y)$定义为各数据点函数值f_k的加权，则

$$F(x, y) = \sum_{k=1}^{n} f_k \cdot W_k(x, y) \tag{7-6}$$

式中，权重可以表示为

$$W_k(x, y) = \frac{\dfrac{1}{d_j(x, y)^\mu}}{\sum_{j=1}^{n} \dfrac{1}{d_j(x, y)^\mu}} \tag{7-7}$$

式中，$d_j(x, y) = \sqrt{(x-x_j)^2 + (y-y_j)^2}$ 为点 (x, y) 到点 (x_j, y_j) 的距离。方次参数 μ 决定着权系数如何随着离开一个待插点距离的增加而下降。对于一个较大的方次，较近的数据点被给定一个较高的权重份额，对于一个较小的方次，权重比较均匀地分配给各数据点。

　　计算一个待插点时给予一个特定数据点的权值与指定方次的从待插点到观测点的距离倒数成比例。当计算一个待插点时，配给的权重是一个分数，所有权重的总和等于 1.0。当一个观测点与一个待插点重合时，该观测点被给予一个实际为 1.0 的权重，所有其他观测点被给予一个几乎为 0.0 的权重。换言之，该待插点被赋给与观测点一致的值，这就是一个准确插值。

　　反距离加权插值步骤如下。

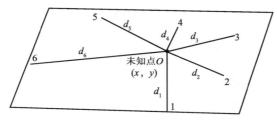

图 7-1　点位图

　　(1)计算未知点到所有点的距离(图 7-1 中点 $O(x, y)$ 为未知点)，见表 7-1 和表 7-2。

表 7-1　点属性表

点号	X 坐标	Y 坐标	高程值
0	110.0	150.0	未知
1	70.0	140.0	115.4
2	115.0	115.0	123.1
3	150.0	150.0	113.8
4	110.0	170.0	110.5
5	90.0	190.0	107.2
6	180.0	210.0	131.78

表 7-2　点间距离表

点对	距离值	点对	距离值
0, 1	41.23	0, 4	20.00
0, 2	35.35	0, 5	44.72
0, 3	40.00	0, 6	92.19

　　(2)计算每个点的权重：权重的计算采用式(7-7)，为计算方便此处取 $\mu=1$，计算点 O 到每个点的权重。

$$\sum_{j=1}^{n} \frac{1}{d_j(x,\ y)} = \frac{1}{41.23} + \frac{1}{35.35} + \frac{1}{40.00} + \frac{1}{20.00} + \frac{1}{44.72} + \frac{1}{92.19} = 0.16$$

$$W_1 = \frac{\frac{1}{41.23}}{0.16} = 0.15, \quad W_2 = \frac{\frac{1}{35.35}}{0.16} = 0.18, \quad W_3 = \frac{\frac{1}{40.00}}{0.16} = 0.156,$$

$$W_4 = \frac{\frac{1}{20.00}}{0.16} = 0.31, \quad W_5 = \frac{\frac{1}{44.72}}{0.16} = 0.140, \quad W_6 = \frac{\frac{1}{92.19}}{0.16} = 0.068$$

且有 $\sum_{j=1}^{n} w_i = 1$，由式(7-6)有

$$F(110,\ 150) = 0.15 \times 115.4 + 0.18 \times 123.1 + 0.156 \times 113.8 + 0.31 \times 110.5 + 0.140 \times 107.2 +$$
$$0.068 \times 131.78 = 115.4$$

使用反距离加权插值，要注意下面几个问题(韦玉春等，2005)。

(1) 距离的影响程度。大量的试验表明，控制样点距离对插值结果影响程度的幂值 μ 取 2 比较符合实际。μ 值取值较大时，则最近处样点对插值结果的影响加强，最终结果将出现更多的细节，拟合面不够光滑；取值较小时，则远处的样点对插值结果也有一定的影响，最终结果是较为平滑的表面。

(2) 搜索半径。通过搜索半径，可将使用的样点限制在一定的范围内，从而提高计算效率。搜索半径常用的有固定搜索半径和可变搜索半径两种方式，值得说明的是搜索半径是个广义的距离值，不应只限于欧氏距离。

(3) 中断线(barrier)。用来限制样点搜索范围的线段。在处理过程中，将只搜索中断线同侧的样点。

(4) 样点分布。样点的分布应该尽可能均匀，而且应该布满在矩形范围内。对于不规则分布的样点，插值时利用的样点往往也不会均匀地分布在周围的不同方向上，这样每个方向对插值结果的影响就不是相等的，结果的准确性就会受到影响。距离反比加权法一般用于中、小规模散乱点的模拟，如地质勘探工程数据的曲面模拟。

7.2.2　趋势面插值

趋势面分析法(trend analyst)实际上是全局多项式回归法的一种，即对整个研究区域用一个多项式进行拟合，线或面多项式的选择取决于数据是一维还是二维或三维。常用的二、三次趋势面多项式如下：

$$\begin{cases} F^1(x,y) = b_0 + b_1 x + b_2 y \\ F^2(x,y) = b_0 + b_1 x + b_2 y + b_3 x^2 + b_4 xy + b_5 y^2 \\ F^3(x,y) = b_0 + b_1 x + b_2 y + b_3 x^2 + b_4 xy + b_5 y^2 + b_6 x^3 + b_7 x^2 y + b_8 xy^2 + b_9 y^3 \end{cases} \tag{7-8}$$

拟合表面多项式的次数越低，拟合的表面越粗糙，实际表面拟合的效果越差，大致代表了此区域的宏观趋势。次数越高，拟合面越光滑，拟合的结果更接近实际的表面。但需注意的是，并不是次数越高越好，次数过高使得计算量大大增加而精度提高不大。因此，一般选用到三次即可。

全局多项式插值所得的表面很少能与实际的已知样点完全重合，所以，全局插值法是非精确的插值法。利用全局性插值法生成的表面容易受极高和极低样点值的影响，尤其在研究

区边沿地带，因此，用于模拟的有关属性在研究区域内最好是变化平缓的。全局多项式插值法适用的情况有以下两方面。

(1)当一个研究区域的表面变化缓慢，即这个表面上的样点值由一个区域向另一个区域的变化平缓时，可以采用全局多项式插值法利用该研究区域内的样点对该研究区进行表面插值。

(2)检验长期变化的、全局性趋势的影响时一般采用全局多项式插值法，在这种情况下应用的方法通常被称为趋势面分析。

趋势面分析中将一个表面分解成三个部分：全局趋势，全区的、规模较大的地理过程的反映变化缓慢；局部变异，规模较小的局部区域的地理过程变化较快，局部异常；随机干扰，抽样误差或观测误差，不含系统误差。趋势值即回归值 $\hat{F}(x, y)$，由于空间数据不具备重复抽样条件，所以，通常将后两项合并到拟合残差 ε 中，即

$$F_i(x_i, y_i) = \hat{F}_i(x_i, y_i) + \varepsilon_i \tag{7-9}$$

全局多项式回归的基本思想是用多项式表示的线或面，按最小二乘法原理对数据点进行全局特征拟合，使得残差平方和趋于最小，即

$$Q = \sum_{i=1}^{n} \varepsilon_i^2 = \sum_{i=1}^{n} \left[F_i(x_i, y_i) - \hat{F}_i(x_i, y_i) \right]^2 \to \min \tag{7-10}$$

如果能够准确识别和量化全局趋势，在空间统计建模中可以方便地剔除全局趋势，从而更能准确地模拟短程随机变异。

例：图 7-2 中的 0 号站点的未知值由其周围的具有已知值的 5 个站点(表 7-3)插值来得到。建立一次趋势面模型分析过程如下。

第一步，建立如下三个法方程：

$$\sum z = b_0 n + b_1 \sum x + b_2 \sum y$$
$$\sum xz = b_0 \sum x + b_1 \sum x^2 + b_2 \sum xy$$
$$\sum yz = b_0 \sum y + b_1 \sum xy + b_2 \sum y^2$$

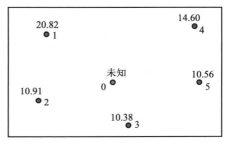

图 7-2　点位图

表 7-3　点属性表

点号	X坐标	Y坐标	高程值
1	69	76	20.820
2	59	64	10.910
3	75	52	10.380
4	86	73	14.600
5	88	53	10.560
0	69	67	未知

第二步，改写为矩阵形式如下：

$$\begin{bmatrix} n & \sum x & \sum y \\ \sum x & \sum x^2 & \sum xy \\ \sum y & \sum xy & \sum y^2 \end{bmatrix} \cdot \begin{bmatrix} b_0 \\ b_1 \\ b_2 \end{bmatrix} = \begin{bmatrix} \sum z \\ \sum xz \\ \sum yz \end{bmatrix}$$

第三步，用五个已知点的数值，计算出统计值并代入方程：

$$\begin{bmatrix} 5 & 377 & 318 \\ 377 & 29007 & 23862 \\ 318 & 23862 & 20714 \end{bmatrix} \cdot \begin{bmatrix} b_0 \\ b_1 \\ b_2 \end{bmatrix} = \begin{bmatrix} 67.270 \\ 5043.650 \\ 4445.800 \end{bmatrix}$$

第四步，求解如下：

$$\begin{bmatrix} b_0 \\ b_1 \\ b_2 \end{bmatrix} = \begin{bmatrix} -10.094 \\ 0.02 \\ 0.347 \end{bmatrix}$$

第五步，插值如下：

$$Z_0 = -10.094 + 0.02x + 0.349y$$
$$= -10.094 + 0.02 \times 69 + 0.349 \times 67 = 14.669$$

7.2.3　局部多项式插值

局部多项式插值(local polynomial interpolation)是利用局部范围内的已知采样点的数据内插出未知点的数据，可用多个多项式进行拟合。每个多项式都只在特定重叠的邻近区域内有效，通过设定搜索半径和方向来定义搜索邻域。显然，局部多项式插值是对全局多项式的一大改进。

局部多项式插值算法的步骤如下。

第一步，选择插值函数。最常用的插值函数即式(7-8)的三种，其中一次多项式内插函数需要内插点周围 3 个点的数据求出系数，二次多项式内插函数需要 5 个点，而三次多项式内插函数则需要 9 个点代入多项式拟求系数。

第二步，确定搜索邻域。从空间自相关性的概念可知，空间上越靠近，属性就越相似，相关性也越高。那么，两个样点间在多远的距离内所具备相关性可以不考虑，或者其相关将消失呢？可以根据经验或专业背景找出这么一个阈值，作为邻近区域的半径。同时，如果其自相关性在不同的方向上消失的距离值也不同的话，将还需要设置一个方向值以及长短两个半径值，此时的邻近区域将呈椭圆(例如，当属性值受风向影响较大时，应当将风向角度设置为搜索方向，即长半径所在的方向)。当空间相关性沿各个方向上的消失距离都一致时，其邻近区域应该是一个圆，称为各向同性，否则称为各向异性(anisotropy)。这个通过半径和方向可以定义出一个以待估点为中心的区域(圆或者椭圆)就成为搜索邻域。

此外，还可以通过限制参与某待估点值进行预测的样点数来定义邻近区域。即参与某点预测的最多样点数和最少样点数。在由半径和方向决定的区域内包含到的样点数为 0 时，则扩大搜索区域使其达到最小样点数值。

第三步，多项式求解。得到搜索范围内的散点集合，然后根据最小二乘法原理求解出多项式中的系数，确定多项式，从而得到相应节点上的值。

7.2.4　径向基函数插值

径向基函数插值法 (RBF) 属于精确插值方法, 就如同将一个橡胶模插入并经过各个已知样点, 同时又使面的总曲率最小。径向基函数定义的是这样的一个函数空间: 给定一个一元函数 $\Phi:R_+ \to R$, 在定义域 $x \in R^d$ 上, 所有形如 $\varphi(x-c) = \varphi(\|x-c\|)$ 及其线性组合而成的函数空间称为由函数 Φ 导出的径向基函数空间。在一定的条件下, 只要取 $\{x_j\}$ 两两不同, $\{\phi(x-x_j)\}$ 就是线性无关的, 从而形成径向基函数空间中某子空间的一组基。当 $\{x_j\}$ 几乎充满 R^d 时, $\{\phi(x-x_j)\}$ 及其线性组合可以逼近几乎任何函数。

常用的径向基函数有以下几个。

(1) Kriging 方法的 Gauss 分布函数: $\phi(r) = \mathrm{e}^{-c^2 r^2}$。

(2) Kriging 方法的 Markoff 分布函数: $\phi(r) = \mathrm{e}^{-c|r|}$ 及其他概率分布函数。

(3) Hardy 的 Multi-Quadrik 函数: $\phi(r) = (c^2 + r^2)^{\beta}$。

(4) Hardy 的逆 Multi-Quadrik 函数: $\phi(r) = (c^2 + r^2)^{-\beta}$。

(5) Duchon 的薄板样条: $\phi(r) = r^{2r} \log r$。

(6) 紧支柱正定径向基函数: $\phi(r) = r^{2k+1}$。

径向基函数是多个数据插值方法的组合, 不同的基函数意味着将以不同的方式使径向基表面穿过一系列已知样点。所谓径向基函数插值就是对给定的多元散乱数据 $\{x_j, f_j\}_{j=1}^m \in R^n \times R$, 选取径向基函数 $\Phi:R_+ \to R$, 利用平移构造基函数 $\{\phi(\|x - x_j\|)\}_{j=1}^m$ 并寻找插值函数 $S(x)$, 形如

$$S(x) = \sum a_j \phi(\|x - x_j\|) \tag{7-11}$$

满足

$$S(x_j) = f_j \quad (j = 1, 2, \cdots, m)$$

记

$$f^{\mathrm{T}} = (f_1, f_2, \cdots, f_m)$$

$$\phi^{\mathrm{T}}(x) = [\phi(\|x - x_1\|), \phi(\|x - x_2\|), \ldots, \phi(\|x - x_m\|)]$$

$$a^{\mathrm{T}} = (a_1, a_2, \cdots, a_m)$$

$$A = [\phi(x_1), \phi(x_2), \cdots, \phi(x_m)]$$

如果 A 为非奇异矩阵, 那么式 (7-11) 可写为

$$S(x) = \phi^{\mathrm{T}}(x) A^{-1} f \tag{7-12}$$

有时候为了某种目的还添加上一个多项式

$$S(x) = \sum a_j \phi(\|x - x_j\|) + \sum_{|\alpha| < d} b_{\alpha} x^{\alpha} \tag{7-13}$$

即寻找的函数满足插值条件, 这里 α 是标准的多元记号。

$\alpha = (\alpha_1, \alpha_2, \cdots, \alpha_m)$, α_j 是非负整数,

$$x^{\alpha} = x_1^{\alpha_1} x_2^{\alpha_2} \cdots x_m^{\alpha_m}$$

$$|\alpha| = \sum \alpha_j, \quad \|x\| = \max \alpha_j$$

$$f^{(\alpha)} = \frac{\partial^{|\alpha|} f}{\partial x_1^{\alpha_1} \partial x_2^{\alpha_2} \cdots \partial x_n^{\alpha_n}}$$

关于还按字典排列规定一个序，$\alpha < \beta$，如果有 $\alpha_1 < \beta_1$ 或者有一个 j，使 $\alpha_j < \beta_j$，$i < j$ 时，记

$$E = (x_j^a)_{|a| \le m}, X^{\mathrm{T}} = (1, \cdots, x^a, \cdots)$$

那么，当增加约束条件，

$$\sum \alpha_j x_j^\alpha = 0 \quad (|\alpha| \le d)$$

就可以得到

$$S(x) = (\phi^{\mathrm{T}}, x^{\mathrm{T}}) \begin{pmatrix} \boldsymbol{A} & \boldsymbol{E} \\ \boldsymbol{E}^{\mathrm{T}} & 0 \end{pmatrix} \begin{pmatrix} f \\ 0 \end{pmatrix} \tag{7-14}$$

是插值问题的解。注意式(7-12)及式(7-14)的解都是关于 f 线性齐次的，所以 $S(x)$ 可以写成

$$S(x) = \sum \lambda_j(x) f_j \tag{7-15}$$

其中，$A\lambda = \phi$ 或者

$$\begin{pmatrix} \boldsymbol{A} & \boldsymbol{E} \\ \boldsymbol{E}^{\mathrm{T}} & 0 \end{pmatrix} \begin{pmatrix} \lambda \\ \mu \end{pmatrix} \begin{pmatrix} \phi \\ x \end{pmatrix} \tag{7-16}$$

每个插值点的导数为

$$S'(x) = \sum_{j=1}^m a_j \phi'(x_j) \ (i = 1, 2, \cdots, m), \quad S''(x) = \sum_{j=1}^m a_j \phi''(x_j) \ (i = 1, 2, \cdots, m)$$

径向基函数插值法适用于对大量点数据进行插值计算，同时要求获得平滑表面的情况(汤国安和杨昕，2012)。将径向基函数应用于表面变化平缓的表面，如表面上平缓的点高程插值，能得到令人满意的结果。而在一段较短的水平距离内，表面值发生较大的变化，或无法确定采样点数据的准确性，或采样点数据具有很大的不确定性时，不适用径向基函数方法。

7.3 地质统计学分析

传统的统计学不考虑观测点的空间关系，而地质学需要研究的各种地质规律恰恰立足于观测点的空间关系。因此，传统的统计方法在地质学中的应用遇到了重大的障碍。这个问题很早就被地质学家所认识，但由于缺乏支持空间关系的有效统计方法，地质学家只能在严重违背数学前提的条件下长期使用各种传统统计方法。地质统计学取得成功的原因是它能在充分考虑观测点空间关系的基础上应用统计学的各种基本原理。为此，它发展了自己的基本工具：变差函数、体积-方差关系、克里格法。

地质统计学是以区域化变量为基础，以变异函数为基本工具，研究那些展布于空间并呈现出一定的结构性和随机性的自然现象的科学。估计和预测问题向来是地学定量研究的重要内容，也是地质统计学得以产生的起因，南非的矿业工程师兼统计学家 Krige(1951)提出了一种新的加权滑动平均方法：为了估计块段的平均品位，样品权系数的确定要考虑样品的空间位置，更要考虑到不同位置的样品的相关性。Matheron(1962)注意到了 Krige 在加权滑动平均中所引进的新思想，用区域化变量和变异函数的概念将他的方法上升为理论，把它纳入线性回归分析的范畴。这是地质统计学早期的最重要的结果，Matheron 称之为克里格方法也叫作 Kriging(克里金，或克里格估值)。以后，Matheron 和他在法国枫

丹白露的地质统计学和数学形态学中心的学生们又继续发展了他的理论。美国斯坦福大学应用地球科学系 Journel 教授等在 1978 年出版了专著《矿业地质统计学》(*Mining Geostatisitics*)，进入 20 世纪 80 年代以来，克里格估计技术的理论和应用得到了前所未有的蓬勃发展。首先，它被广泛应用于各类的采矿业，此外也被应用于农业、林业、水文、环境保护、地质、地球物理和地球化学等部门和领域。国际矿业界也把地质统计学作为矿山地质储量计算的标准方法，这些三维可视化软件都包括了地质统计学的内容，就连 GIS 权威软件 ArcGIS 也推出了地质统计学的空间分析模块。目前，地质统计学在区域化变差函数、非线形地质统计学、时空克里格分析研究等方面都有了一定的突破。

　　地质统计学的前提假设：①所有样本值都不是相互独立的，它们遵循一定的内在规律。②假设大量样本是服从正态分布的。在获得数据后首先应对数据进行分析，若不符合正态分布的假设，应对数据进行变换，转为符合正态分布的形式，并尽量选取可逆的变换形式。③平稳性对于统计学而言，重复的观点是其理论基础。

　　经典统计学与地质统计学的区别见表 7-4。

表 7-4　经典统计学与地质统计学的区别

经典统计学	地质统计学
研究纯随机变量	研究区域化变量
变量可无限次重复观测或大量重复观测	变量不能重复试验
样本相互独立	样本具有空间上或时间上的相关性
研究样本的数字特征	研究样本的数字特征和区域化变量的空间分布特征
假设对数据集的统计推断及其分布的结论适用于总体(数据全域)	假设对数据集的地质统计学解释适用于数据全域
用于数据集的初步分析以及结果的最终解释	用于对位置点的估值、数值模拟以及统计制图

7.3.1　变差函数

　　统计学认为，从大量重复的观察中可以进行预测和估计，并可以了解估计的变化性和不确定性。对于大部分的空间数据而言，平稳性的假设是合理的。这其中包括两种平稳性：一是均值平稳，即假设均值是不变的并且与位置无关；另一种是与协方差函数有关的二阶平稳和与半变异函数有关的内蕴平稳。二阶平稳是假设具有相同的距离和方向的任意两点的协方差是相同的，协方差只与这两点的值相关而与它们的位置无关。内蕴平稳假设是指具有相同距离和方向的任意两点的方差(即变差函数)是相同的。二阶平稳和内蕴平稳都是为了获得基本重复规律而作的基本假设，通过协方差函数和变差函数可以进行预测和估计预测结果的不确定性。地质统计学中将空间点 x 的三个直角坐标(u, v, w)称为自变量的随机场，$Z(u, v, w)=Z(x)$称为一个区域化变量，由于区域化变量是一种随机函数，并且 x 与 $x+h$ 两点处的变量值具有某种程度的相关性，因而能同时反映变量的结构性与随机性。

　　假设空间点 x 只在一维的 x 轴上变化，设 $z(x)$ 是系统某属性 Z 在空间位置 x 处的值，$Z(x)$ 为一区域化随机变量，并满足二阶平稳假设，h 为两样本点空间分隔距离，$z(x)$ 和 $z(x+h)$ 分别是区域化变量 $Z(x)$ 在空间位置 x 和 $x+h$ 处的实测值，把区域化变量 $Z(x)$ 在 x, $x+h$ 两点处的值之差的方差之半定义为 $Z(x)$ 在 x 轴方向上的变差函数，记为 $\gamma(x, h)$，即

$$r(x,h) = \frac{1}{2}\mathrm{Var}\ \left[z(x) - z(x+h)\right]$$

$$= \frac{1}{2}\mathrm{E}\left[z(x) - z(x+h)\right]^2 - \frac{1}{2}\left\{\mathrm{E}\left[z(x)\right] - \mathrm{E}\left[z(x+h)\right]\right\}^2$$

在二阶平稳和本征假设条件下，

$$\mathrm{E}\left[z(x)\right] = \mathrm{E}\left[z(x+h)\right], \quad \forall h$$

于是公式可以改写为

$$r(x,\ h) = \frac{1}{2}\mathrm{E}\left[z(x) - z(x+h)\right]^2 \tag{7-17}$$

变异函数 $\gamma(h)$ 的离散计算公式为

$$\gamma(h) = \frac{1}{2n(h)}\sum\left[z(x) - z(x+h)\right]^2 \tag{7-18}$$

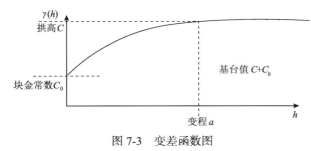

图 7-3　变差函数图

以 h 为横坐标，$\gamma(h)$ 为纵坐标作出图形谓之变差(异)图，如图 7-3 所示，当滞后 $h=0$ 时，变差函数 $\gamma(h)$ 的非零值称为块金方差 C_0，源于各种无法解释的误差(如观测误差)；当滞后 h 达到足够大后，变量值之间的相关性完全消失，通过一条水平的变差函数(基台值 $C+C_0$)来表示，基台值与块金方差的差值(拱高 C)反映了变量变异的强弱；变差函数上升至 95% 基台值的 h 值称为变程 a，定义了估值点的最大邻域，其范围内的数据点用作估值的控制点。变异函数的形状反映自然现象空间分布结构或空间相关的类型，同时还能给出这种空间相关的范围。

例： 假设某地区降水量 $Z(x)$ (单位：mm)是二维区域化随机变量，满足二阶平稳假设，其观测值的空间正方形网格数据如图 7-4 所示(点与点之间的距离 $h=1\text{km}$)。试计算其南北方向及西北和东南方向的变异函数。

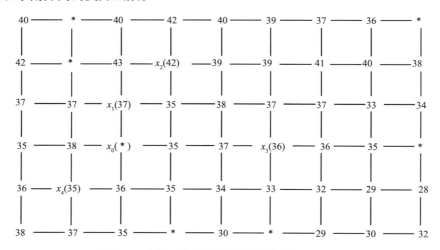

图 7-4　空间正方形网格数据(点间距 $h=1\text{km}$)

从图 7-4 中可以看出，空间上有些点，由于某种原因没有采集到。如果没有缺失值，可直接对正方形网格数据结构计算变差函数；在有缺失值的情况下，也可以计算变差函数。只要"跳过"缺失点位置即可（图 7-5）。

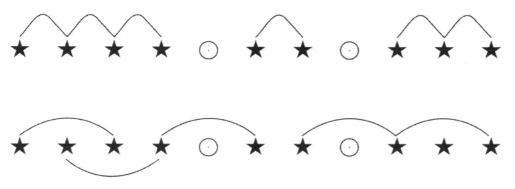

图 7-5　缺失值情况下样本数对的组成和计算过程（⊙为缺失值）

首先计算南北方向上的变异函数值，由变异函数的计算公式可得

$$\gamma(1) = \frac{1}{2 \times 36}[(40-42)^2 + (42-37)^2 + (37-35)^2 + (35-36)^2 + (36-38)^2 + (37-38)^2 +$$
$$(38-35)^2 + (35-37)^2 + (40-43)^2 + (43-37)^2 + (36-35)^2 + (42-42)^2 +$$
$$(42-35)^2 + (35-35)^2 + (35-35)^2 + (40-39)^2 + (39-38)^2 + (38-37)^2 +$$
$$(37-34)^2 + (34-30)^2 + (39-39)^2 + (39-37)^2 + (37-36)^2 + (36-33)^2 +$$
$$(37-41)^2 + (41-37)^2 + (37-36)^2 + (36-32)^2 + (32-29)^2 + (36-40)^2 +$$
$$(40-33)^2 + (33-35)^2 + (35-29)^2 + (29-30)^2 + (38-34)^2 + (28-32)^2]$$
$$= 385 / 72 = 5.35$$

同样计算出 $\gamma(2) = 9.26$，$\gamma(3) = 17.55$，$\gamma(4) = 25.69$，$\gamma(5) = 22.90$。

最后，得到南北方向和西北—东南方向上的变异函数，其计算结果见表 7-5。同样可以计算出东西方向上的变异函数。

表 7-5　南北方向和西北—东南方向上的变异函数

方向	参数					
南北	h	1	2	3	4	5
	$N(h)$	36	27	21	13	5
	$\gamma(h)$	5.35	9.26	17.55	25.69	22.90
西北—东南	h	1.41	2.82	4.24	5.65	7.07
	$N(h)$	32	21	13	8	2
	$\gamma(h)$	7.06	12.95	30.85	58.13	50.00

7.3.2　变差函数的理论拟合

实验变差函数必须被拟合成理论模型才能使用。常用的标准理论模型有 4 种（图 7-6），其中的参数 c 是表征变差大小的被称为变差参数或准拱高，a 及 ω 表征空间距离被称为距离参数或准变程。

（1）球状模型。

$$\gamma(h) = \begin{cases} c(1.5h/a - 0.5h^3/a^3), & h < a \\ c, & h \geq a \end{cases}$$

（2）指数模型。

$$\gamma(h) = c\left[1 - \exp(-3h/a)\right]$$

（3）高斯模型。

$$\gamma(h) = c\left\{1 - \exp\left[-(3h)^2/a^2\right]\right\}$$

（4）幂函数模型。

$$\gamma(h) = ch^\omega, \qquad 0 < \omega < 2$$

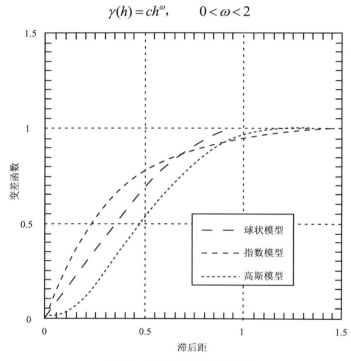

图 7-6　常见的理论变差函数

例：某地区降水量是一个区域化变量，其变差函数 $\gamma(h)$ 的实测值及距离 h 的关系见表 7-6，下面试用回归分析方法建立其球状变差函数模型。

表 7-6　变差函数实测值

实测值 $\gamma(h)$	距离 h	实测值 $\gamma(h)$	距离 h
2.1	0.6	9.2	4.9
4.3	1.1	10.3	5.1
5.7	2.2	10.5	6.2
6.5	2.5	10.9	7.5
7.8	3.1	11.2	9.5
8.8	3.8	12.4	9.8

从上面的介绍和讨论可得到，当 $0 < h \leqslant a$ 时，球状变异函数为

$$\gamma(h) = c_0 + \left(\frac{3c}{2a}\right)h - \left(\frac{c}{2a^3}\right)h^3$$

如果记 $y = \gamma(h)$，$b_0 = c_0$，$b_1 = \dfrac{3c}{2a}$，$b_2 = -\dfrac{1}{2}\dfrac{c}{a^3}$，$x_1 = h$，$x_2 = h^3$，则可以得到线性模型，即

$$y = b_0 + b_1 x_1 + b_2 x_2 \tag{7-19}$$

根据表 7-6 中的数据，对式(7-19)进行最小二乘拟合，得到

$$y = 2.048 + 1.731 x_1 - 0.00792 x_2$$

由计算可知，式(7-19)的显著性检验参数 $F = 114.054$，$R_2 = 0.962$，可见模型的拟合效果是很好的。

简单计算可知：$c_0 = 2.048$，$c = 1.154$，$a = 8.3$，所以，球状变异函数模型为

$$\gamma^*(h) = \begin{cases} 0, & h = 0 \\ 2.048 + 1.154\left(\dfrac{3}{2} \times \dfrac{h}{8.535} - \dfrac{1}{2} \times \dfrac{h^3}{8.535^3}\right), & 0 < h \leqslant 8.535 \\ 3.202, & h > 8.535 \end{cases}$$

多个标准理论模型的和仍然是有效的变差函数理论模型。在大多数情况下，实验变差函数可以用多个球状模型的和来很好地拟合，即可用球套合结构来表达。

7.3.3　克里格估值

克里格估值是一种空间局部插值法，是以变异函数理论和结构分析为基础，在有限区域内对区域化变量进行无偏最优估计的一种方法，是地质统计学的主要内容之一。其实质是利用区域化变量的原始数据和变异函数的结构特点，对未知样点进行线性无偏和最优估计。无偏是指偏差的数学期望为 0，最优是指估计值与实际值之差的平方和最小。也就是说，克里金估值方法是根据未知样点有限邻域内的若干已知样本点数据，在考虑了样本点的形状、大小和空间方位，与未知样点的相互空间位置关系，以及变异函数提供的结构信息之后，对未知样点进行的一种线性无偏最优估计。

根据已知量和待估量的均值是已知还是未知，在未知时再看它是平稳还是非平稳，方法取各种不同的形式，叫做各种不同的 Kriging，如简单 Kriging、普通 Kriging、泛 Kriging 等。以后人们针对不同的具体情况和条件，考虑不同的目的和要求，按着同样的原则建立一系列不同的估计方法，也叫做各种各样的 Kriging，如协 Kriging、对数正态 Kriging、指示 Kriging、概率 Kriging、限制 Kriging 等。这些 Kriging 方法构成了一系列行之有效的估计手段。

在克里格插值过程中，需注意以下 4 点：①数据应符合前提假设。②数据应尽量充分，样本数尽量大于 80，每一种距离间隔分类中的样本对数尽量多于 10 对。③在具体建模过程中，很多参数是可调的，且每个参数对结果的影响不同。例如，块金值，误差随块金值的增大而增大；基台值，对结果影响不大；变程，存在最佳变程值；拟合函数，存在最佳拟合函数。④当数据足够多时，各种插值方法的效果相差不大。

各种克里格估计方法都是多元线性回归分析的特例，所要解决的问题是根据 $RF\ Z(u)$ 在 n 个取样点 $u_\alpha(\alpha=1,\cdots,\ n)$ 处的已知观测值求某一点的估计值 $Z^*(u)$。估计值的一般表达式为

$$Z^*(u) = \lambda_0 + \sum_{\alpha=1}^{n} \lambda_\alpha Z(u_\alpha) \tag{7-20}$$

要求估计值满足无偏条件

$$EZ^*(u) = EZ(u) = m(u) \tag{7-21}$$

并使估计方差 $\sigma_E^2 = \mathrm{Var}\left[Z^*(u) - Z(u)\right]$ 最小。

在不同的具体条件下，求满足上述要求的估计系数 $\lambda_\alpha(\alpha=1,\cdots,n)$ 及估计值 $Z^*(u)$，就是各种克里格方法所要解决的问题。

以普通克里格估值法为例，它是区域化变量的线性估计，它假设数据变化成正态分布，认为区域化变量 Z 的期望值是未知的。插值过程类似于加权滑动平均，权重值的确定来自于空间数据分析。普通克里金不要求 $Z(u)$ 的数学期望已知，但却要求 $Z(u)$ 是二阶平稳的，即有 $EZ(u)=m$（常数）。这时的无偏条件成为

$$\sum_{\alpha=1}^{n} \lambda_\alpha = 1, \ \lambda_0 = 0 \tag{7-22}$$

从而估计值表达式为

$$Z^*(u) = \sum_{\alpha=1}^{n} \lambda_\alpha Z(u_\alpha) \tag{7-23}$$

使估计方程极小化的克里格方程组为

$$\begin{cases} \sum_{\beta=1}^{n} \lambda_\beta c(u_\beta - u_\alpha) + \mu = c(u - u_\alpha) & (\alpha = 2 = 1, \cdots, n) \\ \sum_{\beta=1}^{n} \lambda_\beta = 1 \end{cases} \tag{7-24}$$

克里格方差为

$$\sigma_{ok}^2 = c(o) - \sum_{\alpha=1}^{n} \lambda_\alpha c(u - u_\alpha) - \mu \tag{7-25}$$

例：有一个油藏，在平面上 S_1，S_2，S_3，S_4 处有四个井点，其孔隙度值为 Z_1，Z_2，Z_3，Z_4，据此估计 S_0 点处的孔隙度值 Z_0（图 7-7）。

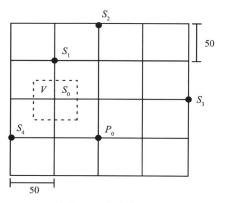

图 7-7　井点位置图

设孔隙度 $Z(x)$ 是二阶平稳的。其在平面上的二维变差函数是一个各向同性的球状模型，其参数：块金值 $C_0=2$，变程 $a=200$，拱高 $C=20$，即

$$r(h) = \begin{cases} 0, & h = 0 \\ 2 + 20\left(\dfrac{3}{2} \cdot \dfrac{h}{200} - \dfrac{1}{2} \cdot \dfrac{h^3}{(200)^3} \right), & 0 < h \leqslant 200 \\ 22, & h > 200 \end{cases}$$

Z_0 的估计量为

$$Z_0^* = \sum_{i=1}^{4} \lambda_i Z_i$$

普通克里格方程组的矩阵形式为

$$[K][\lambda] = [M_2]$$

$$[\lambda] = \begin{Bmatrix} \lambda_1 \\ \lambda_2 \\ \lambda_3 \\ \lambda_4 \\ -\mu \end{Bmatrix}, \quad [K] = \begin{Bmatrix} C_{11} & C_{12} & C_{13} & C_{14} & 1 \\ C_{21} & C_{22} & C_{23} & C_{24} & 1 \\ C_{31} & C_{32} & C_{33} & C_{34} & 1 \\ C_{41} & C_{42} & C_{43} & C_{44} & 1 \\ 1 & 1 & 1 & 1 & 0 \end{Bmatrix}, \quad [M_2] = \begin{Bmatrix} C_{01} \\ C_{02} \\ C_{03} \\ C_{04} \\ 1 \end{Bmatrix}$$

$$[\lambda] = [K]^{-1}[M_2]$$

求解 C_{ij}：

$$C(h) = C(0) - \gamma(h)$$

$$C_{11} = C_{22} = C_{33} = C_{44} = C(0) = \sigma^2 = C_0 + C = 22$$

因为，$C(h) = C(0) - \gamma(h) = 22 - \gamma(h)$

所以，当 $i \neq j$ 时，$C_{ij} = C(|S_i - S_j|) = 22 - \gamma(|S_i - S_j|)$

于是，$C_{12} = C_{21} = C_{04} = 22 - \gamma(|S_i - S_j|) = 22 - \gamma(50\sqrt{2})$

$$= 22 - \left\{ \left[2 + 20\left(\frac{3}{2} \frac{50\sqrt{2}}{200} \right) - \frac{1}{2}\left(\frac{50\sqrt{2}}{200} \right)^3 \right] \right\} = 9.42$$

$C_{13} = C_{31} = 22 - \gamma\left(\sqrt{150^2 + 50^2} \right) = 1.22$

$C_{14} = C_{41} = C_{02} = 22 - \gamma\left(\sqrt{100^2 + 50^2} \right) = 4.98$

$C_{23} = C_{32} = 22 - \gamma\left(\sqrt{100^2 + 100^2} \right) = 2.32$

$C_{24} = C_{42} = 22 - \gamma\left(\sqrt{150^2 + 100^2} \right) = 0.28$

$C_{34} = C_{43} = 22 - \gamma\left(\sqrt{200^2 + 50^2} \right) = 0$

$C_{01} = 22 - \gamma(50) = 12.66$

$C_{03} = 22 - \gamma(150) = 1.72$

将以上数值代入普通克里格方程组解 $[\lambda] = [K]^{-1}[M_2]$ 的矩阵形式中，得

$$\begin{Bmatrix} \lambda_1 \\ \lambda_2 \\ \lambda_3 \\ \lambda_4 \\ -\mu \end{Bmatrix} = \begin{Bmatrix} 22 & 9.84 & 1.22 & 4.98 & 1 \\ 9.84 & 22 & 2.32 & 0.28 & 1 \\ 1.22 & 2.32 & 22 & 0 & 1 \\ 4.98 & 0.28 & 0 & 22 & 1 \\ 1 & 1 & 1 & 0 & 0 \end{Bmatrix}^{-1} \begin{Bmatrix} 12.66 \\ 4.98 \\ 1.72 \\ 9.84 \\ 1 \end{Bmatrix}$$

经计算得 $\lambda_1 = 0.5182$，$\lambda_2 = 0.0220$，$\lambda_3 = 0.0886$，$\lambda_4 = 0.3712$。

$$Z_0^* = 0.5182Z_1 + 0.0220Z_2 + 0.0886Z_3 + 0.3712Z_4$$

7.4　地理加权回归

在空间分析中，变量的观测值一般都属于特定的地区或者具有特定的地理位置，变量间的空间结构或关系会随着地理位置的变化而发生变化，这种因空间地理位置变化而引起变量之间结构或关系发生变化就称为空间非平稳性（郭仁忠，2001；吴立新等，2003），这种变化往往是比较复杂的，因此，若使用忽视空间效应的一般线性回归模型来分析数据，会导致研究得出的各种结果和估计不够完整和科学，缺乏应有的解释力。

7.4.1　普通线性回归模型

线性回归分析模型是用来研究一个因变量与多个自变量之间关系的一种最常用的统计方法，是所有回归分析的起点（汤国安等，2007；Kloogl et al.，2012）。设随机变量 y 与因变量 $x_1, x_2, \cdots, x_p$ 之间的普通线性回归模型（OLR）为

$$y_i = \beta_0 + \sum_{k=1}^{p} \beta_k x_{ik} + \varepsilon_i \tag{7-26}$$

式中，$x_k (k = 0, 1, \cdots, p)$ 为独立变量；y_i 为 x_k 的线性组合；$\beta_k (k = 0, 1, \cdots, p)$ 为回归系数；β_0 为常数项；i 为样本点（$i = 1, 2, \cdots, n$）；ε_i 为符合正态分布的独立误差项（$\varepsilon_i \sim N(0, \sigma^2)$）。以矩阵形式表示为

$$Y = XB + \varepsilon \tag{7-27}$$

式中，$B = [\beta_0, \beta_1, \cdots, \beta_p]^T$，$\varepsilon = [\varepsilon_1, \varepsilon_2, \cdots, \varepsilon_n]^T$，$Y = [y_1, y_2, \cdots, y_n]^T$，$X = \begin{pmatrix} 1 & x_{11} & \cdots & x_{1p} \\ \vdots & \vdots & & \vdots \\ 1 & x_{n1} & \cdots & x_{np} \end{pmatrix}$。

采用最小二乘法估计参数，

$$B = (X^T X)^{-1} X^T Y \tag{7-28}$$

7.4.2　地理加权回归模型

因为普通的线性回归模型忽略了空间位置和距离的变化，其回归参数没有随地理位置的变化而不同，不能全面地反映数据随空间位置的变化规律，没有考虑空间的非平稳性（顾凤岐和赵倩，2012）。而在实际问题探究中，会经常发现在不同的空间位置上回归参数的表现也总是不同的，也就是说随着地理位置变化，回归参数也是不断变化的，这时如果仍采用全局线性回归模型，得到的参数估计是在整个研究区域内回归参数的平均值，不能真实地反映回归

参数的空间特征(魏传华等，2010)。

在总结前人研究的基础上，Brunsdon 等(1998)提出了地理加权回归模型(geographically weighted regression model，GWR)，该模型通过把数据的空间位置通过权函数嵌入到回归参数中，采用局部加权最小二乘法对观测点的系数进行估计。通过各点空间位置上的参数估计值随空间位置的变化情况，可以非常直观地探究空间关系的非平稳性。分析出更加切合实际的数据。

地理加权回归模型是线性回归模型的扩展，允许参数在空间区域上变化，将数据的地理位置嵌入到回归参数之中，其公式为

$$y_i = \beta_0(u_i, v_i) + \sum_{k=1}^{p} \beta_k(u_i, v_i) x_{ik} + \varepsilon_i \quad (i = 1, 2, \cdots, n) \tag{7-29}$$

式中，(u_i, v_i) 为第 i 个样本点的空间坐标；$\beta_k(u_i, v_i)$ 为连续函数 $\beta_k(u_i, v_i)$ 在 i 点的值；β_0 为常数项；x_{ik} 为自变量；ε_i 为误差项。如果 $\beta_k(u_i, v_i)$ 在空间任意一点 i 的值都相同，则该方程即为全局回归模型，即上面提到的一般线性回归模型。

为了方便表述可以将式(7-29)简写为

$$y_i = \beta_{i0} + \sum_{k=1}^{p} \beta_{ik} x_{ik} + \varepsilon_i \tag{7-30}$$

式中，$i = 1, 2, \cdots, n$，若 $\beta_{1k} = \beta_{2k} = \cdots = \beta_{nk}$，则地理加权回归模型就变为式(7-25)所指模型。

将式(7-30)写成矩阵的形式，形式如下：

$$y = (X \otimes \beta')I + \varepsilon \tag{7-31}$$

即将 X' 的元素与 β' 对应的元素进行逻辑相乘，构成一个新的矩阵。设有自变量 p 个和数据采样点 n 个，则 X' 与 β' 都是 $n \times (p+1)$ 维的矩阵，I 为 $(p+1) \times 1$ 的单位向量。β 由 n 组局域回归参数构成，形式如下：

$$\beta = \begin{pmatrix} \beta_{10} & \cdots & \beta_{l0} & \cdots & \beta_{n0} \\ \beta_{11} & \cdots & \beta_{l1} & \cdots & \beta_{n1} \\ \vdots & & \vdots & & \vdots \\ \beta_{1p} & \cdots & \beta_{lp} & \cdots & \beta_{np} \end{pmatrix} \tag{7-32}$$

由于在地理加权回归模型中，每个数据采样点上的回归参数都是不同的。因此，未知参数的个数为 $n \times (p+1)$ 个，远远大于观测点的个数 n，因此，就不能直接用参数回归估计方法来估计其中的未知参数，而应该使用非参数光滑方法来拟合地理加权回归模型。为了充分地利用已有观测值，并且能尽量减少样点规模扩大而引起的偏差增加，Brunsdon 等在估算数据采样点 i 的回归参数时，从不同观测点所测到的观测值的重要性有所不同，距离观测点 i 点越近的观测值越重要，距离越远的观测值重要性越小。根据加权最小二乘方法(weighted least square，WLS)，i 点的回归参数 β 可通过使

$$\sum_{j=1}^{n} w_{ij} \left(y_j - \beta_{i0} - \sum_{k=1}^{n} \beta_{ik} x_{ik} \right)^2 \rightarrow \min \tag{7-33}$$

达到最小值来估计，这里的 w_{ij} 为 d_{ij} 的单调递减函数。d_{ij} 为回归点 i 与其他观测点 j 之间的地理距离。

空间权重矩阵的选取是地理加权回归模型的核心，它是通过选取不同的权函数来反映对

数据的空间关系的不同认知。根据地理学第一定律的思想来确定权重，当对位置 (u_i, v_i) 处的参数进行估计时，靠近 (u_i, v_i) 的观测点对参数估计的贡献大，远离 (u_i, v_i) 的观测点对参数估计的贡献小，权重通常取下列两种函数形式。

高斯距离权重 $W_j(u_i, v_i) = \exp\left[-\left(\dfrac{d_{ij}}{h}\right)^2\right]$　$(j = 1, 2, \cdots, n)$

双重平方距离权重　　　$W_j(u_i, v_i) = \begin{cases} \left[1 - \left(\dfrac{d_{ij}}{h}\right)^2\right]^2, & d_{ij} \leqslant h(j = 1, 2, \cdots, n) \\ 0, & d_{ij} > h(j = 1, 2, \cdots, n) \end{cases}$

式中，h 为带宽，带宽的大小直接影响模型的空间变化。国际上普遍采用 Cleveland 和 Browman 提出的交叉确认方法（Cross-validation，CV）。

$$CV(h) = \sum_{i=1}^{n} \left[y_i - \hat{y}_i(h)\right]^2$$

式中，$\hat{y}_i(h)$ 为 y_i 在位置 (u_i, v_i) 的拟合值，当 CV(h) 值达到最小时，对应的 h 就是合适的带宽。

　　GWR 模型显著性检验的常用方法是 AIC 信息准则法，该方法建立在熵的概念基础上，用于多种回归模型间的拟合效果对比，基本公式为

$$AICc = \ln\left(\frac{RSS}{n}\right) + \frac{n+k}{n-k-2}$$

式中，k 为变量的个数；n 为样本容量；RSS 为残差平方和；AICc 为一个相对量纲，对拥有相同自变量的不同模型而言，AICc 值越小代表该模型拟合性能越好，当模型间 AICc 值差异小于 3 时，模型之间拟合性能相等（刘贵文和王丽娟，2013）。

　　由于地理加权回归方法自身的特点，GWR 模型要求数据一定要具有空间的可度量性，如空间相邻关系、空间坐标的定义。因此，地理加权回归模型同全局回归模型比较，明显的优势在分析空间数据时得以体现，首先，在模型本身采用的方法方面，地理加权回归模型能够结合计量经济学，如设置多变量、进行严格的计量检验等。然后，在分析得出的结果方面，全局模型忽略了变量之间关系的局部特征，通常得出的结果只能表达整个区域的平均状态，每个自变量只对应一个系数值；而地理加权回归模型能够灵活地调整优化权重，每一个研究样点都有一个对应的系数值，形成一个系数值区间，从而使估计出的结果更能真实客观地反映每一点的具体情况；另外，地理加权回归模型同一般模型相比较最突出的优势在于不仅能形成参数估计值，而且还能与地理信息系统技术相结合，使结果反映在 GIS 软件的地图中，需要时还能对此进行编辑操作，给人们一个更加形象直观的结果。

第8章　智能化空间分析

随着 GIS 应用水平的不断提高，人们开始逐渐关注地理空间数据的模糊性、不确定性及其分析方法，显然，传统基于确定性数据的分析模型已经不能有效地解答这一问题。同时，越来越多的复杂应用问题也对 GIS 空间分析功能提出了更高的要求。因此，地学工作者把数学、计算机科学和信息科学领域的智能计算技术引入地学研究，将模糊数学、神经网络、遗传算法、分形理论、小波分析等人工智能技术与 GIS 相结合，试图把不确定的数据处理转换为可靠、精确的知识和信息分析，以提高 GIS 空间数据分析和空间问题模拟的准确度。智能计算将数值计算与语义表达、形象思维等高级智能行为联系起来，通过模拟人脑判断与推理的行为与过程，处理关系错综复杂的数据，使高维非线性随机、动态或混沌系统行为的分析、预测和决策问题通过软计算找到有效的解决途径。

8.1　智能计算技术

8.1.1　人工智能技术的产生与发展

智能是个体有目的的行为、合理的思维以及有效地适应环境的综合性能力。所谓人工智能(artificial intelligence，AI)是指通过对人类智力活动奥秘的探索与记忆思维机理的研究，开发人类智力活动的潜能、探讨用各种机器模拟人类智能的途径，使人类的智能得到物化、延伸和扩展的一门学科。在半个多世纪的时间里，人工智能的发展经历了数次高潮和低谷，迄今在许多领域得到了广泛的应用，取得了显著的成就，与生物工程和空间技术一起成为当今世界的三大尖端技术。表 8-1 简要概括了人工智能发展史。

表 8-1　人工智能发展简史

年代	主要发展方向
20 世纪 30～40 年代	理论思考
20 世纪 50 年代	简单神经网络
20 世纪 60 年代	启发式搜索
20 世纪 70 年代	专家系统
20 世纪 80 年代	神经计算、遗传算法和人工生命
20 世纪 90 年代	遗传规划、模糊逻辑和混合智能系统
21 世纪	自动工程、机器学习、自然语文理解等

20 世纪 30～40 年代，智能界主要进行机器智能的理论思考，数理逻辑和关于计算的新思想促成了人工智能的产生和发展。数理逻辑的研究成果可以用较简单的结构使推理的某些方面形式化，为智能活动的部分过程在计算机上实现提供了前提条件。1946 年，美国科学家 Mauchly 和 Eckert 研制成功世界第一台电子计算机 ENIAC 为 AI 的产生奠定了必要的技术基础。英国年轻的数学家 Turing 在神经学和心理学启发下于 1950 年开创性地提出计算机能够"思维"这一

科学论断，把符号处理过程中的形式推理上升到思维的高度，为 AI 奠定了理论基础。

简单的神经网络在 20 世纪 40 年代末到 50 年代得到了发展。早在 1943 年，McCulloch 和 Pitts 根据动物神经元的生理特点提出了人工神经元的数学模型，即 MP 神经元模型，多个 MP 神经元组成的 MP 神经网络可以完成一些简单的逻辑功能。1949 年，心理学家 Hebb 提出改变神经元间连接强度的学习规则，其基本思想是若两个神经元同时兴奋则表明它们之间的连接应加强。50 年代开始，智能界开始把神经网络作为人工智能的主要研究领域。1958 年，Rosenblatt 提出感知机模型，给出两层感知机的收敛定理，建立了第一个真正的人工神经网络模型。从 50 年代到 60 年代初，神经网络研究受到科学界的高度重视，人工智能研究进入高潮。1969 年，美国麻省理工学院人工智能学者 Minsky 和 Papert 在 *Perception* 一书中明确指出：单层的感知机只能用于线性问题求解，却无法求解像 XOR（异或）这样简单的非线性问题，他们认为，能求解非线性问题的网络应该是具有隐含层的多层神经网络，而将感知机模型扩展成多层网络是否有意义，还不能从理论上得到有力的证明。由于 Minsky 的悲观结论，此后近 10 年神经网络研究进入一个缓慢的低潮期。

20 世纪 70 年代，专家系统（expert system）在人工智能界显示出强大的生命力。被誉为"专家系统和知识工程之父"的费根鲍姆（Feigenbaum）领导的研究小组于 1968 年研究成功第一个专家系统 DENDRAL，主要用于质谱仪分析有机化合物的分子结构。1972～1976 年，该研究小组又成功地开发了用于抗生素药物治疗的 MYCIN 医疗专家系统。其后，涌现出许多著名的专家系统，包括 PROSPECTOR 地质勘探专家系统、CASNET 青光眼诊断治疗专家系统、RI 计算机结构设计专家系统、MACSYMA 符号积分与定理证明专家系统等，为工矿数据分析处理、医疗诊断、计算机设计、符号运算和定理证明等提供了强有力的工具。到 80 年代，专家系统和知识工程在世界范围得到迅速发展。在开发专家系统过程中，许多研究者获得共识——人工智能系统是一个知识处理系统，知识获取、知识表示和知识利用是人工智能系统的三大基本问题。专家系统实现了人工智能从理论研究走向实际应用、从一般思维规律的探讨走向专门知识运用的重大突破。

遗传算法（genetic algorithms，GA）起源于对生物系统进行的计算机模拟研究，是模拟生物在自然环境中的遗传和进化过程而形成的一种自适应优化概率搜索算法，是 20 世纪 60~70 年代由美国 Michigan 大学 Holland 教授领导的研究小组发展起来的。70 年代初，Holland 提出了"遗传算法的基本定理"——"模板定理"（scheme theorem），奠定了遗传算法研究的理论基础。1975 年，Holland 出版了著名的 *Adaptation in Natural and Artificial Systems* 一书，这是第一本系统论述遗传算法的专著，该年也被称为"遗传算法诞生年"。80 年代以后，遗传算法被广泛应用到各种复杂系统的自适应控制以及复杂的优化问题中。随着遗传算法研究热潮的兴起，人工智能再次成为人们关注的焦点。

20 世纪 80 年代末以来，神经网络、模糊逻辑与遗传算法之间的边界开始变得模糊，这些技术相互交叉和结合所产生的技术系统比单一技术更为有效，逐渐形成了人工智能新的研究方向——智能计算（computational intelligence，CI）。人工智能已从传统的基于符号处理的符号主义向以神经网络为代表的连接主义和以遗传算法为代表的进化主义方向发展。

（1）符号主义以物理符号系统为基础，研究知识表示、获取、推理过程，传统的人工智能是符号主义，它以 Newell 和 Simon 提出的物理符号系统假设为基础。

（2）连接主义以数据为基础，通过训练建立联系，进行问题求解，其初始代表为神经网络，研究非程序的、适应性的信息处理的本质和能力。

(3)进化主义是模拟生物在自然环境中遗传和进化的原理，遗传算法是较典型的代表。

有些智能界学者认为连接主义与进化主义的差别不大，因此，可将人工智能笼统地分为两大类，即符号智能和计算智能(或智能计算)(图 8-1)。计算智能是基于结构演化的智能，包括神经计算、模糊逻辑、遗传算法、进化程序设计等。神经计算是从神经生理学和认知科学的研究成果出发，应用数学方法描述非程序的和适应性的、大脑风格的人工神经网络信息处理的本质和能力。符号智能和神经计算似乎是完全不同的研究方法，前者基于知识，后者基于数据；前者采用推理，后者通过映射。但是从人类思维模型看，这两个学派正是研究思维的不同形态。符号智能研究抽象思维，神经计算研究形象思维。如何将两者联系起来，互为补充，是当前研究的热点问题之一。

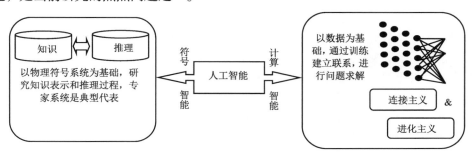

图 8-1　符号智能与计算智能

8.1.2　智能计算技术的概念

智能计算(computational intelligence，CI)，也称为"软计算"。传统人工智能使用的是知识，在面对许多涉及识别、认知、理解、学习、决策等方面的问题时，特别是人类仅凭自身的经验、直觉就能解决的问题时，方法上就存在知识表达或建模的困难。智能计算则基于操作者提供的数据，不依赖于知识，以数据为基础，通过训练建立联系，进行问题求解。Bezdek认为智能计算具有适应性运算能力、计算的容错能力、人脑的计算速度及与人脑一样决策与思维的正确率。智能计算的本质与传统硬计算不同，其目的在于适应现实世界遍布的不确定性，因此，智能计算的指导原则是开拓对客观世界不确定性的容忍，以达到对不确定性问题的可处理性、鲁棒性、低成本求解等目标。

迄今为止，关于智能计算的定义尚没有统一的看法，大体归纳如下：

(1)智能计算就是受自然界(生物界)规律的启迪，根据其原理模仿设计求解问题的算法。如人工神经网络技术、遗传算法、进化规划、模拟退火技术和群集智能技术等。

(2)智能计算(包括神经网络、进化、遗传、免疫、生态、人工生命、主体理论等)作为第二代人工智能方法，是连接主义、分布式人工智能和自组织系统理论等共同发展的结果。

(3)智能计算是用计算机模拟和再现人类的某些智能行为。从方法论的角度，计算智能大致可分为 3 种基本类型：以符号操作为基本特征的符号机制；以人工神经网络为代表的联结机制；以遗传算法为代表的进化机制(进化论)。符号机制从抽象层次模拟和再现人类的某些智能行为，演绎方法构成其主要的逻辑框架；联结机制从神经元相互作用的层次模拟再现人类的某些智能行为，归纳法，尤其是不完全归纳法构成其主要的逻辑框架；进化机制从自然进化的角度探寻智能的形成方式，基于试探和反馈的自适应奖罚策略构成其主要的逻辑框架。

（4）智能计算广义地讲就是借鉴仿生学思想，基于生物体系的生物进化、细胞免疫、神经细胞网络等某些机制，用数学语言抽象描述的计算方法，用以模仿生物体系和人类的智能机制。从方法论的角度和目前的研究状况来看，智能计算有 5 种基本类型：①适用于处理不确定信息的模糊数学和粗集理论；②人类某些智能行为的神经网络；③以生物进化规律为特征的进化算法；④以操作为基本特征的免疫算法；⑤氧核糖核酸复制为基本特征的脱氧核糖核酸计算。

总的看来，上述不同版本的定义共同认为：智能计算技术是从模拟自然界生物体系和人类智能现象发展而来的，可以在人们改造自然的各种工程实践中取得实际效果。

关于人工智能和计算智能的关系，不同学者持有不同的观点。Bezdekd 等把智能分为 3 个层次：第一层次是生物智能（biological intelligence，BI），它是对智能的产生、形成和工作机理的直接研究，主要是生理学和心理学研究者所从事的工作，大脑是其物质基础；第二层次是人工智能（artificial intelligence，AI），是非生物的，它以符号系统及其处理为基础，来源于人的知识和有关数据，主要目标是应用符号逻辑的方法模拟人的问题求解、推理、学习等方面的能力；第三层次是计算智能（computational intelligence，CI），由数学方法和计算机实现，来源是数值计算以及传感器所得到的数据。他们认为计算智能是人工智能的子集，人工智能是计算智能到生物智能的过渡。另一些学者认为人工智能和计算智能是不同的范畴。Eberhart 将计算智能定义为一种包含计算的方法，显示出有学习或处理新情况的能力，从而使系统具有如泛化、恢复、联想和抽象等一种或几种推理功能。计算智能系统通常包括多种方法的混合，如神经网络、模糊系统、进化计算系统及知识元件等。事实上，无论是 CI 还是 AI 都有各自的特点、问题、潜力和局限，只能相互补充而不能相互取代。

智能理论与技术的研究方兴未艾，智能技术的新概念、新名词将不断出现，智能技术的最高层次是在结构和功能上接近人脑的思维。一般认为，计算智能是神经网络、模糊计算、进化计算及其融合技术的总称，是基于数值计算和结构演化的智能，是智能理论发展的高级阶段。

8.1.3　智能计算技术的特点及组成

1）智能计算技术的特点

（1）智能性。智能计算技术的智能性包括自适应、自组织和自学习性等，这种自组织、自适应特征赋予该技术具有根据环境的变化自动发现环境的特性和规律的能力。

（2）稳健性。智能计算技术的稳健性是指在不同环境和条件下算法的适用性和有效性，利用智能计算技术求解不同问题时，只需设计相应的适应性评价函数，而无需修改算法的其他部分。

（3）不确定性。智能计算技术的不确定性是伴随其随机性而来的，其主要操作都含有随机因子，从而在算法的进化过程中，事件发生与否带有较大的不确定性。

（4）强化计算。智能计算不需要很多待求解的背景知识，而主要依赖于大量快速的运算从数据集中寻找规则或规律，这是智能计算领域的普遍特征。

（5）容错性。神经元网络和模糊推理系统都有很好的容错性。从神经元网络中删除一个神经元，或是从模糊推理系统中去掉一条规则，并不会破坏整个系统。由于具有并行和冗余的结构，系统可以继续工作。

（6）全局优化。传统的优化方法一般采用的是梯度下降的爬山策略，遇到多峰函数时容易陷入局部最优。遗传算法能在解空间的多个区域内同时进行搜索，并且能够以较大的概率跳出局部最优以找出整体最优解。

2）智能计算技术的组成

智能计算以连接主义的思想为主，并与模糊数学和迭代函数系统等数学方法相交叉，形成了众多的发展方向。迄今为止，关于智能计算方法体系尚未具有统一的认识。Zadeh 教授提出智能计算主要包括模糊逻辑（fuzzy logic）、神经网络理论（neural network）和概率推理（probabilistic reasoning），随后还增加了进化计算［evolutionary computation，包括遗传算法（genetic algorithms，GA）、进化策略（evolutionary strategies，ESs）和进化规划（evolutionary programming，EP）三个分支］、学习理论（learning theory）、置信网络（belief network）和混沌理论（chao theory）等内容。一些研究认为智能计算还应包括非线性科学中的小波分析、混沌动力学、分形几何理论、免疫算法（immune algorithm）、DNA 计算、模拟退火技术（simulated annealing algorithm）、多智能体（multi-agent）系统以及粗集理论（rough sets）和云理论（cloud theory）等。

智能计算并不是单一的方法，而是众多方法和技术的集合，包括模糊逻辑、神经计算、遗传算法、随机推理，以及最近开发的包含数据的推理、置信网络、混沌系统、不确定管理和部分学习理论等。大体而言，模糊逻辑、神经计算（neural computation）和遗传算法是智能计算技术的核心，这些技术是互补关系，而不是竞争关系。模糊集合理论借助隶属度来刻画模糊事物的亦此亦彼性，考虑模糊性，重在处理不精确的概率，而粗集以自己的上近似集和下近似集为基础，笼统考虑随机性和模糊性，具有很强的定性分析能力，可用于不确定影像分类、模糊边界划分等。云理论是一个分析不确定信息的新理论，由云模型、不确定性推理和云变换三大部分构成。云理论把定性分析和定量计算结合起来，适于处理 GIS 中随机性和模糊性为一体的属性不确定性。空间统计学可估计模拟决策分析的不确定性范围，分析空间模型的误差传播规律，改善 GIS 对随机过程的处理等。神经网络反映大脑思维的高层次结构，善于直接从数据中进行学习；模糊计算模仿低层次的大脑结构，推理能力较强；进化计算模拟生物体种群的进化过程，实现优胜劣汰，很适合于求解全局最优问题，但其学习的精度不如神经网络、推理能力不如模糊系统。

在实际应用中，更多的是将多种方法有机交叉融合，而非单独使用其中一种，形成模糊-神经网络、遗传-神经网络、随机-神经网络、模糊逻辑、模糊-遗传、神经网络-模糊-遗传以及神经网络-遗传-免疫算法等混合智能计算系统。基于可视化技术的表达和分析，直观表示了空间数据不确定性大小、分布、空间结构和趋势，使用户在决策分析时了解何处数据有质量问题及其严重程度。

8.2　地理空间数据的不确定性

8.2.1　空间数据不确定性的概念及类型

确定性是指处于混沌或模糊边缘的现象，是客观世界的固有特征，存在于自然科学技术、社会经济和人文科学的各个领域。地理空间数据是对地理空间现象和过程的抽象和近似表达，存在着广泛的不确定性。空间数据不确定性可以理解为关于空间位置、空间现象、过程和特征不能被准确确定的程度。不确定性问题贯穿于整个数据的生命周期，可能随时间发生变化，致使地理空间数据分析与管理极其复杂。

迄今为止，关于空间数据不确定性的定义尚未形成明确和统一的认识，以下是一些初步的论述：Ronen(1988)在 *Uncertainty Analysis* 一书中指出，空间数据的不确定性一般指误差、精度、精确度、正确度和合理性；Heuvelink(1993)认为不确定性是误差的同义词；Goodchild(1995)把不确定性看作比误差更为一般的数据质量问题，即数据不确定性的含义要比误差更为广泛；Wel(2000)将数据中的不确定性理解为某个具体数据特征不能表达的和有关真值知识的有用概念；Gottsegen(2001)则认为不确定性概念比误差或精度以及限制性概念要广，它可以看作是知识多少有点不完备的数据，这些数据是不可信的和不知道的；Beren(2002)认为不确定性是对模型可能输出结果的风险性评估，它是评估模型正确性的一种方法，与风险性相联系；Fisher(2003)指出空间数据不确定性是用来表述所有已经发表的与位置信息不确定相关的研究和一些认为与数据质量互补的研究领域的研究，并将空间数据不确定性的研究分为误差(error)、模糊(vagueness)、歧义(ambiguity)和不一致(discord)四个方面。

总的看来，绝大多数观点认为空间数据的不确定性与空间数据质量有关，但并不局限于数据质量问题。空间数据的不确定性是指信息源没有完全表达的程度，不仅包含能够观测的误差要素，也包含复杂的、难于观测的要素。

从不同的角度，空间数据不确定性可划分为不同类型。根据空间数据的时间、空间、属性基本要素，可以分为时间不确定性、空间不确定性和属性不确定性(图 8-2)。

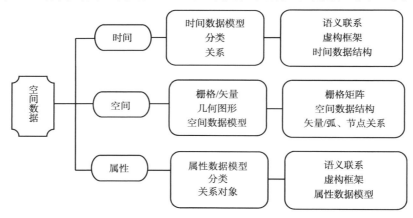

图 8-2　空间数据不确定性

地理要素的获取都要经过定义和赋值(量测)过程，从这个角度来说，空间数据的不确定性类型分为概念不确定性和量测不确定性。前者是指客观实体特征向地理信息系统空间目标转化过程引起的不确定性，后者是指对空间目标赋值的不确定性。

另外，不确定性还常常被分为随机不确定性和模糊不确定性，分别由随机性和模糊性引起。随机性指不知是否会发生的事件中包含的不确定性，如人口的分布、迁移以及泥石流、地震的发生等均具有随机性；模糊性则是已经出现或将会出现但难以给出精确定义的事件中所包含的不确定性，如利用地理信息系统分析某城市繁华区人口密度时，难以给"密度大"、"密度较大"、"密度小"等词语精确的定义，即是一种模糊不确定性。在现实世界中，有些事件往往既包含随机不确定性，又包含模糊不确定性。例如"明天下雪的可能性很小"，既包含随机不确定性，又包含模糊不确定性。下不下雪是随机的，具有随机不确定性；可能性很小却是模糊的，具有模糊不确定性。

8.2.2　空间数据不确定性的来源

从空间数据的形式表达到空间数据的生成，从空间数据的处理变换到空间数据的应用，在处理地理空间问题的各个环节中都会引起空间数据的不确定性，不确定性还会传播和累积。空间数据不确定性的来源可归纳为以下 3 种。

1. 空间现象本身固有不确定性

地理空间充满了内在不确定性特征。不同类型地物的物质组成和结构是连续变化的，本身没有明确的界线。例如，各自然地理带、气候带之间均呈现渐变特征，并不存在明显的分界线，而各种类型分区图的界线往往是人为的，具有明显的不确定性。

空间现象自身存在的不稳定性包括空间特征和过程在时间、空间和属性内容上的不确定性。空间现象在空间上的不确定性指其在空间位置分布上的不确定性变化；空间现象在时间上的不确定性表现为其在发生时间段上的游移性；空间现象在属性上的不确定性表现为属性类型划分的多样性，非数值型属性值表达的不精确性。

2. 人类对空间现象的认知与表达不完备

人类对地理空间认知经历了从完全无知到少知，从少知到多知，从感性认知到理性认知阶段，这是一个漫长、动态和逐渐深化的过程，存在着极大的不确定性。例如，人类对于地壳结构、地质构造的认识就先后经历了"地台地槽学说"、"地洼学说"、"大陆漂移学说"和"板块学说"。现在"板块学说"又遇到新的挑战，人们对地壳的认知仍然具有不确定性。

同时，地理现象与过程的类型千差万别，在空间和时间上表现形式或者为连续性，或者为离散性，但在 GIS 中，它们最终都要以点、线、面这些基本图形要素的数据形式来表达，必然存在表达合理性的问题。

3. 数据采集、录入、存储、处理与输出等过程中的误差

GIS 中空间数据从最初采集，经录入、编辑、处理到最后使用，每一个过程均有可能产生误差，从而导致相当数量的误差积累（图 8-3）。这些误差可以分为源误差、处理误差和使用误差 3 种类型。源误差是指数据采集和录入过程中产生的误差，包括遥感数据、测量数据、属性记录、GPS 测量、制图、数字化等过程引起的误差；处理误差是指数据录入后进行数据存储、处理等过程产生的误差，包括数据格式转换、数据抽象、拓扑分析、叠加分析、数据集成处理等；使用误差是指空间数据在使用过程中出现的误差，包括对数据的理解、数据的完备程度、时间的有效性等。

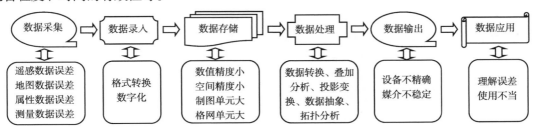

图 8-3　数据的主要误差来源

8.2.3　空间数据不确定性研究的内容与理论方法

GIS 空间数据的不确定性包括空间位置的不确定性、属性不确定性、时域不确定性、逻辑上的不一致性及数据的不完整性。空间位置的不确定性指作为空间实体的点、线、多边形或者栅格像素在图形或图像表达中与其真实值的误差程度；属性不确定性是在采集、描述和分析真实世界中客观实体的过程中，实体属性的量测、分析值围绕其属性真值，在时间和空间内的随机不确定性变化域；时域不确定性是指在描述地理现象时，时间描述上的差别；逻辑上的不一致性指数据结构内部的不一致性，特别是指拓扑逻辑上的不一致性；数据的不完整性是指 GIS 没有尽可能完全地表达给定的目标。此外，地理信息系统不确定性研究还包括模型的不确定性、GIS 数据产品的不确定性和 GIS 工程的不确定性等。

为实现不确定性空间数据的有效表达、分析和模拟，需要探索一种具备自学习、自组织和自适应能力，能够处理关系错综复杂的信息，且具有通用、稳健、简单、便于并行处理特点的新理论和方法，它们能将数值计算与语义表达、形象思维等高级智能行为联系起来，模拟人脑的判断与推理。因此，智能计算被引入地理空间信息科学领域，用于处理不确定性空间数据。智能计算又称软计算(soft computing，SC)，传统意义中的硬计算(hard computing，HC)具有精确性、确定性的特点，而软计算具有近似性、非确定性的特点。目前，处理不确定性问题采用的理论方法主要有：空间统计理论与"ε 带"方法、模糊集合理论、熵理论、灰色理论、神经网络理论、粗集理论、证据理论、蒙特卡罗模拟、云理论和遗传算法等。它们大都自 20 世纪 80 年代末或 90 年代开始流行，是从人脑的智能活动、生物的生存竞争与遗传变异等过程模仿和简化而来，更强调数值计算，不通过公理和公式来描述事物，而是以数据及其分布来描述对象，其共性如下。

(1)大都引入随机因素，具有不确定性，甚至同时支持相互矛盾的途径去求解，不少计算过程实际上是在计算机上做随机过程的模拟。

(2)大都具有自适应机制的动力体系或随机动力体系，有时在计算过程中体系结构还在不断调整。

(3)大部分算法都是针对通用的一般目标而设计的，不同于针对特殊问题而设计的算法。

(4)与传统方法相比，这类算法在解决低维或简单问题时过于繁琐，而面对复杂的情形，则可以显示出灵活、智能的优势。

8.2.4　智能化空间分析技术

1)智能化 GIS

随着 GIS 应用水平的不断提高，人们开始将人工智能技术、决策支持系统等数学、计算机和信息科学领域的方法和技术引入地理信息系统中，用于解决资源分配、土地利用规划、城市交通、地下水管理等各领域在地理信息处理时遇到的难以用单纯算法解决的不确定性、复杂性问题。发展智能 GIS 或者专家 GIS，是解决复杂地学问题的重要途径，也是目前 GIS 领域最具吸引力的一个研究方向。

智能化 GIS 是指与专家系统(expert system，ES)、人工神经网络、模糊逻辑、遗传算法等相结合的 GIS。简言之，智能化 GIS 是人工智能技术在 GIS 中的应用。目前，对智能化 GIS 有以下两种理解。

（1）智能化 GIS 是指在 GIS 系统中应用人工智能技术，建立智能化时空数据处理和分析模型，在人工智能理论支持下对时空信息进行处理和分析，即在地学规律指导下，结合具体的地学知识和地理信息，通过地学分析和 GIS、人工智能等技术手段获得更精确的、反映实际地学规律的分析结果。

（2）智能化 GIS 是 GIS 系统作为一种处理分析空间信息的通用技术应用于某一个领域，使管理水平、决策系统智能化。例如，在智能交通系统中，通过采用电子技术、地理信息系统技术、通信技术等高新技术对传统的交通运输系统及管理体制进行改造，形成一种信息化、智能化、社会化的新型现代交通系统。

2）智能化空间分析技术的发展

智能化 GIS 空间分析并不是简单地从地理数据库中通过"检索"和"查询"提取空间信息，而是利用各种空间分析模型、空间操作技术对海量空间数据进行有效处理，发现新的知识和规律，其中，必然涉及各种智能分析方法的运用问题。智能化的空间分析方法可以解决更加复杂的地理问题，并且提高解决地理问题的效率与精度。从近几十年的发展历程看，智能化空间分析方法主要经历了从决策树、基于知识的专家系统到基于智能计算分析方法不同阶段。

智能化空间分析重点要解决空间知识的发现、表达、推理与计算等问题。对于描述性知识来说，符号方法是一种重要的知识表达与推理手段，如逻辑（模糊，非模糊）、产生式系统、语义网、框架、面向对象技术以及综合方法等。基于知识的决策可以由以知识工程及人工智能理论为基础的决策支持系统来完成，智能知识的表达与推理是智能化空间决策支持系统的核心。

在人工智能中，地理现象、地理事实、地理概念、地理规律及地理理论统称为地理知识，而将地理知识应用在空间分析中则形成了"地理专家系统"。20 世纪 80 年代和 90 年代，基于知识的地理专家系统曾经是地理研究方法中较流行的模式。例如，美国著名的地质勘探专家系统，暴雨预报专家系统 WILLARD，Sarasua 和 Wayre 等基于知识的 GIS 的铁路与高速公路交叉口安全管理与分析，LamDavid 等将专家系统、神经网络与 GIS 相结合建立的用于环境管理的决策支持系统，南京大学开发的用于寻找地下水的专家系统等，都较好地解决了有关的非线性地理问题。

美国学者 Bezdek 于 1992 年在 *Approximate Reasoning* 学报上首次提出智能计算技术的概念。智能计算技术以数据为基础，即便在对象模型和边界条件不够精确和完整的情况下，也能够获得合理的解，因此，能够有效地解决系统中一些非线性和不确定性的问题。智能计算技术是基于计算的、或者基于计算和基于符号物理相结合的各种智能理论、模型、方法的综合集成，对于具有大规模并行分布式的结构性知识，具有其他技术无可替代的优越性。

8.3　模糊地理空间数据分析

模糊一词源于英文 fuzzy，具有"不分明的"或"边界不清楚"的含义。1965 年，美国加利福尼亚大学扎德（Zadeh）教授首次提出"模糊集合"的概念，并给出模糊概念的定量表示法，从此诞生了对模糊信息进行理论分析和数学求解的模糊理论。

自然界的许多现象很难用"是"或"不是"、"对"或"不对"这样非此即彼的精确语言来描述，地理空间信息分析本质上具有某种程度的模糊性。例如，不同土地类型的界线是模糊的；天气预报中说的"局部地区有小雨"，局部地区指的是哪里，它的边界有多大？传统数学方法无力解决这类模糊性空间问题，因此，将模糊数学引入到地理空间信息处理与分析中，利用模糊概念与理论使许多不确定性空间问题的解决获得突破性进展。

8.3.1　模糊集合与模糊逻辑

1）模糊集合

模糊集合是一组具有连续隶属度的元素所组成的集合。在经典的集合论中，一个元素 x 相对于集合 S 的关系可表示如下：

$$\mu_s(x) = \begin{cases} 1, & x \in S \\ 0, & x \notin S \end{cases} \tag{8-1}$$

而在模糊集合论中，x 是否属于 S 由 0 到 1 之间的数即属于的程度用隶属度来表示，且 $0 \leqslant \mu_s(x) \leqslant 1$。

也就是说，它允许表示一个元素部分地属于某一集合的情况。

若 $S = \{S_1, S_2, S_3, \cdots, S_n\}$，则 S 的模糊集 M 可表示为

$$M = \left\{ \mu_{S_1}(x), \mu_{S_2}(x), \mu_{S_3}(x), \cdots, \mu_{S_n}(x) \right\} \tag{8-2}$$

式中，$\mu_{S_1}(x) + \mu_{S_2}(x) + \mu_{S_3}(x) + \cdots + \mu_{S_n}(x) = 1$。

模糊集合可以用于处理空间数据的不确定性。例如，利用普通集合理论，难以描述两种土壤类型间的渐变区域，因此，很难确切地描述土壤类型的空间扩展、分布，应用模糊集合理论可以解决该问题。把土壤类型定义为一个具有空间扩展的集合体，其边界区域可以用隶属度函数定义一个传递区域，该隶属度函数可用于描述空间内任何一点属于该土壤的程度。模糊集合理论在处理不确定性问题时，用自然语言进行有关的空间查询具有较大的优势。例如，要实现这样一个查询，靠近某一监测站的范围在哪里？"靠近某一监测站台"区域可以用空间域中的模糊子集来描述。

2）模糊逻辑

模糊逻辑是智能计算的一个重要分支，采用模糊逻辑可以用直观的规则代替复杂的数学模型。其实，"模糊逻辑本身绝不模糊"，从技术角度看，模糊逻辑是一种直觉经验和启发式进行工作的且能涵盖基于模型系统的技术，是一种可以用来设计、优化和相对易于实现较复杂系统的有效方法。它既可看作是一种有助于实现具有鲁棒性和可容忍系统缺陷的系统工程法则，也是一种模仿人的思考方式接受不精确不完全信息进行推理的技巧。

模糊逻辑是由二值逻辑到无限值逻辑的推广。模糊逻辑不仅将二值逻辑的真假值域从{0，1}扩充到闭区间[0，1]，而且还在无限值逻辑中插入了模糊集和模糊关系。设 E 为论域 U 的模糊子集，"e 属于 E"就是模糊命题，这个命题的值可定义为 E 的隶属函数在 e 上的值。于是，模糊命题"e 属于 E"的值不再是非 0 即 1，而是闭区间[0，1]上的任何一个值。该值也不像无限值逻辑那样表示模糊命题"e 属于 E"是真还是假，而是表示模糊命题"e 属于 E"是真的程度。下面是二值逻辑难以奏效，只能用模糊逻辑才能处理的几种情况。

（1）命题的条件、结论甚至命题本身是模糊的。例如，"若水土保持专家系统的智能效果好，则该系统是李四开发的"，该命题的结论是二值逻辑，但条件是模糊的；"若遥感图像是来自陆地卫星的，则分辨率是较高的"，该命题的条件是二值逻辑，但结论是模糊的；"若某

幅遥感图像的分辨率高，则这幅遥感图像的质量好"，该命题中"分辨率高"和"质量好"都是模糊的，故命题本身是模糊的。

（2）事实和规则的条件只是近似吻合时的推理，这类问题在专家系统中特别突出。因为任何一个专家系统都不可能包括所有规则，更不可能考虑与规则近似的特殊规则。例如，若河流总长度是 6300 km，则该河流为长江。现在已知某河流长度为 6105 km，该如何做出结论，即"该河流是什么河"这样的问题就是模糊逻辑所要解决的问题。

（3）命题的条件和结论缀有模糊量词。如果在条件和（或）结论中带有诸如很大、很好、能力强、很高这样一些模糊量词，二值逻辑将无法处理，只有模糊逻辑能很好地处理这类问题。

8.3.2 模糊空间信息的表达与度量

1. 模糊空间信息表达

在传统 GIS 中，所有区域的界线都是以明确的线条表示，代表属性的突然变化，属于经典集合论范畴。这种表达实质上摒弃了空间信息的模糊性，是把思维过程绝对化，企图达到精确、严格的目的。对于一个被讨论的对象 x，或者具有某种性质 A，属于某一集合，或者不具有某种性质 A，因而不属于这一集合，两者必居其一，绝对不允许模棱两可，这就忽略了对象 x 具有这种性质程度上的差异。例如，命题"C 号地种植玉米"，只允许取"真"或"假"，就是说 C 号地或者种植玉米或者没种玉米，两者必居其一。图 8-4 表示了 C 地块是否种植玉米的情况，μ_x 表示种植玉米的隶属度，$\mu_x=1$ 表示完全种植玉米，$\mu_x=0$ 表示未种植任何玉米。事实上，在现实世界这种确定的空间信息并不多见，大量存在的是模糊空间信息。例如，地块 C 可能全部种植玉米；也可能一半种植玉米，另一半种植高粱；还可能 30%种植玉米，70%种植高粱。用模糊集合的隶属函数来表达地块 C 种植高粱的情况（图 8-5）更符合实际情况。

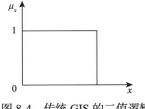
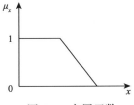

图 8-4 传统 GIS 的二值逻辑　　　　图 8-5 隶属函数

在表示区域边界时，地籍图、行政图边界是明确的，可以用二值逻辑来回答。但是，在表达诸如土壤分类图的地界时则较复杂，不同的土壤类型边界并不是突然变化的，而是逐渐过渡的，这也对传统 GIS 中的二值逻辑提出了挑战，解决这一问题较有效的方法是利用模糊集合的隶属度函数，它不仅能描述空间位置，而且能描述周围环境现象的变化。基于经典集合论和模糊集合论，可采用栅格方法来说明不确定的 GIS 栅格数据结构。这里以湖泊与其周围的沼泽地分界为例，影像信息进入 GIS 后用栅格数据表示，此时分为两类，即湖泊和沼泽地。在经典集合论中，可以设 1 表示湖泊，0 表示沼泽地，如图 8-6（b）所示。在模糊集合中，该影像信息分为两层栅格数据来表示，即湖泊层和沼泽层，每层的值表示所在位置具有某类属性的隶属度，各层同一位置的隶属度总和应满足归一化条件，即为 1，如图 8-6（c）、（d）所示。例如，湖泊中心的隶属度为 1，表明此处肯定是湖泊，沼泽层的该位置隶属度必为 0。由此可以看出，模糊集合比经典集合更能准确地表达客观世界，模糊空间信息表达的关键问题在于隶属度的精确给定。

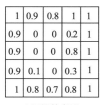

(a)现实世界　　　　(b)栅格数据表示　　　　(c)湖的表示　　　　(d)沼泽的表示

图 8-6　基于经典集合和模糊集合的栅格数据表示法

2. 确定隶属函数

经典集合论认为，一个集合完全由其元素所决定，一个元素要么属于这个集合，要么不属于这个集合，即它的隶属函数 $\mu_A(x) \in \{0, 1\}$。模糊集合对此做了拓广，它给成员赋予一个隶属度，即 $\mu_A(x) \in [0, 1]$。元素隶属于模糊集合的程度可以通过一个一般化的特征函数来度量，该函数称为隶属函数。一个模糊集合以隶属函数和隶属度进行描述与量化，因此，隶属函数是描述模糊概念的关键，是模糊集理论的基石。

隶属函数的定义如下。

设 U 是一个普通集合 $U = \{x\}$，称作论域。论域 U 上的模糊子集 $\tilde{A}$ 是指：对于任意元素 x，$x \in U$，都指定一个数 $\mu_{\tilde{A}}(x)$，$\mu_{\tilde{A}}(x) \in [0, 1]$，叫做元素 x 对 $\tilde{A}$ 的隶属度。映射

$$\mu_{\tilde{A}}: \quad U \to [0, 1] \tag{8-3}$$

式中，$\forall x \in U$，$x \to \mu_{\tilde{A}}(x)$ 称为 $\tilde{A}$ 的隶属函数。

从理论上讲，隶属函数的确定过程是客观的，但事实上现在还没有一个完全客观的评定标准。在通常情况下确定粗略的隶属函数，然后通过"学习"和实践检验逐步修改和完善，从最近的发展来看，已经提出和应用的确定隶属度的方法有主观评分法、模糊统计法、蕴含解析定义法、可变模型法、相对选择法、滤波函数法及二元对比排序法等。在处理模糊空间信息时，常用主观评分法和借助模糊分布来确定隶属函数。

1）主观评分法

主观评分法由专家直接给以评定，包括问卷调查、个别访谈等。具体而言是根据主观认识或个人经验，给出隶属度的具体数值。这时的论域元素多半是离散的，比如"几个"一词，在一定的场合下有人凭经验可以表示为

$$\mu_{几个} = 0.21/1 + 0.62/2 + 0.98/3 + 0.99/4 + 0.98/5 + 0.89/6 + 0.86/7 + 0.81/8 + 0.79/9 + 0.10/10 \tag{8-4}$$

这里，论域 $U = \{1, 2, 3, \cdots, 10\}$，式(8-4)右端各项的"分母"部分表示论域 U 的组成元素，"分子"部分表示该元素符合"几个"这一概念的程度。按定义隶属度都在闭区间[0, 1]内取值。

式(8-4)是凭经验写出来的，一般说"几个"总是意味着 3 个、4 个或 5 个，所以，它们的隶属度分别是 0.98、0.99 和 0.98，均接近于 1，多或少都会远离"几个"一词的含义，故隶属度下降。当然，这都是在 $U = \{1, 2, 3, \cdots, 10\}$ 的前提下定出来的；否则，隶属度的取法也要改变。

对于凭经验写出来的隶属度，应当承认以下两条事实。

（1）从挑剔的角度来看，当承认 3 个、4 个或 5 个是"几个"的隶属度分别为 0.98、0.99 或 0.98 时，为什么 6 个的隶属度是 0.89，7 个的隶属度是 0.86 呢？可以说，这是仅凭经验而来的数据，这种隶属度递减规律带有很强的主观性。

（2）从可行性角度来看，尽管式（8-4）所取的数值不一定可信，但这是一次可喜的逼近，它总比只有 0 和 1 两种隶属程度来描写"几个"这一概念要更接近于真实程度。

2）借助模糊分布确定隶属函数

根据问题的性质，隶属度的确定可以借助模糊分布选用某些典型函数作为隶属函数。线性隶属函数通常有 L 函数、Λ 函数、Π 函数和 Γ 函数，如图 8-7 所示。

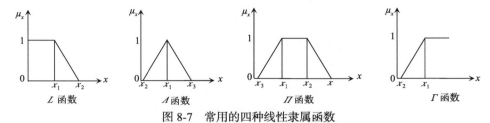

图 8-7　常用的四种线性隶属函数

这里以地图上任一点到一水文监测站的远近为例，说明如何利用以上四种隶属函数来计算隶属度。在传统方法中，假定 0～500m 为第一类别，500～1000m 为第二类别，1000m 以外为第三类别。这样的划分方法有以下几点不足。

（1）1m 和 499.99m 同属于第一类别，但 1m 和 499.99m 表达接近的程度显然不同，常规方法无法表示这种程度。

（2）500m 和 500.01m 实际上并没有多大差别，但却属于两个级别。

（3）无法表示远、近等模糊概念。

因此，采用模糊集合中的隶属度来表示远、近的程度比较合理。如图 8-8 所示，分别用 L 函数、Λ 函数和 Γ 函数来表示近、中等、远三个概念。

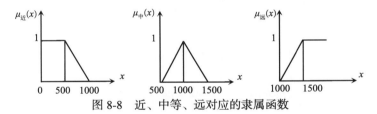

图 8-8　近、中等、远对应的隶属函数

用函数表示如下：

$$\mu_{近}(x) = \begin{cases} 1, & x \leqslant 500 \\ (1000 - x)/500, & 500 < x \leqslant 1000 \\ 0, & x > 1000 \end{cases} \tag{8-5}$$

$$\mu_{中}(x) = \begin{cases} 0, & x \leqslant 500 \\ (x - 500)/500, & 500 < x \leqslant 1000 \\ (1500 - x)/500, & 1000 < x \leqslant 1500 \\ 0, & x > 1500 \end{cases} \tag{8-6}$$

$$\mu_{远}(x) = \begin{cases} 0, & x \leqslant 1000 \\ (x - 1000)/500, & 1000 < x \leqslant 1500 \\ 1, & x > 1500 \end{cases} \tag{8-7}$$

若存在一点 Q 距该水文监测站为 990 m，点 P 的隶属度集合为 $M = \{0.02, 0.98, 0\}$，该集合反映了 Q 点距水文监测站近、中等、远的程度。

3. 模糊空间信息的度量指标

1）模糊空间信息的距离度量

距离度量是模糊空间关系分析时必不可少的指标。在 n 维矢量空间中通常用闵可夫斯基（Minkowski）Lp-度量来定义点 $q_i = \{x_{i1}, x_{i2}, \cdots, x_{in}\}$ 之间的距离，即

$$\text{dist} \quad p(q_1, q_2) = \left[\sum_{j=1}^{n} \left| x_{1j} - x_{2j} \right| p \right]^{\frac{1}{p}} \quad (j = 1, 2, \cdots, n) \tag{8-8}$$

模糊区域是一组点，故必须借助于能够量测组间距的度量方法。传统的欧几里得距离是由 L_2-度量来定义的，而城市街区曼哈顿距离则由 L_1-度量来定义。借助于分组法代替矢量 q_i，欧几里得距离可以计算出组群间的距离，但这种方法必须使用规格化数据，否则，模糊区的分组位置无法确定。因此，可采用最邻近原则来解决这类问题，方法是计算每个集合元素间最小边界的距离，即

$$\text{dist} \quad (A, B) = \min a \; \min b \; d(a, b) \tag{8-9}$$

这里 A，B 都是集合，而且 $a \in A$，$b \in B$，$d(a, b)$ 由上述 Lp-度量来定义，它等同于计算 A 与 B 笛卡儿积元素间的最小距离。

以上度量方法的最大特征是产生一个具体数值，这对模糊区的距离度量并不完全合适。下面给出一种能返回模糊集而不只是数值的距离度量方法，其两个模糊区域 A 与 B 间的距离可按式（8-10）计算

$$\text{dist} \quad (A, B) = \bigcup_{(a,b) \in A \times B} \left[\min \; (\mu_A(a), \mu_B(b)) / d_2(a, b) \right] \tag{8-10}$$

式中，$d_2(a, b)$ 是用上述 L_2-度量所计算出的元素 a 与 b 间的距离。按照上述方法，两个模糊集 A 与 B 之间的距离就是一个新的模糊集，该集合中的元素是 A 与 B 笛卡儿积矩阵中元素间距离的集合，其隶属关系是 $A \times B$ 中每对元素的最小隶属关系值。

2）模糊空间信息的方向度量

模糊空间信息的另一个重要的度量指标是方向。与模糊距离度量相类似，模糊方向是由航海方向量测的方位角，从正北开始，按顺时针方向计算，其计算公式如下：

$$\text{dirn} \quad (A, B) = \bigcup_{(a,b) \in A \times B} \left[\min \; (\mu_A(a), \mu_B(b)) / \text{brg}(a, b) \right] \tag{8-11}$$

式中，brg 为从 a 到 b 的方位角，$0° \leqslant \text{brg}(a,b) \leqslant 360°$。

隶属函数值越接近 1，说明两点间方向越精确；反之，隶属函数值越接近于 0，说明两点间的方向越不精确。

8.3.3　模糊拓扑关系模型

空间实体间的拓扑关系是空间中最基本的关系，构成了空间推理的基本方面。一些学者甚至指出，实体间的空间关系与实体本身同等重要，拓扑关系的研究在空间推理中占有重要的地位。一般拓扑空间是由传统的非模糊数据集构成的空间，无法容纳模糊集，因此，其模型的实质是将模糊区域人为地分为核和边界，并在一般拓扑空间中进行表达。一种分析模糊区域拓扑关系的方法是直接在模糊拓扑空间的基础上建立模糊拓扑区域的拓扑关系模型。这是因为模糊拓扑空间是直接在模糊数据集基础上形成的拓扑空间，可以容纳模糊数据集，而

一般拓扑空间无法容纳模糊集。

4-intersection、9-intersection 模型是用于分析一般（非模糊）拓扑空间集合之间特别是空间要素之间相互关系的经典方法（唐新明，2003）。在经典集合论中，任一集合 A 和其补集 A^c 是互补的，即 $A \cap A^c = \varnothing$，$A \cup A^c = X$；在一般拓扑空间中，定理 $A^o \cup \partial A = \bar{A}$，$A^o \cap \partial A = \varnothing$ 成立；一个集合的内部、边界和外部之间彼此不相交，这三个概念合称为一个集合的拓扑部分。4-intersection、9-intersection 模型采用了上述概念来分析空间区域之间的拓扑关系。

9-intersection 模型利用了下列性质。

（1）集合的内部、边界和外部是拓扑性质，并且它们彼此不相交。

（2）两个集合的拓扑部分的相交是拓扑不变量。

在上述性质的支持下，根据交集（即相交部分）的拓扑不变量，集合和集合之间的拓扑关系可以全部枚举。虽然其他的拓扑不变量（如交集的基数、维数）可以获得更细致的拓扑关系，但空和非空是最简单的拓扑不变量，并可以用来描述两个区域之间最基本的拓扑关系。在 GIS 中，一个简单区域是一个规则闭集，其边界的内部为空，因此，一个区域的三个拓扑部分可以穷尽所有的拓扑关系。但一般条件下，9-intersection 模型实际上是可以扩张的。

模糊拓扑空间是一般拓扑空间在模糊集领域的延伸，有若干种定义，这里采用由 Chang 在 1968 年提出的定义。假定 $\tilde{A}$ 是集合 X 的一个模糊集，$[0,1]^X$ 是 X 的模糊幂集，$\forall \delta \subseteq [0,1]^X$。如果

$$0,1 \in \delta; \quad \forall \tilde{A}_i \in \delta, \vee \tilde{A}_i \in \delta; \quad \forall \tilde{U}, \ \tilde{V} \in \delta, \ \tilde{U} \wedge \tilde{V} \in \delta$$

则 δ 为 X 上的一个模糊拓扑；(X, δ) 为 X 上的一个模糊拓扑空间；δ 中的每一个元素为 (X, δ) 的开集；开集在 (X, δ) 中的补集为闭集。

9-intersection 模型无法在一般模糊拓扑空间中运用的原因是由于 A^o，∂A，A^e 可能相交，即它们彼此的交集可能非空。因此，为了采用 9-intersection 描述模糊集之间的拓扑关系，应该使 A^o，∂A，A^e 彼此不相交。可以把一个模糊集合分解为不同形式的拓扑部分：①拓扑部分包括模糊集的内部、边界和外部 3 个部分；②拓扑部分包括模糊集的内部、边界的内部、边界的边界和边界的外部 4 个部分；③拓扑部分包括模糊集的内部、内部的边界、外部的边界和外部 4 个部分。表 8-2 表示了一个集合的边界在不同拓扑空间的性质。

表 8-2　不同拓扑空间中边界的性质

项目	一般拓扑空间 (X, τ)	模糊拓扑空间 (X, δ)	模糊拓扑空间 $C(X, C)$
边界的定义	$\partial A = A^- \cap A^{c-}$	$\partial \tilde{A} \geqslant \tilde{A} \wedge \tilde{A}^c$	$\partial \tilde{A} = \tilde{A} \wedge \tilde{A}^c$
边界的边界	$\partial(\partial A) = \partial(A^o) \cup \partial(A^-)$		$\partial(\partial \tilde{A}) = \partial(\tilde{A}^o) \vee \partial(\tilde{A}^-)$
边界的分解	$\partial A = (\partial A)^o \cup \partial(\partial A)$	$\partial \tilde{A} = (\partial \tilde{A})^o \vee \partial(\partial \tilde{A})$	$\partial \tilde{A} = (\partial \tilde{A})^o \vee \partial(\partial \tilde{A})$
	$\partial A = \partial(A^o) \cup (\partial A)^o \cup \partial(A^-)$	$\partial \tilde{A} \geqslant \partial(\tilde{A}^o) \vee (\partial \tilde{A})^o \vee \partial(\tilde{A}^-)$	$\partial \tilde{A} = \partial(\tilde{A}^-) \vee (\partial \tilde{A})^o \vee \partial(\tilde{A}^o)$
边界和边界的边界	$\partial(\partial A) \subseteq \partial A$	$\partial(\partial \tilde{A}) < \partial \tilde{A}$	$\partial(\partial \tilde{A}) < \partial \tilde{A}$
边界的边界和边界的边界的边界	$\partial[\partial(\partial A)] = \partial(\partial A)$	$\partial[\partial(\partial \tilde{A})] = \partial(\partial \tilde{A})$	$\partial[\partial(\partial \tilde{A})] = \partial(\partial \tilde{A})$
边界内部、外部的关系	$A^o \cap \partial A = 0$	关系不定	$\tilde{A}^o \wedge \partial A = 0$
	$A^e \cap \partial A = 0$		$\tilde{A}^e \wedge \partial A = 0$
	$A^o \cap A^e = 0$		$\tilde{A}^o \wedge \tilde{A}^e = 0$
	$(\partial A)^o \cap \partial(\partial A) = 0$		$(\partial \tilde{A})^o \cap \partial(\partial \tilde{A}) = 0$

8.3.4　模糊查询

一般意义上的模糊查询是指限定需要查询的数据项的部分内容，查询所有数据项中具有该内容的数据库记录。GIS 中的模糊查询与其他的数据库的模糊查询是相通的，只是更多的具有空间数据的特性。属性数据的模糊查询完全等同于一般意义的数据库模糊查询；空间数据的模糊查询在于通过目标图形上的某一点(点选)或者某一部分确定整个目标。由于地物目标的空间特性和计算机环境决定了用户不可能通过点选完整地选取目标(线状和面状目标)，而只能通过区域或者点选的方式进行图形的模糊查询。

利用自然语言进行空间查询一直是 GIS 界面设计追求的目标，但目前 GIS 的两种主要查询语言——空间扩展SQL (结构化查询语言)和基于icon 的可视化查询语言均无法满足这种要求。空间扩展 SQL 主要从增加抽象数据类型和空间谓词(如包含、相交、叠加)等方面扩展了标准的关系查询语言 SQL，以满足空间数据(包括图形和属性)整体查询的要求。但是，它只能表示和处理精确数据，无法表达自然语言中的模糊概念。模糊扩展 SQL 可以表示地理信息中的模糊概念，并将其转化为标准 SQL 加以实现。

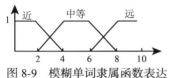

图 8-9　模糊单词隶属函数表达

1. 模糊单词

在模糊集合论中，通常用隶属函数表示模糊单词。例如，一组监测站点离沼泽边距离为 $1\sim10\,\mathrm{km}$，距离"近"、"中等"、"远"的表示形式如图 8-9 所示。其中，"远"的隶属函数为

$$\mu_{\text{远}}(x)=\begin{cases}0, & 1\leqslant x\leqslant 6\\ 0.5x-3, & 6<x\leqslant 8\\ 1, & 8<x\leqslant 10\end{cases}$$

"近"、"中等"的隶属函数也可用类似的方法表示。

模糊查询语言中有些词放在另一些单词前面，用来调整、修饰原来的词义，这些词可看成是一种算子。算子有很多类型，经常使用的有语气算子、模糊化算子和判定化算子。

(1)语气算子：如"极"、"非常"、"相当"、"比较"等，放在另一些词前面，可以修饰这些词的肯定程度。

(2)模糊化算子："大概"、"近乎"、"大约"等词缀在一个单词前面，可以把该词的意义模糊化。

(3)判定化算子："偏向"、"多半是"、"倾向于"等词的作用是化模糊为比较粗糙的判断，故称为判定化算子。

模糊查询语句是含有模糊单词或还含有以上三种算子的查询语句。通常，一个查询语句由若干个查询子句组成，子句之间通过"与"、"或"联结。假设满足子句 1 (条件 1)的模糊子集为 $\tilde{A}_1$，满足子句 2 (条件 2)的模糊子集为 $\tilde{A}_2$，则 $\tilde{A}_1$，$\tilde{A}_2$ 之间的运算为

$$(\tilde{A}_1\bigcup\tilde{A}_2)(x)=\max\left[\tilde{A}_1(x),\tilde{A}_2(x)\right]$$
$$(\tilde{A}_1\bigcap\tilde{A}_2)(x)=\min\left[\tilde{A}_1(x),\tilde{A}_2(x)\right] \tag{8-12}$$
$$\tilde{A}_1\,\mathrm{c}(x)=1-\tilde{A}_1(x)$$

2. 模糊扩展 SQL 表达

结构化查询语言 SQL 是标准的关系查询语言，其一般形式为

SELECT　　　<字段名>

FROM　　　<表名>

WHERE　　　<查询条件>

例如，某区域水库状况的数据库文件如表 8-3 所示。若查询集雨面积为 320 km^2、总库容为 3.54 亿 m^3、年均发电量为 4200 万 kW·h 的水库，用标准 SQL 可表示如下：

SELECT　　　水库

FROM　　　表 8-3

WHERE　　　集雨面积=320，总库容=3.54，年均发电量= 4200

查询结果为{水库 3}。

表 8-3　某地区水库状况

水库	集雨面积/km^2	总库容/亿 m^3	年均发电量/万 kW·h
水库 1	362	4.18	5500
水库 2	460	5.34	6800
水库 3	320	3.54	4200
水库 4	520	6.12	7300
水库 5	490	5.75	7000
水库 6	500	3.50	3900

SQL 在模糊方面的扩展主要是使 WHERE 后的查询条件能容纳模糊单词和三种主要算子，即可以是一个模糊查询语句。若要查询集雨面积较大、总库容约为 3.5 亿 m^3、年均发电量偏低的水库，用模糊扩展 SQL 可表示如下：

SELECT　　　水库

FROM　　　表 8-3

WHERE　　　集雨面积='较大'，总库容='约 3.5'，年均发电量='偏低'

这种模糊查询更符合常规的查询表达。

3. 模糊查询的实现

模糊查询的关键是如何将模糊扩展 SQL 查询语言转化为标准 SQL 形式。主要有两种转化方法。

1）正向法

按查询条件将要查询的字段值代入相应的隶属函数中，计算出隶属度表，设定总隶属度阈值，再进行隶属度查询。

2）反向法

通过给定一个隶属度的值，计算出该隶属度阈值相应字段的取值范围，再将该取值范围取代原来字段应满足的"模糊"条件。

反向法比正向法简单，因为它不需要计算每个字段值相应的隶属度，不需生成新的隶属度表，而是直接转化为标准 SQL 形式。选用反向法，具体实现步骤如下。

(1)解译扩展 SQL 语句，将 SELECT 和 FROM 部分原封不动地拷入相应的标准 SQL。

(2)提取扩展 SQL 语句中的 WHERE 部分，将其存入一字符串。

(3)对该字符串进行解译，提取出每一字段名和等号后字符串部分。逐一显示字段名和字段名后的字符串部分，由用户选择适当的隶属函数。若系统中缺乏合适的隶属函数，用户可以自行键入。然后，由用户给出适当的隶属阈值，系统将自动计算出相应的字段取值范围并取代等号后的字符串部分，再通过 AND 和 OR 组成标准 SQL 的 WHERE 语句。

8.3.5　模糊叠加

　　叠加分析是 GIS 中重要的空间分析功能之一。常规的叠加模型基于精确的数学模型，它假定空间数据的边界和属性均为确定的，叠加的结果也是二值的，要么是"是"，要么是"非"。然而，地理数据模糊的特征决定了叠加的结果不会是确定的。因此，将模糊集合论应用于常规的叠加方法即建立模糊叠加模型，以改进和增强叠加模型的功能。

　　在模糊叠加中，首先用模糊方法表示待叠加各数据层的隶属度矩阵，然后根据式 $\mu(x)=\mu_A(x)\times 1/n + \mu_B(x)\times 1/n + \cdots + \mu_N(x)\times 1/n$（其中 n 为数据层的数目），计算所得的 $\mu(x)$ 即为叠加后的隶属度矩阵，从而得到了更符合实际情况的新信息。在该模糊叠加过程中，采用的模糊算子是取平均值，其他算子还有取最大值、最小值、乘积、相除等，需要视查询目的和实际需要来选择。

　　简言之，模糊叠加过程可归纳如下。

　　(1)选取叠加因素。

　　(2)用常规栅格化方法表示各层数据。

　　(3)确定隶属函数，计算隶属度矩阵。

　　(4)选择适当算子相叠加。

　　现以一个位置信息查询的例子来说明模糊叠加的过程，即选取居住区中地价最高的位置，进行房地产评估。该叠加过程应选取土地利用类型为居住区(R)且地价最高(H)的区域。如图 8-10 所示，在常规叠加中，满足查询条件的只有四个栅格，它的值为 RH。

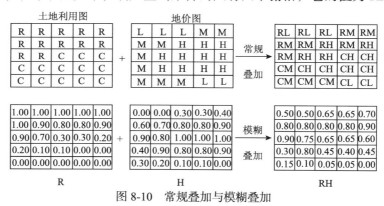

图 8-10　常规叠加与模糊叠加

　　在模糊叠加中，首先用模糊方法表示待叠加的土地利用图和地价图。土地利用图被表示为相对于居住区(R)和商业区(C)的两个隶属度矩阵；地价图被表示为高(H)、中等(M)和低(L)三个隶属度矩阵。其命令为

$$\mu_{RH}(x) = \mu_R(x)\times\frac{1}{2} + \mu_H(x)\times\frac{1}{2} \tag{8-13}$$

　　则得到取值为 RH 的可能性分布图。RH 的可能性分布从中间向两侧逐渐递减，只有右下角一个栅格的值为 0(图 8-10)，即不可能，而其他栅格皆有可能性，只是可能性有大有小。

8.4 基于人工神经网络的地理空间问题模拟

8.4.1 复杂地理问题的研究方法

地理现象和过程的非平衡性、多尺度性、层次性、不确定性、自相似性、随机性、交互性等特点决定了地理空间是一个复杂性系统。研究具有描述、模拟空间复杂现象的新一代空间分析模型，是地理学重要课题之一。非线性理论和方法对于模拟和揭示具有非线性、自组织性、开放性等特征的地理复杂系统及其规律具有明显的优势。

人工神经网络(artificial neural network，ANN)正是这样一种非线性分析模型。它不需要对象具有精确的数学模型，而是从积累的工程实例中训练、学习建立各影响因素间的非线性映射关系，对于非线性系统数据具有较高的拟合能力及预测精度。另外，人工神经网络对于残缺不全或不确定的信息具有较强的容错能力，因此，ANN 模型更适合于研究多因素的非线性地理问题，在一定程度上可以避免传统数学方法建立模型时所遇到的尴尬。将 GIS 与人工神经网络技术相结合处理复杂地理问题可以提高 GIS 的"智商"，具有理论上的可行性和实践价值。

8.4.2 人工神经网络模型

1)人工神经网络模型基本概念

人工神经网络又称为人工神经系统(artificial neural system，ANS)、神经网络(neural system，NN)、自适应系统(adaptive systems)、自适应网(adaptive networks)、联结模型(connectionism)等。它是一个并行的分布处理结构，由多个处理单元及其联结的无向信号通道互连而成。这些处理单元(processing element，PE)具有局部内存，并可以完成局部操作。每个处理单元有一个单一的输出联结，这个输出可以根据需要被分支成希望个数的许多并行联结，且这些并行联结都输出相同的信号，即相应处理单元的信号大小不因分支的多少而改变。处理单元的输出信号可以是任何需要的数学模型，每个处理单元中进行的操作必须是完全局部的。也就是说，它必须仅仅依赖于经过输入联结到达处理单元的所有输入信号的当前值和存储在处理单元局部内存中的值。

经网络的基本处理单元为神经元。神经元由分离的多条输入纤维和一条输出纤维构成，利用轴突上活动电位的电脉冲信息，电脉冲通过所谓突触的这种连接体变换成化学信号，并且传递到下一个神经元。1943 年，McCulloch 和 Pitts 定义了简单的人工神经元模型，称为 MP 模型。它的一般模型可以用图 8-11 来描述。

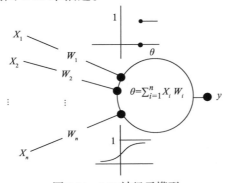

图 8-11 MP 神经元模型

2) 典型的人工神经网络模型

(1) 层次型神经网络。层次型神经网络是 20 世纪 60 年代出现的感知器，由于它能够学习输入模式和对应的输出模式之间的关系，在模式识别和控制等方面都有非常广泛的应用。80年代中期，Rumelhart 等发表了反向传播 (back propagation，BP) 学习算法，该算法是一种非线性变换单元的前馈式网络，具有大量可供调节的参数和很强的非线性模拟运算能力，已成为一种重要的信息处理方法，特别是在分析预测非线性系统未来行为上具有巨大潜力。

一个典型的三层前馈型 BP 网络的拓扑结构如图 8-12 所示，从结构上分为输入层 LA、隐蔽层 LB 和输出层 LC。同层节点间无关联，异层神经元间前向连接。其中，LA 层含 m 个节点，对应于 BP 网络可感知的 m 个输入；LC 层含有 n 个节点，与 BP 网络的 n 种输出响应相对应；LB 层节点的数目 u 可根据需要设置。

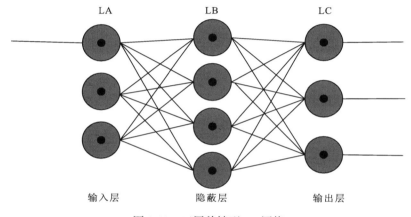

图 8-12　三层前馈型 BP 网络

三层前馈型 BP 网络存储知识 (即调整网络连接权值及节点阈值) 时采用的是误差逆传播学习方法，是一种典型的误差修正方法。其基本思路是把网络学习时输出层出现的与"事实"不符的误差，归结为连接层中各节点间连接权及阈值 (有时将阈值作为特殊的连接权并入连接权) 的"过错"，通过把输出层节点的误差逐层向输入层逆向传播以"分摊"给各连接节点，可算出各连接节点的参考误差，以此对各连接权进行相应的调整，使网络适应要求的映射。

(2) 互联型神经网络。互联型神经网络可以分为联想存储模型和用于模式识别及优化的网络。联想存储模型主要包括福岛的时空间模式联想存储模型、霍普菲尔德网络 (hopfield network)、HASP (human associative processor)、BAM (bidirectional associative memory) 及 MAM (multidirectional associative memory) 等形式，用于模式识别或优化的神经网络中，玻尔兹曼机 (Boltzmann machine，BM) 应用较为广泛。层次型神经网络的信号流为单向，主要用于模式识别，而互联型神经网络为双向，用于联想存储及最优化。

Hopfield 网络是较典型的互联型神经网络模型，它是美国物理学家霍普菲尔德 (Hopfield) 于 1982 年提出的，引入了物理学能量函数的思想，对稳定性问题给出解决方案。该模型是由 N 个节点全部互连而构成的一个反馈型动态网络，可实现联想记忆，并能进行优化问题求解。

BM 网络是一种具有对称连接权的互联型随机神经网络，从结构上讲，BM 网络可看作是 Hopfield 网络的推广或变形。BM 网络不仅可以解决优化问题，还可以通过学习，模拟外界所给的概率分布，实现联想记忆。

8.4.3　基于人工神经网络的地理空间模型

1)基于人工神经网络的地理分类处理

地学数据具有很强的不确定性，在进行分类处理时，采用最大似然法等传统分类算法往往存在分类精度不高、无法处理不规则分布的复杂数据等诸多缺陷。自组织人工神经网络模型(Kohonen's SOM)是一个多层树状网络，是强有力的神经网络空间分类器。该网络每个输入节点与所有神经树和节点(神经元)通过权重 W 相联系，实现对输入信号的非线性降维映射，输入映射到相同子树的节点上时保持拓扑不变性。与传统的分类器相比，Kohonen's SOM 空间分类器具有以下优点：算法设计简单，具有处理复杂问题的强大能力，极好的数学属性与结果的拓扑不变性，用户导向的灵活性，分类精度高，容错能力强。

基于人工神经网络的地理分类问题一般可在 GIS 中建立空间信息库，选取样本数据，训练 Kohonen's SOM，然后对"未知"样本进行分类预测和容错检验。Kohonen's SOM 模型凭借较强的识别能力及对处理非线性问题的适应性，更适合用于多因子非线性判别分类问题，即使输入信息误差增大，模型也不会引起分类的错误。

基本的 Kohonen's SOM 地图分类器的算法可描述如下。

(1)初始化：定义数据源几何维度和神经元阵列的大小。

(2)每个神经元有一个权重向量(weight)，设定这些权重的初始值。

(3)选择一个数据案例，该案例包含变量值并且对数据应用任何相关的度量噪声。

(4)寻找距离该数据案例最近或与该数据案例最相似的神经元。

(5)调整所有获胜神经元拓扑邻域的权重。

(6)化简学习参数和邻域权重。

(7)重复(3)~(6)步直至收敛，通常需要运算 100000~1000000 次甚至更多。

(8)标注神经元，检查自组织地图。

整个分类过程中，Kohonen's SOM 的学习过程最为重要(图 8-13)。在训练的初始阶段，不但要对获胜节点作权值调整，也要对较大范围内的几何邻近节点做相应的调整，而随着训练过程的进行，与输出节点相连的权向量也越来越接近其代表的模式类。这时，对获胜节点进行较细微的权值调整时，只对其邻接较近的节点进行相应调整。最后，只对获胜节点本身作细微的权值调整。训练过程结束后，几何上相近的输出节点所连接的权向量既有联系又有区别，保证了对于某一类输入模式，获胜节点能做出最大响应，而相邻节点做出较大响应，几何上相邻的节点代表特征上相近的模式类别。

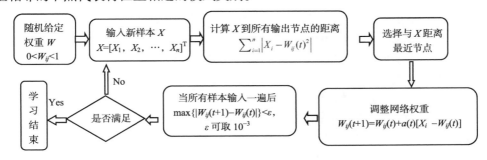

图 8-13　Kohonen 神经网络"学习"流程图

2) 基于人工神经网络的资源分布模拟

人工神经网络是一个高度的非线性映射模型，许多自然资源的动态变化过程就是一个非线性映射过程。因此，利用 BP 模型经学习训练后，建立资源分布动态模型，可以达到理想的收敛效果，将为资源管理模拟仿真提供一种新的、高精度分析方法。例如，可应用人工神经网络建立输入量(林龄)与输出量(单位面积蓄积量)之间的非线性映射关系，对森林资源分布格局进行模拟。

根据 BP 网络模型的映射原理，对样本集合 X 和输出 Y，可以假设其存在一映射 T，

$$Y_i = T(x_i) \quad (i = 1, 2, \cdots, n) \tag{8-14}$$

为了寻求 T 的最佳映射值，BP 网络模型将样本集合的输入、输出转化为非线性优化，通过对简单非线性函数的复合，建立一个高度的非线性映射关系，实现 T 值的最优逼近。对于森林资源管理的数学模拟，林龄为输入节点，记为 X；单位面积蓄积量为输出节点，记为 Y，隐层节点数取为 5，得出三层前馈反向传播神经网络模型。作为网络输入、输出变量，以 $X_i / (X_{max} + X_{min})$ 和 $Y_i / (Y_{max} + Y_{min})$ 作归一化处理。网络输出以

$$H = \sum_{i=1}^{n} (\hat{Y}_i - Y_i)^2 \tag{8-15}$$

来考核网络的学习状况，并不断迭代使 H 趋于最小。

用建立的 BP 网络模型计算学习样本得到对应的理论值，计算出相关指数和剩余离差平方和并与 Logistic 模型拟合得到的相关指数和剩余离差平方和比较，BP 网络模型的拟合精度均比 Logistic 模型的大，而剩余离差平方和均比 Logistic 模型的小，BP 模型的模拟精度高于 Logistic 曲线。在建立 Logistic 模型时，环境容纳量 K 值的确定带有主观性，需要对参数进行优化方能达到满意的值。而 BP 模型自身具有学习训练功能，可以建立各种非线性映射，精度可以人为控制。

3) 基于 Hopfield 网络的地理空间数据网络分析

旅行家要旅行 n 个城市，要求各个城市都要经历且仅经历一次，并要求所走的路程最短，该问题一般称为旅行推销员问题(TSP 问题)，也称为货郎担问题、邮递员问题、售货员问题。TSP 问题具有广泛的应用背景，如计算机联网、电气布线、加工排序、通信调度等。要得到 n 个城市依次经历的最短路径，应把遍历 n 个城市的各个路程值相比较，选出其中的最小值作为返回结果。在 n 很大时，传统的递归遍历方法无法解决，采用人工神经网络中的 Hopfield 网络可以很好地求解该问题。

Hopfield 网络是一种非线性动力学模型，它引入类似于 Lyapunov 函数的能量函数概念，把神经网的拓扑结构(用连接权矩阵表示)与所求问题(用目标函数描述)相对应，并将其转换为神经网动力学系统的演化问题。因此，基于 HNN 模型求解网络优化问题之前，必须将网络优化问题映射为相应的神经网，通常需要以下几方面工作：①选择合适的问题表示方法，使神经网的输出与问题的解相对应；②构造合适的能量函数，使其最小值对应问题的最优解；③由能量函数和网络稳定条件设计网络参数，得到动力学方程；④硬件实现或软件模拟。

HNN 模型将 TSP 的合法解映射为一个置换矩阵，并给出相应的能量函数，同时将满足置换矩阵要求的能量函数最小值与 TSP 问题最优解相对应。Hopfield 求解 TSP 的具体方法是：对于 n 个城市的一个旅行方案，可用一置换矩阵 $V_{n \times n}$ 来表示。如表 8-4 表示，$n = 4$ 时的一旅行方案，$x = A$，B，C，D 与各个城市对应，$i = 1, 2, 3, 4$ 表示访问次序，若 $V_{xi} = 1$ 表示访问

的第 i 个城市是 x，表 8-4 所对应的旅行路线为 $DACB$。

表 8-4　置换矩阵

x	i			
	1	2	3	4
A	0	1	0	0
B	0	0	0	1
C	0	0	1	0
D	1	0	0	0

Hopfield 构造能量函数如下：

$$E = \frac{A}{2}\sum_x\sum_i\sum_{j\neq i}V_{xi}V_{xj} + \frac{B}{2}\sum_x\sum_i\sum_{y\neq x}V_{xi}V_{xj} + \frac{C}{2}\left(\sum_x\sum_i V_{xi} - n\right)^2 +$$
$$\frac{D}{2}\sum_x\sum_i\sum_y d_{xy}V_{xi}(V_{xi+1} + V_{xi-1}) \tag{8-16}$$

式中，d_{xy} 为城市 x 到城市 y 的距离，式中前三项是约束项，最后一项是优化目标项。

城市拓扑结构是影响神经网络性能（网络的有效收敛率和路径质量）最重要的因素之一，城市拓扑分布越分散，网络的有效收敛率越小；而城市拓扑越集中，网络的有效收敛率就越高。对于分布比较均匀的城市拓扑，所得解的质量相对高一些。

4）基于 Kohonen 模糊神经网络聚类分析

模糊技术与神经网络技术的有机结合可有效发挥其各自的优势并弥补其不足。模糊神经网络除具有一般神经网络的性质和特点外，还具有一些特殊的性质。例如，采用模糊数学中的计算方法，使一些处理单元的计算变得较为简单，加快信息处理的速度，而模糊化的运行机制则使系统的容错能力得到加强。但最主要的是，模糊神经网络扩大了系统处理信息的范围，也大大增强了系统处理信息的手段，使系统处理信息的方法变得更加灵活。在模糊神经网络中，模糊神经元的设计应具有和非模糊神经元大致相同的功能，同时又要求能反映神经元的模糊性，具有模糊信息处理能力。模糊神经元的输入可以是表达"高"、"大"、"热"这样一些语言术语，输入被加权的方式与非模糊情况下大不相同，被"加权"的输入不是通过求和而是通过模糊累积运算来累积。

Kohonen 网络数据聚类法最明显的缺点是无法获知聚类点处隐藏的规则含意。Motohide Umao 提出了应用模糊神经网络从数据中进行规则获取的方法，并采用带有遗忘系数的类似于 BP 神经网络算法的学习算法调整权值和模糊隶属函数的参数，以明确聚类点处的规则含意。同时，用枚举法表示定性数据，用一个隶属函数表示定量数据，在既包含定量数据又包含定性数据的数据库中施行数据挖掘的新方法。

8.5　基于遗传算法的地理空间问题分析

8.5.1　遗传算法

遗传算法是根据达尔文的进化论模仿自然界生物进化得到的一种全局优化方法。与传统的搜索法不同，遗传算法是从一组随机产生的初始解开始，经过对"染色体"一系列的迭代进化将"染色体"的优质基因组合遗传给后代，最后收敛于最好的"染色体"，即得到问题

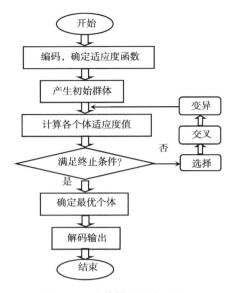

图 8-14　遗传算法基本过程

的最优或次优解。利用遗传算法模拟或求解地理空间问题可以解决 GIS 工程中的许多难题，提高 GIS 对非线性问题的解决能力，可以对多方面地理问题进行优化决策，最终得出较为可靠的结果。遗传算法是实现地理空间问题决策自动化的有力工具。

　　遗传算法是基于自然选择和种群基因的一种随机搜索算法。遗传算法中个体被编码为染色体串，其适应环境的能力由适应度来判断。基本的遗传算法包括 3 个操作算子：选择、交叉和变异。选择过程中，具有高适应度的个体在下一代中会复制出更多的个体，而低适应度的个体会慢慢灭绝；交叉是遗传算法的一个关键算子，比较形象的交叉操作是随机选择一对父代个体和一个交叉点，交换父代个体中该点右边的基因以形成两个子代个体，该操作并不产生新的基因，但能组合好染色体。变异则是以很低的概率进行基因突变，以在种群中产生新的基因，使种群跳出局部极小点。虽然不同的编码方案、选择策略和遗传算子相结合可构成不同的遗传算法，但不同遗传算法在计算中的迭代过程大体相同，都包括编码、选择、交叉、变异和解码五个阶段，其基本过程可用图 8-14 描述。

　　遗传算法在实现上有两种方法。一种是种群杂交，即选择一定数量的父代，不管王与后，任何两个个体都可以相交，如图 8-15(a)所示，任何两个父代 X 个体杂交后产生一个相对优生的 Y 个体，第二代的 Y 个体再如同其父代一样进行杂交，一代一代地遗传下去，直至达到最优解；另一种是一王数后的杂交，如图 8-15(b)所示，在父代个体中，选择一个最优的父个体 X，分别与其他的母个体 Y 杂交，优生子个体 Y_1，再在 Y_1 中选择一个最优的个体 X_1 作为王，丢弃最不良的一个个体后，再新娶一个后 Z。新王与后 Z 再进行杂交，一代一代进行下去，直至产生最优解。这两种方法各有其优缺点，对于选择范围相对较小的优化问题，种群杂交的收敛速度更快些；而对于选择范围较大的优化问题，一王数后的杂交更有利于人工控制，并且易于收敛。

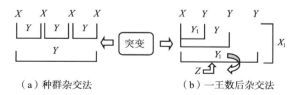

（a）种群杂交法　　　　　　（b）一王数后杂交法
图 8-15　遗传算法的实现方式

　　与传统的搜索算法不同，遗传算法主要具有以下特征。

　　(1)遗传算法作用于一个参数集的编码而不是参数本身，二进制和十进制是两种广泛采用的遗传算法编码方式。

　　(2)遗传算法是一种多解并行搜索机制，使其能以较大的概率找到整体最优解。

　　(3)遗传算法用一个适应度函数来引导搜索，因而能应用到不同的问题中而不要求该问题受到某些特殊的约束，如系统的连续性和可微性等。

(4)遗传算法使用随机转移规则而不是确定性的转移规则。

8.5.2　基于遗传算法的地理空间问题模拟与求解

1)基于遗传算法的定点距离最优化城市交通网络问题

城市交通网络中有很多道路交叉点，称为节点。求从某一个节点到另一个节点的最短路径，即从这两节点之间的路线集合中寻找出最短路线。该问题的数学模型：城市有 N 个节点（用数字表示），这些节点间的距离矩阵为 $D=\{d(i,j)\}$，$i,j\in[1,N]$ 的整数，$d(i,j)$ 为节点 i 到 j 的连线距离，若 $i=j$，则 $d(i,j)=0$，若 i 与 j 之间无直接连线，则 $d(i,j)=\infty$。指定节点 x_1 到 x_k 的路径 $X=\{x_1,x_2,\cdots,x_k\}$。其中，X 向量的维数是可变的，且有以下性质。

(1) $\forall i\in[1,k-1]$，$d(x_i,x_{i+1})\neq0$，$d(x_i,x_{i+1})\neq\infty$；

(2) $x_i\in[1,N]$ 的整数。

则问题的解即为求 $X=\{x_1,x_2,\cdots,x_k\}$ 使式(8-17)成立，即

$$\min\ f(x)=\sum_{i=1}^{k}d(x_i,x_{i+1}) \tag{8-17}$$

式中，x_i 为道路交叉节点的十进制编号。

应用遗传算法求解以上问题，在迭代方法上要求解决选择、交叉、变异等问题：

(1)选择。采用 $(u+\lambda)$ 选择方法，经交叉、变异后产生的后代与双亲一起参与竞争，在扩大的采样空间中选择下一代种群所需的 u 个最好的染色体。

(2)交叉。确定交叉率 P_C，根据 P_C 随机确定种群中参与交叉的染色体对。从双亲第一个具有不同基因开始到双亲倒数第二个基因为止，在这样一个基因范围内取值，随机选定一个交叉位置。

(3)变异。确定变异率 P_m，根据 P_m 确定变异染色体，随机确定变异基因。删除选定的基因，以该基因前后两基因为起点和终止点，随机产生一条路径，并将该路径插入到被删除基因的位置。

针对任意两节点之间路径优化问题，在参数调整、非等长双亲的交叉、变异处理方面提出的算法有利于适度加速全局收敛。

2)基于遗传算法环状管网优化设计模型

近年来，应用遗传算法进行环状管网管径优化研究被认为是管网优化技术的一个飞跃。在管网布置形式、水源水压、节点需水量、最低水压要求以及可选标准管径规格等已知的情况下，环状管网优化设计是寻求一组能满足节点流量和压力要求且使管网造价最低的最佳管径组合，其模型为

$$\min Z=\sum_{i=1}^{\mathrm{NP}}C_t(D_t)L_t \tag{8-18}$$

$$\sum_{i\in I(j)}q_q+Q_j=0\quad(j=1,2,\cdots,\mathrm{ND}) \tag{8-19}$$

$$\sum h_q=0\quad(m=1,2,\cdots,\mathrm{NL}) \tag{8-20}$$

$$H_j\geqslant H_j^{\min}\quad(j=1,2,\cdots,\mathrm{ND}) \tag{8-21}$$

式中，Z 为环状管网的造价(元)；L_t 为第 i 个管道的管长(m)；NP 为环状管网的管道数；ND

为环状管网的节点数；$C_i(D_i)$ 为第 i 个管道所采用标准管径的价格(元)；q_q 为与节点 i，j 之间的管段流量，规定流入节点为负，流出为正(m^3/s)；Q_j 为流入(或流出)节点 j 的节点流量(m^3/s)；$I(j)$ 为与节点 j 相邻的节点标号集合；h_q 为管段 i，j 的水头损失(m)；NL 为管网中环的数目；H_j 为节点 j 的水压标高(m)；$H_j^{\min}$ 为管网节点处的最低允许水压标高(m)。

应用遗传算法进行环状管网优化设计的一个显著特点是无须预先分配流量模式，而是通过遗传进化过程寻找能满足管网水力性能且管网造价低的管径组合方案，克服了不同流量分配模式对所能实现的最小费用设计的制约，可在更大的范围内寻找最优管径组合方案，实现尽可能大的管网投资节约。

遗传算法在给水管网优化设计计算中的应用是 Murphy、Simpson 和 Dandy 等在 1993 年提出来的。给水管网系统现状分析是基于管网水力计算的单目标优化问题，其目标函数由三部分组成，即节点计算水压与 SCADA 实测水压的平方差、管段流量与 SCADA 实测流量的平方差和各水源计算供水量与实际供水量的平方差。约束条件有水流的连续性方程约束、能量方程约束、水源水量约束、C 值约束、节点流量变化系数约束、最低要求水压约束和最小节点流量约束。利用遗传算法，通过对系统的模拟和优化计算，对节点流量和管道摩阻进行优化选择，最终得出较为可靠的结果。这一计算方法适用于大规模的给水管网系统，为给水管网系统的正确评价提供一种可行的手段。

3) 基于遗传算法的道路规划

道路规划是具有一系列约束条件的多目标规划。GIS 可以提供现有道路及路网所覆盖区域的属性信息，如河流、场地条件以及与道路造价有关的属性，并为优化决策模型提供必要的输入数据。同时，基于 GIS 的优化模型可通过迭代的优化过程计算与地理信息有关的成本。GIS 与优化决策结合要求整个搜索过程完全自动化，即要求数据的输入与输出具有连续性直至达到优化的结果。遗传算法是一个很好的优化搜索工具，但是，此算法需要大量的数据输入，将 GIS 与遗传算法二者结合，能够自动完成优化决策中的多重任务。GIS 可以提供地理属性计算相关成本，并将结果输出到外部程序。利用遗传算法可进行优化决策，使总成本最小。

遗传算法随机地在道路沿线产生若干点，形成一条路线，由此可满足几何约束。GIS 的算法读取这些数据，并沿中心线产生一带状区域，计算与地理信息相关的成本并将结果输出到外部程序，外部程序将计算其他成本，总成本将输入到遗传算法程序中进行优化决策。遗传算法由若干初始值开始，在新一代中寻找较好的目标函数值，算法通过产生新的变量值及将前一代中的若干好的属性相组合产生新的个体来改进优化结果，基于目标改进来选择进一步繁殖的个体，其优化步骤如下。

(1)由遗传算法随机产生若干可选方案，将其输入到 GIS 中，遗传算法产生新的一代。

(2)由 GIS 自身算法计算与位置有关的成本。

(3)将成本结果输出到包含遗传算法的外部程序。

(4)在外部程序中计算与长度有关的成本，这些成本是优化模型的构成部分。

(5)在外部程序中计算总成本，并将其输送到遗传算法子程序中进行优化决策。

(6)在这一代中寻找最好的方案，计算目标函数的变化。

(7)随后的若干代中，若目标值的变化可以忽略不计，则优化停止，否则，重复(1)~(6)步。"忽略不计"与"许多"可由决策者人为确定。

GIS 与基于遗传算法的优化决策相结合，建立一个综合优化决策模型进行道路规划，利用地理信息系统计算与位置有关的成本，并实现数据的连续传递，与位置有关的成本被传输到计算其他成本的外部程序。该模型在每次迭代过程中，总成本均被传送到优化模型中，通过 GIS 可以方便准确地进行不规则形状的土地成本计算。利用这种方法可以大大减轻劳动强度，实现地理空间问题决策自动化。

8.6　基于分形理论的地理空间问题分析

分形理论是 20 世纪 70 年代中期以来发展起来的一种横跨自然科学、社会科学和思维科学的新理论。它主要研究和揭示复杂的自然现象和社会现象中所隐藏的规律性、层次性和标度不变性，为人们通过部分认识整体、从有限中认识无限提供了一种新的视角和分析工具。

分形理论是在"分形"概念的基础上升华和发展起来的。分形的外表结构极为复杂，但其内部却是有规律可循的。例如，连绵起伏的地表形态，复杂多变的气候过程、水文过程……以及许多社会经济现象都是分形理论的研究对象。分形的类型有自然分形、时间分形、社会分形、经济分形、思维分形等。

分形理论自诞生以来，就被广泛地应用于各个领域，从而形成了许多新的学科生长点。随着分形理论在地理学研究中的应用，到 20 世纪 90 年代，已逐渐形成了一个新兴的分支学科——分形地理学。

8.6.1　分形理论

1. 分形的概念

分形是指其组成部分以某种方式与整体相似的几何形态，或者是指在很宽的尺度范围内，无特征尺度却有自相似性和自仿射性的一种现象。分形是一种复杂的几何形体，但不是所有的复杂几何形体都是分形，唯有具备自相似结构的那些几何形体才是分形。在大自然中，具有自相似层次的现象十分普遍。例如，在一个水系的主流上分布着许多支流，在支流上又分布着许多亚支流，在亚支流上又分布着许多支流，而且在所有的层次中，"支流"在"主流"上的分布情况几乎相同，也就是说，它具有自相似层次，所以说水系的分布是分形。同样，对于所有不同尺度的铜矿区，高品位铜矿的分布几乎是相同的，许多矿藏的分布都具有这种自相似性，因而矿藏分布也是一种分形。在地学中，自相似现象也极为丰富，如山中有山，景观中有景观，地带性中有非地带性，非地带性又有地带性，等。所以，掌握分形几何学对于探索地理学中的复杂性是必不可少的。

分形的一个突出特点是无特征尺度。特征尺度是指某一事物在空间或时间方面具有特定的数量级，而特定的数量级就要用恰当的尺子去量测。例如，台风的特征尺度是数千千米的量级，而马路旁旋风的特征尺度是数米的量级。如果不考虑它们的特殊性，把它们都看成涡旋，它们就没有特征尺度。因为大涡旋中有小涡旋，小涡旋中套着更小的涡旋，这种涡旋套涡旋的现象发生在许许多多不同的尺度上，可以从几千千米变化到几毫米。凡是具有自相似结构的现象都没有特征尺度。

当在一张比例尺为 1∶10 万的地图上看到一个海湾时，如果对它在一张比例尺为 1∶1 万的地图上进一步观察，就会发现有许多更小的海湾冒了出来，在 1∶1000 的地图上还会出现许多更小的海湾……因此，海岸线是一种自相似的分形，它无特征尺度；当对海岸线测量所采用的单位从 km 变成 m，再变为更小的测量单位时，海岸线的总长度会随着测量单位的变小而不断增加，最后趋于无穷大。这就是英国地理学家 Richardson 在 20 世纪初提出的海岸线有多长的问题。

作为一种实际的海岸线，在大小两个方向都有其自然的限制。取海南岛外缘突出的几个点，用直线把它们连起来，得到海岸线长度的一种下限，使用比这些直线更长的尺度是没有意义的。另外，测量海岸线的最小尺度莫过于原子和分子大小，比这更小的尺度也是没有意义的。在这两个自然限度之间，存在着一个可以变化许多个数量级的无特征尺度区，自相似性就是在这个区域上表现出来的。在这个无特征尺度区，海岸线的长度与测量尺度有关，要问海岸线有多长是没有意义的。同样，在几千千米到几毫米这个无特征尺度区，要问共有多少个涡旋也一样没有意义。那么，在无特征尺度区，什么量与测量的尺度无关？这个特征量就是下面将要讨论的分形维数。对于弯曲复杂程度相同的海岸线，它们的分形维数是相同的。

2. 分形维数的定义和测算

维数是几何对象的一个重要特征量，传统的欧氏几何学研究的是直线、平面、圆、立方体等非常规整的几何形体。按照传统几何学的描述，点是零维，线是一维，面是二维，体是三维。人们通常把树干当做光滑的柱体，但仔细看它的表面，就会发现沟壑纵横、此起彼伏。一个看起来表面光滑的金属，用显微镜看也会凸凹不平，粗糙不堪。由此可见，对于大自然用分形维数来描述可能会更接近实际。

1）拓扑维数

数学知识告诉我们，一个几何对象的拓扑维数等于确定其中一个点的位置所需要的独立坐标数目。例如，对于二维平面中的一条曲线 $y = f(x)$，要确定其中任一点 $(x_i,\ y_i)$ 的位置，需要在 x 轴和 y 轴上各取一个值，同时这对数的取值要满足 $y_i = f(x_i)$ 这个关系。所以，这个几何对象虽然用了两个坐标，但独立的只有一个，因此，它的维数是 1。在三维空间中描述一条曲线需要两个方程，因此，在三个坐标中独立的也只有一个。通常把上述定义的维数也称为拓扑维数。

对于一个二维几何体——边长为一个单位长度的正方形，若用尺度 $r = 1/2$ 的小正方形去分割，则覆盖它所需要的小正方形的数目 $N(r)$ 和尺度 r 满足关系式 $N(1/2) = 4 = \dfrac{1}{(1/2)^2}$；若 $r = 1/4$，则 $N(1/4) = 16 = \dfrac{1}{(1/4)^2}$；当 $r = 1/k\,(k = 1, 2, 3, \cdots)$ 时，则 $N(1/k) = k^2 = \dfrac{1}{(1/k)^2}$。

可以发现，尺度 r 不同，小正方形数 $N(r)$ 不同，但它们的负二次指数关系保持不变，这个指数 2 正是正方形的维数。

对于一个三维几何体——边长为单位长度的正方体，同样可以验证，尺度 r 和覆盖它所需要的小立方体的数目 $N(r)$ 满足关系 $N(r) = 1/r^3$。

一般地，如果用尺度为 r 的小盒子覆盖一个 d 维的几何对象，则覆盖它所需要的小盒子数目 $N(r)$ 和所用尺度 r 的关系为

$$N(r) = \frac{1}{r^d} \tag{8-22}$$

将式(8-22)两边取对数，就可以得到

$$d = \frac{\ln N(r)}{\ln(1/r)} \tag{8-23}$$

式(8-23)就是拓扑维数的定义。

2) Hausdorff 维数

从上述讨论可以看到，几何对象的拓扑维数有两个特点：一是 d 为整数；二是盒子数虽然随着测量尺度变小而不断增大，但几何对象的总长度(或总面积、总体积)保持不变。从上述对海岸线的讨论可知，它的总长度会随测量尺度的变小而变长，最后将趋于无穷大。因此，对于分形几何对象，需要将拓扑维数的定义式(8-23)推广到分形维数。因为分形本身就是一种极限图形，所以对式(8-23)取极限，就可以得出分形维数 D_0 的定义。

$$D_0 = \lim_{r \to 0} \frac{\ln N(r)}{\ln(1/r)} \tag{8-24}$$

式(8-24)就是 Hausdorff 给出的分形维数的定义，故称为 Hausdorff 分形维数，通常也简称为分维。拓扑维数是分维的一种特例，分维 D_0 大于拓扑维数而小于分形所位于的空间维数。

对于真实的海岸线，可以用分形模拟。做法是首先在单位长度的一条直线段的中间 1/3 处凸起一个边长为 1/3 的正三角形，然后在每条直线段中间 1/3 处凸起一个边长为 $(1/3)^2$ 的正三角，如此无穷次地变换下去，最后就会得到一个接近实际的理想化的海岸线分形。每次变换所得到的图形，相当于用尺度 r 对海岸线分形进行了一次测量，不过，尺度越大测量得越粗糙，尺度越小测量的结果越精确。如果设尺度 r 测得覆盖海岸线的盒子数为 $N(r)$，海岸线的长度为 $L(r)$，则不难验证如下结果：

当 $r=1/3$ 时，$N(r)=4$，$L(r) = 4/3$；

当 $r=(1/3)^2$ 时，$N(r)=4^2$，$L(r) = (4/3)^2$；

……

当 $r=(1/3)^n$ 时，$N(r)=4^n$，$L(r) = (4/3)^n$。

根据式(8-24)关于分维的定义，海岸线的 Hausdorff 维数是

$$D_0 = \lim_{r \to 0} \frac{\ln N(r)}{\ln(1/r)} = \frac{\ln 4}{\ln 3} \approx 1.26186$$

显然，$L(r)$ 与 $N(r)$ 之间的关系是

$$L(r) = N(r) \cdot r \tag{8-25}$$

可以看出，海岸线的维数大于它的拓扑维 1 而小于它所在的空间维 2。海岸线的长度 $L(r)$ 不再保持不变，而随测量尺度 r 的变小而变长，在 $r \to 0$ 时，$L(r) \to \infty$。同时，当海岸线分形的自相似变换程度复杂性有所增加时，海岸线的分维也会相应增加。

3) 信息维数

通过上述讨论可以看出，对分维的测算方法是用边长为 r 的小盒子把分形覆盖起来，并把非空小盒子的总数记作 $N(r)$，则 $N(r)$ 会随尺度 r 的缩小不断增加，在双对数坐标中作出 $\ln N(r)$ 随 $\ln(1/r)$ 的变化曲线，那么，其直线部分的斜率就是分维 D_0。

如果将每一个小盒子编上号，并记分形中的部分落入第 i 个小盒子的概率为 P_i，那么用尺度为 r 的小盒子所测算的平均信息量为

$$I = -\sum_{i=1}^{N(r)} P_i \ln P_i \tag{8-26}$$

若用信息量 I 取代式 (8-26) 中的小盒子数 $N(r)$ 的对数，这样，就可以得到信息维 D_I 的定义，即

$$D_I = \lim_{r \to 0} \frac{-\sum_{i=1}^{N(r)} P_i \ln P_i}{\ln(1/r)} \tag{8-27}$$

如果把信息维看作 Hausdorff 维数的一种推广，那么 Hausdorff 维数应该看作是一种特殊情形而被信息维的定义所包括。对于一种均匀分布的分形，可以假设分形中的部分落入每个小盒子的概率相同，即

$$P_i = \frac{1}{N} \tag{8-28}$$

把式 (8-28) 代入式 (8-27) 得

$$D_I = \lim_{r \to 0} \frac{-\sum_{i=1}^{N(r)} \frac{1}{N} \ln \frac{1}{N}}{\ln(1/r)} = \lim_{r \to 0} \frac{\ln N}{\ln(1/r)} \tag{8-29}$$

可见，在均匀分布的情况下，信息维数 D_I 和 Hausdorff 维数 D_0 相等。在非均匀情形，$D_I < D_0$。

4) 关联维数

空间的概念早已突破人们实际生活的三维空间的限制，如相空间，系统有多少个状态变量，它的相空间就有多少维，甚至是无穷维。相空间突出的优点是，可以通过它来观察系统演化的全过程及其最后的归宿。对于耗散系统，相空间要发生收缩，也就是说系统演化的结局最终要归结到一个比相空间的维数低的子空间上。这个子空间的维数即关联维数。

分形集合中每一个状态变量随时间的变化都是由与之相互作用、相互联系的其他状态变量共同作用而产生的。为了重构一个等价的状态空间，只要考虑其中一个状态变量的时间演化序列，然后按某种方法就可以构建新维。如果有一等间隔的时间序列为 $\{x_1, x_2, x_3, \cdots, x_i, \cdots\}$，就可以用这些数据支起一个 m 维子相空间。方法是首先取前 m 个数据 x_1，x_2，$x_3, \cdots$，x_m，由它们在 m 维空间中确定出第一个点，记为 X_1。然后去掉 x_1，再依次取 m 个数据 x_2，$x_3, \cdots$，x_{m+1}，由这组数据在 m 维空间中构成第二个点，记为 X_2。这样，依次可以构造一系列相点，即

$$\begin{cases} X_1 & (x_1, x_2, \cdots, x_m) \\ X_2 & (x_2, x_3, \cdots, x_{m+1}) \\ X_3 & (x_3, x_4, \cdots, x_{m+2}) \\ X_4 & (x_4, x_5, \cdots, x_{m+3}) \\ \vdots & \vdots \end{cases} \tag{8-30}$$

把这些相点 $X_1, X_2, \cdots, X_i, \cdots$，依次连起来就是一条轨线。因为点与点之间的距离越近，它们相互关联的程度越高。现在设由时间序列在 m 维相空间共生成 N 个相点 $X_1, X_1, \cdots, X_N$，给定一个数 r，检查有多少点对 (X_i, X_j) 之间的距离 $|X_i - X_j|$ 小于 r，把距离小于 r 的点对数占总点对数 N^2 的比例记为 $C(r)$，它可以表示为

$$C(r) = \frac{1}{N^2} \sum_{\substack{i,j=1 \\ i \neq j}}^{N} \theta\left(r - \left|X_i - X_j\right|\right) \tag{8-31}$$

式中，$\theta(x)$ 为 Heaviside 阶跃函数，即

$$\theta(x) = \begin{cases} 1, & x > 0 \\ 0, & x < 0 \end{cases} \tag{8-32}$$

若 r 取得太大，所有点对的距离都不会超过它，根据式(8-31)，$C(r)=1$，而 $\ln C(r)=0$。这样的 r 测量不出相点之间的关联。适当地缩小测量的尺度 r，可能在 r 的一段区间内有

$$C(r) \propto r^D \tag{8-33}$$

如果这个关系存在，D 就是一种维数，把它称为关联维数，用 D_2 表示，即

$$D_2 = \lim_{r \to 0} \frac{\ln C(r)}{\ln r} \tag{8-34}$$

这里取极限主要表示 r 减小的一个方向，并不一定要 r 接近于零。在对实际系统作尺度变换时，在大小两个方向上都有尺度限制，超过这个限制就超出了无特征尺度区，式(8-33)的定义只有在无特征尺度区内才有意义。

3. 标度律与多重分形

1）标度律

分形的基本属性是自相似性。它表现为当把尺度 r 变换为 λr 时，其自相似结构不变，只不过是原来的放大和缩小，λ 称为标度因子，这种尺度变换的不变性也称为标度不变性。标度不变性对分形来说，是一个普适的规律。对于所有分形，它们都满足

$$N(\lambda r) = \frac{1}{(\lambda r)^{D_0}} = \lambda^{-D_0} N(r) \tag{8-35}$$

对于海岸线分形，如果考虑其长度随测量尺度的变化，由式(8-25)可得

$$L(\lambda r) = \lambda r N(\lambda r) = \lambda^{1-D_2} r \cdot N(r) = \lambda^\alpha L(r) \tag{8-36}$$

其中，

$$\alpha = 1 - D_0 \tag{8-37}$$

称为标度指数。式(8-35)反映了标度变换的一种普适的规律，它表明，把用尺度 r 测量的分形长度 $L(r)$ 再缩小（或放大）λ^α 倍就和用缩小（或放大）了的尺度 λr 测量的长度相等。最重要的是这种关系具有普适性。究竟普适到什么程度是由标度指数 α 来分类的，这称为普适类。具有相同 α 的分形属于同一普适类，由式(8-37)可以看出，同一普适类的分形也具有相同的分维 D_0。

一般情况下，可以把标度律写为

$$f(\lambda r) = \lambda^\alpha f(r) \tag{8-38}$$

式中，f 为某一被标度的物理量，标度指数 α 与分维 D_0 之间存在着简单的代数关系，即

$$\alpha = d - D_0 \tag{8-39}$$

式中，d 为拓扑维数。

现在考察一个质量均匀分布的 Cantor 集合的标度问题。该集合构造的具体步骤是第一步

取一个长度 $r_0=1$，质量 $P_0=1$ 的均匀质量棒，将其一切为二，各段质量为 $P_1=P_2=1/2$，然后将每段都挤压成长度 $r_1=1/3$，线密度 $\rho_1=P_1/r_1=3/2$ 的均匀棒。按照这样的自相似变换，第二步可获四段小棒，它们的长度 $r_2=(1/3)^2$，质量 $P_2=(1/2)^2$，线密度 $\rho_2=P_2/r_2=$ $(3/2)^2$，$\cdots$，到第 n 步，共有 $N=2^n$ 个小棒，每一个长度为 $r_i=3^{-n}$，质量为 $P_i=2^{-n}$，线密度为 $\rho_i=P_i/r_i=(3/2)^n$，在整个自相似变换过程中，总质量守恒，即

$$\sum_{i=1}^{N}P_i=1 \tag{8-40}$$

如果把 P_i 看作概率，式(8-40)就是归一条件。对每一小棒给以标度：

$$P_i=r_i^{\alpha} \tag{8-41}$$

式中，α 为标度指数。把每一小棒的长度及质量同时代入式(8-41)，可以算得

$$\alpha=\frac{\ln 2}{\ln 3}\approx 0.63093$$

因而线密度为

$$\rho_i=\frac{P_i}{r_i}=r_i^{\alpha-1} \tag{8-42}$$

它的大小由小棒纵向的长度表示，随着自相似变换步数 n 的增加，小棒的横向不断变窄（r_i 变小），而纵向迅速变长（ρ_i 变大），最后 Cantor 质量集合由无数条无穷长的线组成。这种均匀分布的 Cantor 集合，其标度指数 α 是一个常量，并且 $\alpha=0-D_0$，称为单标度，这样的分形称为单分形。

2) 多重分形

对于单分形，有一个标度指数 α 或一个分维 D 就足够了，而对于非均匀分布的分形，则可以把它看作由单分形集合构成的集合，它的 α 和 D 都不再是常量，这样的分形称为多重分形。由单分形向多重分形的推广主要涉及由数（α 或 D）表述的几何体向由函数表示的几何体之间的过渡。理想的方法是，把标度指数 α 看做是连续变化的，在 α 和 $\alpha+d\alpha$ 这个间隔是一个以单值 α 为特征和分维为 $f(\alpha)$ 的单分形集合，把所有不同 α 的单分形集合相互交织在一起就形成多重分形。

上述 Cantor 集合在作尺度变换时，采用了单一的标度，现在如果把同样的均匀质量棒从其左端 3/5 处一分为二，然后把左段压缩为长度 $r_1=1/4$，其质量 $p_1=3/5$，而右段保持原长度 $r_2=2/5$，其质量 $P_2=2/5$。第二步接着上述的比例对两段分别进行同样的变换就得到四段，左两段的长度分别为 r_1^2，r_1r_2，质量分别为 P_1^2，P_1P_2，右两段的长度分别为 r_2r_1，r_2^2，质量分别为 P_2P_1，P_2^2；如此操作下去就会得到一个不均匀的 Cantor 集合。在这个集合中分布着众多长宽相同的线条集合，它们构成单分形子集合。对每一个单分形子集合，其标度指数为 α，分维为 $f(\alpha)$。另外，从形成非均匀 Cantor 集合的操作过程来看，最后它的每段线条的质量相当于二项式 $(P_1+P_2)^2$ 展开中的一项，不过在这里 $n\to\infty$。因此，可以用质量 P_i 的 q 阶矩 $\sum_i P_i^q$ 取代单分形中的盒子数 N，这样，多重分维 D_q 可以定义为

$$D_q=\lim_{r\to 0}\left[\frac{1}{1-q}\times\frac{\ln\sum_i P_i^q}{\ln(1/r)}\right] \tag{8-43}$$

多重分维的定义包含各种分维的定义，举例如下。

(1) 当 $q=0$ 时，$\sum_i P_i^q = \sum_i P_i^0 = N$，就可以得到 Hausdorff 维数的定义 $D_0 = \lim\limits_{r \to 0} \dfrac{\ln N}{\ln(1/r)}$。

(2) 当 $q=1$ 时，$\sum_i P_i^q = \sum_i P_i = 1$，式(8-43)的分子和分母都为零，于是把 $\sum_i P_i^q$ 变换一下形式，即

$$\sum_i P_i^q = \sum_i P_i P_i^{q-1} = \sum_i P_i \exp\left[(q-1)\ln P_i\right] \tag{8-44}$$

在 $q \to 1$ 时，式(8-44)中的 $(q-1)\ln P_i$ 是个小量，因此可将 e 指数项级数展开保留线性项

$$\exp\left[(q-1)\ln P_i\right] = 1 + (q-1)\ln P_i \tag{8-45}$$

这样

$$\ln \sum_i P_i^q = \ln\left[1 + (q-1)\sum_i P_i \ln P_i\right] \tag{8-46}$$

把式(8-46)代入式(8-43)，并对其取 $q \to 1$ 的极限，可得

$$D_q = \lim_{r \to 0} \lim_{q \to 1} \frac{1}{1-q} \times \frac{\ln\left[1 + (q-1)\sum_i P_i \ln P_i\right]}{\ln(1/r)} \tag{8-47}$$

利用罗必达法则，将式(8-47)的分子和分母分别对 q 求导，并令 $q \to 1$，就得到信息维

$$D_1 = \lim_{r \to 0} \frac{-\sum_i P_i \ln P_i}{\ln(1/r)} \tag{8-48}$$

(3) 当 $q=2$ 时，式(8-43)变为

$$D_2 = \lim_{r \to 0} \frac{\ln \sum_i P_i^2}{\ln r} \tag{8-49}$$

如果设式(8-31)中的

$$\sum_{i,j=1, i \neq j}^{N} \theta\left(r - |x_i - x_j|\right) = n_i^2 \quad (i = 1, 2, \cdots, N) \tag{8-50}$$

式中，n_i^2 为在第 i 个点与所有其他 $N-1$ 个点的距离 $|r_i - r_j|$ 中，尺度小于 r 的点对数。把式(8-50)代入式(8-31)，并取极限得

$$C(r) = \lim_{n \to \infty} \sum_{i=1}^{N} \frac{n_i^2}{N^2} = \sum_{i=1}^{N} \lim_{n \to \infty} \frac{n_i^2}{N^2} = \sum_{i=1}^{N} P_i^2 \tag{8-51}$$

式中，P_i 为在用尺度 r 测量时第 i 个点被选中的概率。因此，式(8-49)就是关联维的定义。事实上，式(8-43)定义了无穷多种维数，它依赖一个参数 q。当 $q=0$、1、2 时，D_q 分别等于 Hausdorff 维数 D_0、信息维 D_1 和关联维数 D_2。当然 q 不必限于正整数，它可以取 $(-\infty, +\infty)$ 的一切实数值。

8.6.2　基于分形理论的地理空间问题模拟与求解

气候系统是一个外有强迫、内有非线性耗散的开放系统，分形分析是定量描述气候非线性演化过程及其自相似结构特征的有效手段之一。众多研究表明分形分析可从一个似乎是杂乱无章的气候序列中计算出它的分数维，证实气候变化趋势的信息。

塔里木盆地地处中纬度西风带，受到温带天气系统、冰洋系统、副热带天气系统甚至低

纬度天气系统的影响，且区域内地形地势复杂，气候变化受纬度、盆地、山地、戈壁影响显著。为了揭示塔里木盆地非线性气候过程的自相似结构特征，董山等根据分形理论、相空间嵌入定理、Grassberger 和 Procaccia 提出的计算分维数的方法，对塔里木盆地 22 个气象台站 50 年（1956～2005 年）的年平均气温时间序列数据进行分析，计算其分维数，进一步应用普通克里格法对分维数进行空间插值。大致过程与结果如下。

1）关联维数的计算

根据嵌入理论和重构相空间的思想，首先利用阿克苏站 1956～2005 年的年平均气温时间序列数据，计算得到各个站点的双对数图 $\ln C(r, m) - \ln r$。研究发现：对于不同的嵌入空间维，均存在相应的无标度区间，关联函数直线部分的斜率随嵌入维数 m 的增大而趋于稳定，这说明该台站描述的气候系统是一个混沌吸引子；当嵌入空间维数 $m \geqslant 6$ 时，年平均气温的时间序列的关联维数趋于稳定，与饱和嵌入维相对应的关联维数 d 为 2.57，年平均气温时间序列所反映的动力系统的有效自由度数目为 6 个，而要恰当描述其变化特征，进行动力系统建模，至少需要 3 个独立的状态变量。

接着，利用其他 21 个气象台站 1956～2005 年的年平均气温时间序列数据，做了类似的计算。

尽管使用的计算方法及数据资料不同，董山等利用年平均气温数据计算的分维数与徐明等（1994）计算的分维数比较的结果，较好地印证了刘氏气候层次说（刘适达等，1993）。结论是值得借鉴和参考的。

2）关联维数的空间分布

为了展示塔里木盆地年平均气温分维数的分布格局，董山等还以各台站资料计算出的分维数为基础，选择指数模型作为变异函数的理论模型，运用普通克里格方法做空间插值计算。研究发现：年平均气温分形维数在空间上是变化的，区域内各个子区域气候变化的复杂性是有差异的。在地形地势复杂的地方及有地表径流的地方分维数的值较高。例如，盆地边缘砾石带、盆地边缘绿洲带、盆地东部的罗布泊湖盆区分维数均较高，为 2.55～2.57，表明这些地方气候变化较为复杂；沙漠腹地分形维数较低，为 2.51～2.55，表明气候系统的复杂性有所减小。

8.7　基于小波分析的地理空间问题分析

小波分析是在 Fourier 分析的基础上发展起来的一种新的时频局部化分析方法，被誉为"数学显微镜"。小波分析是应用面极为广泛的一种数学方法，是纯粹数学和应用数学完美结合的一个典范。

小波分析为现代地理学研究提供了一种新的方法，运用小波分析对一些多尺度、多层次、多分辨率问题进行研究，如气候变化、植物群落的空间分布、遥感图像处理等问题，往往能够得到令人满意的结果。但是，面对具体的问题，究竟怎样选择小波，怎样运用小波分析方法建立地理学模型，学术界并没有取得共识。

8.7.1　小波分析理论

1. 小波与小波函数

为了叙述方便，在此一般用小写字母。例如，用 $f(x)$ 表示时间信号或函数，其中括号里

的小写英文字母 x 表示时间域自变量，对应的大写字母，这里的就是 $F(\omega)$ 表示相应函数或信号的 Fourier 变换，其中的小写希腊字母 ω 表示频域自变量；尺度函数总是写成 $\varphi(x)$（时间域）和 $\phi(\omega)$（频率域）；小波函数总是写成 $\psi(x)$（时间域）和 $\Psi(\omega)$（频率域）。

记 $L^2(R)$ 是定义在整个实数轴 R 上满足条件

$$\int_{-\infty}^{+\infty} |f(x)|^2 \mathrm{d}x < +\infty \tag{8-52}$$

的全体可测函数 $f(x)$ 及其相应的函数运算和内积所组成的集合。那么，小波就是函数空间 $L^2(R)$ 中满足下述条件的一个函数或者信号 $\Psi(x)$。

$$C_\Psi = \int_{R^*} \frac{|\Psi(\omega)|^2}{|\omega|} \mathrm{d}\omega < +\infty \tag{8-53}$$

或者

$$\int_R \Psi(\omega) \, \mathrm{d}\omega = 0 \tag{8-54}$$

式中，R^* 为非零实数全体。有时，$\Psi(x)$ 也称为小波函数，式（8-53）或式（8-54）称为容许性条件。通常，$\Psi(x)$ 被称为母小波或小波母函数。

对于任意的实数对 (a, b)，其中，参数 a 必须为非零实数，称如下形式的函数

$$\Psi_{a,b}(X) = \frac{1}{\sqrt{|a|}} \Psi\left(\frac{x-b}{a}\right) \tag{8-55}$$

为由小波母函数 $\Psi(x)$ 生成的依赖于参数 (a, b) 的连续小波函数，简称为小波。其中，a 为伸缩尺度参数，b 为平移尺度参数。

下面列出几个比较典型的小波。

（1）Shannon 小波：$\Psi(t) = \dfrac{\sin(2\pi t) - \sin(\pi t)}{\pi t}$。

（2）Gaussan 小波：$G(x) = \mathrm{e}^{-\frac{t^2}{2}}$。

（3）Morlet 小波：$\Psi(x) = \mathrm{e}^{icx}\mathrm{e}^{-\frac{t^2}{2}}$。

（4）Mexican 帽子小波：$H(x) = \left(1 - t^2\mathrm{e}^{-\frac{t^2}{2}}\right)$，以它为小波母函数，随 a 和 b 的不同取值而出现波形的变化和相应的平移情况，如图 8-16 所示。

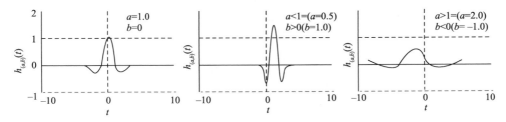

图 8-16 以 Mexican 帽子小波作为母小波的小波在选择不同的 a 与 b 的值的波形变化

2. 小波变换及其性质

对于任意函数或者信号 $f(x)$，其小波变换为

$$W_f\left(a,\ b\right)=\int_R f(x)\Psi_{(a,\ b)}(x)\mathrm{d}x=\frac{1}{\sqrt{|a|}}\int_R f(x)\bar{\Psi}\left(\frac{x-b}{a}\right)\mathrm{d}x \tag{8-56}$$

显然，对任意的函数 $f(x)$，它的小波变换是一个二元函数。这是和 Fourier 变换不同的地方。另外，因为小波母函数 $\Psi(x)$ 只有在原点附近才会有明显偏离水平轴的波动，在远离原点的地方函数值将迅速衰减为 0，整个波动趋于平静，所以，对于任意的参数对 $(a,\ b)$，小波函数 $\Psi_{(a,\ b)}(x)$ 在 $x=b$ 附近存在明显的波动，远离 $x=b$ 的地方将迅速地衰减到 0，所以，从形式上看，$W_f(a,\ b)$ 的本质就是原来的函数或者信号 $f(x)$ 在 $x=b$ 点附近按 $\Psi_{(a,b)}(x)$ 进行加权的平均，它体现的是以 $\Psi_{(a,\ b)}(x)$ 为标准快慢尺度的 $f(x)$ 的变化情况，这样，参数 b 表示分析的时间中心或时间点，而参数 a 体现的是以 $x=b$ 为中心的附近范围的大小，所以，一般称参数 a 为尺度参数，而参数 b 为时间中心参数。

小波变换，具有如下几个基本性质。

1) Parseval 恒等式

$$C_\Psi \int_R f(x)\overline{g}(x)\,\mathrm{d}x = \iint_{R^2} W_f(a,b)\overline{W_g}(a,b)\frac{\mathrm{d}a\mathrm{d}b}{a^2} \tag{8-57}$$

对空间 $L^2(R)$ 中的任意函数 $f(x)$ 和 $g(x)$ 都成立。这说明，小波变换和 Fourier 变换一样，在变换域保持信号的内积不变，或者说，保持相关特性不变（至多相差一个常数倍），只不过，小波变换在变换域的测度应该取为 $\mathrm{d}a\mathrm{d}b/a^2$，而不像 Fourier 变换那样取的是众所周知的 Lebesgue 测度，小波变换的这个特点将要影响它的离散化方式，同时，决定离散小波变换的特殊形式。

2) 小波反演公式

利用 Parseval 恒等式可以推知，在 $L^2(R)$ 中，小波变换有如下反演公式：

$$f(x)=\frac{1}{C_\Psi}\iint_{R\times R^*} W_f\left(a,\ b\right)\Psi_{(a,\ b)}(x)\frac{\mathrm{d}a\mathrm{d}b}{a^2} \tag{8-58}$$

特别是，如果函数 $f(x)$ 在点 $x=x_0$ 连续，则有如下定点反演公式：

$$f(x_0)=\frac{1}{C_\Psi}\iint_{R\times R^*} W_f\left(a,\ b\right)\Psi_{(a,\ b)}(x_0)\frac{\mathrm{d}a\mathrm{d}b}{a^2} \tag{8-59}$$

这说明，小波变换作为信号变换和信号分析的工具在变换过程中是没有信息损失的。这一点保证了小波分析在变换域对信号进行分析的有效性。

3) 吸收公式与吸收逆变换公式

当吸收条件

$$\int_0^{+\infty}\frac{|\Psi(\omega)|^2}{\omega}\,\mathrm{d}\omega = \int_0^{+\infty}\frac{|\Psi(-\omega)|^2}{\omega}\,\mathrm{d}\omega \tag{8-60}$$

成立时，可得到如下吸收 Parseval 恒等式：

$$\frac{1}{2}C_\Psi\int_{-\infty}^{+\infty} f(x)\overline{g}(x)\mathrm{d}x = \int_0^{+\infty}\left[\int_{-\infty}^{+\infty} W_f\left(a,\ b\right)\overline{W_g}\left(a,\ b\right)\mathrm{d}b\right]\frac{\mathrm{d}a}{a^2} \tag{8-61}$$

当吸收条件式(8-60)成立时，也可以得到相应的吸收逆变换公式，即

$$f(x) = \frac{2}{C_\Psi} \int_0^{+\infty} \left[\int_{-\infty}^{+\infty} W_f(a, b) \overline{W_g}(a, b) \mathrm{d}b \right] \frac{\mathrm{d}a}{a^2} \tag{8-62}$$

这时，对于空间 $L^2(R)$ 中的任何函数或者信号 $f(x)$，它所包含的信息完全被由 $a > 0$ 所决定的半个变换域上的小波变换 $\{W_f(a, b): a > 0, b \in R\}$ 所记忆。Fourier 变换不具备这一特点。

3. 离散小波变换

出于数值计算的可行性和理论分析的简便性考虑，离散化处理都是必要的。

1)二进小波和二进小波变换

如果小波函数 $\Psi(x)$ 满足稳定性条件 $A \leqslant \sum_{j=-\infty}^{+\infty} \left| \Psi(2^j \omega) \right|^2 \leqslant B$，则称 $\Psi(x)$ 为二进小波，对于任意的整数 k，记 $\Psi_{(2^{-k}, b)}(x) = 2^{\frac{k}{2}} \Psi \left[2^k(x-b) \right]$，显然，它是连续小波 $\Psi_{(a, b)}(x)$ 的尺度参数 a 取二进离散数值 $a_k = 2^{-k}$ 的特例。

对于函数 (x)，其二进离散小波变换记为 $W_f^k(b)$，定义为

$$W_f^k(b) = W_f(2^{-k}, b) = \int_R f(x) \overline{\Psi}_{(2^{-k}, b)}(x) \mathrm{d}x \tag{8-63}$$

其小波变换的反演公式为

$$f(x) = \sum_{k=-\infty}^{+\infty} 2^k \int_R W_f^k(b) \times t_{(2^{-k}, b)}(x) \mathrm{d}b \tag{8-64}$$

其中，函数 $t(x)$ 满足：

$$\sum_{k=-\infty}^{+\infty} \Psi(2^k \omega) T(2^k \omega) = 1 \tag{8-65}$$

称为二进小波 $\Psi(x)$ 的重构小波。这里，记号 $\Psi(\omega)$ 和 $T(\omega)$ 分别表示函数 $\Psi(x)$ 和 $t(x)$ 的 Fourier 变换。

重构小波总是存在的，例如，可取 $T(\omega) = \overline{\Psi}(\omega) \Big/ \sum_{k=-\infty}^{+\infty} \left| \Psi(2^k \omega) \right|^2$。显然，重构小波一般是不唯一的，但重构小波一定是二进小波。

2)正交小波和小波级数

设小波为 $\Psi(x)$，如果函数族

$$\left\{ \Psi_{k,j}(x) = 2^{\frac{k}{2}} \Psi(2^k x - j) : (k, j) \in Z \times Z \right\} \tag{8-66}$$

构成空间 $L^2(R)$ 的标准正交基，即满足下述条件的基：

$$\left(\Psi_{k,j}, \Psi_{l,n} \right) = \int_R \Psi_{k,j}(x) \overline{\Psi}_{l,n}(x) \mathrm{d}x = \delta(k-l)\delta(j-n)$$

则称 $\Psi(x)$ 是正交小波，其中，符号 $\delta(m)$ 的定义是

$$\delta(m) = \begin{cases} 1, & m = 0 \\ 0, & m \neq 0 \end{cases}$$

称为 Kronecker 函数。这时，对任何函数或信号 $f(x)$，有如下的小波级数展开：

$$f(x) = \sum_{k=-\infty}^{+\infty} \sum_{j=-\infty}^{+\infty} A_{k,j} \Psi_{k,j}(x) \tag{8-67}$$

其中，系数 $A_{k,j}$ 由公式

$$A_{k,j} = (f, \ \Psi_{k,j}) = \int_R f(x)\overline{\Psi}_{k,j}(x)\mathrm{d}x \tag{8-68}$$

给出，称为小波系数。容易看出，小波系数 $A_{k,j}$ 正好是信号 $f(x)$ 的连续小波变换 $W_f(a, \ b)$ 在尺度系数 a 的二进离散点 $a^k = 2^{-k}$ 和时间中心参数 b 的二进整倍数的离散点 $b_j = 2^{-k}j$ 所构成的点 $(2^{-k}, 2^{-k}j)$ 上的取值，因此，小波系数 $A_{k,j}$ 实际上是信号 $f(x)$ 的离散小波变换。也就是说，在对小波添加一定的限制之下，连续小波变换和离散小波变换在形式上简单明了地统一起来，而且连续小波变换和离散小波变换都适合空间 $L^2(R)$ 上的全体信号。

一个最简单的正交小波，即 Haar 小波，其定义为

$$h(x) = \begin{cases} 1, & 0 \leqslant x \leqslant \dfrac{1}{2} \\ -1, & \dfrac{1}{2} \leqslant x \leqslant 1 \\ 0, & x \notin [0, 1) \end{cases}$$

这时，函数族

$$\left\{ h_{j,k}(x) = 2^{\frac{j}{2}} h(2^j x - k) : (j, \ k) \in Z \times Z \right\}$$

构成函数空间 $L^2(R)$ 的标准正交基。

4. 小波分解

利用小波变换具有的多分辨率特点，可以通过小波分解，将时域信号分解到不同的频带上。在做小波分解时，有许多不同的函数可以用来作为基小波，如 Harr、Daublet、Symmlet 小波，根据范数为 1 的规则，在一个给定的小波族如 Symmlet 里有两种类型的小波：父小波（father wavelets）和母小波（mother wavelets）。

父小波：
$$\int \Phi(t)\mathrm{d}t = 1, \quad \Phi_{j,k} = 2^{-\frac{j}{2}} \Phi\left(\frac{t - 2^j k}{2^j}\right) \tag{8-69}$$

母小波：
$$\int \Psi(t)\mathrm{d}t = 0, \quad \Psi_{j,k} = 2^{-\frac{j}{2}} \Psi\left(\frac{t - 2^j k}{2^j}\right) \tag{8-70}$$

父小波有最宽的支集，用于最低频率的平滑部分；母小波用于更高频的细节部分。父小波被用于趋势部分，母小波被用于与趋势部分的离差。当母小波序列用于表示一个函数时，只有一个父小波被使用。

任何函数 $f(t)$ 都可以表示为如下形式的二进展开式：

$$f(t) = \sum_k s_{j,k} \Phi_{j,k}(t) + \sum_k d_{j,k} \Psi_{j,k}(t) + \sum_k d_{j-1,k} \Psi_{j-1,k}(t) + \cdots + \sum_k d_{1,k} \Psi_{1,k}(t) \tag{8-71}$$

式中，$s_{j,k} = \int f(t)\Phi_{j,k}(t)\mathrm{d}t$；$d_{j,k} = \int f(t)\Psi_{j,k}(t)\mathrm{d}t$（$j = 1, 2, \cdots, J$），$J$ 为最大尺度。

$f(t)$ 还可以表达为

$$f(t) = S_J + D_J + D_{J-1} + \cdots + D_j + \cdots + D_1 \tag{8-72}$$

式中，$S_J = \sum_k S_{J,k}\Phi_{J,k}(t)$；$D_j = \sum_k d_{j,k}\Psi_{j,k}(t)\,(j=1,2,\cdots,J)$。

这样，信号 $f(t)$ 的多分辨分解为 $S_{J-1} = S_J + D_J$，其中，S_J 对应于最粗的尺度。更一般地，有 $S_{j-1} = S_j + D_j$。

$\{S_J, S_{J-1}, \cdots, S_1\}$ 是函数 $f(t)$ 精细水平递增的多分辨逼近序列，相应的多分辨分解为 $\{S_J, D_J, D_{J-1}, \cdots, D_j, \cdots, D_1\}$。尺度 2^j 是分辨率 2^{-j} 的倒数。

8.7.2　基于小波分析的地理空间问题模拟与求解

塔里木河流域具有典型的沙漠气候特征，年平均气温为 10.6～11.5℃，7 月平均气温为 20～30℃，1 月平均气温为–20～–10℃。极端高温和极端低温分别是 43.6℃和–27.5℃，年大于 10℃积温为 4100～4300℃。整个区域年平均降水量为 116.8mm，山区年降水量为 200～500mm，盆地边缘地区年降水量为 50～80mm，盆地中央地区降水量仅为 17.4～25.0mm。降水年内分配极不均衡，年降水量的 80%以上主要集中在 5～9 月，20%以下分布在 11 月至翌年 4 月。

为了研究揭示塔里木河流域气候变化趋势，徐建华等选用流域内 23 个气象台站 1959～2006 年 48 年的年平均气温、年降水量、年平均相对湿度时间序列数据，进行小波分析。大致过程与结果如下所述。

1）年平均气温的非线性变化趋势

基于塔里木河流域 23 个台站 48 年的年平均气温时间序列数据，对 23 个台站的数据求平均，然后运用小波分析方法，以 Symmlet 作为基小波、以 sym 8 为小波函数进行小波分解，就可以从 16 年（S_4）、8 年（S_3）、4 年（S_2）的时间尺度上展示其非线性变化趋势。

研究发现：从 16 年的时间尺度上来看，以 1980 年为时间节点，1980 年以前，塔里木河流域年平均气温呈微弱上升趋势，1980 年以后上升趋势比较明显。如果把时间尺度缩小到 S_3 尺度，即 8 年尺度，则年平均气温在总体上仍然保持了 16 年尺度下的基本态势，但是出现了轻微的振荡。其特点是：以 1993 年为时间节点，1993 年以前以波动性为主，在波动中呈微弱上升趋势，1993 年以后以上升趋势为主，在上升过程中有微弱波动。如果把时间尺度缩小到 S_2 尺度，即 4 年尺度，则起伏振荡比较明显。

2）年降水量的非线性变化趋势

同样，对塔里木河流域年降水量时间序列做小波分解和重构，可以从 16 年（S_4）、8 年（S_3）、4 年（S_2）的时间尺度上展示其非线性变化趋势。

研究发现：从 16 年的时间尺度上来看，塔里木河流域年降水量在总体上呈现出一定的上升趋势。但是，如果将时间尺度缩小到 S_3 尺度，即 8 年尺度，则可以发现，以 1984 年为节点，1984 年以前，年降水量呈轻微的振荡，振幅极小；1984 年以后，年降水量呈明显上升趋势；而 1999 年以后则变化趋于平缓。如果把时间尺度进一步缩小到 S_2 尺度，即 4 年尺度，那么年降水量变化的起伏振荡更为明显。

3）年平均相对湿度的非线性变化趋势

同样，对塔里木河流域年平均相对湿度时间序列做小波分解和重构，可以从 16 年（S_4）、8 年（S_3）、4 年（S_2）的时间尺度上展示其非线性变化趋势。

研究发现：从 16 年的时间尺度上来看，塔里木河流域年平均相对湿度呈现轻微的上升趋势。如果把时间尺度缩小到 S_3，即 8 年尺度，则塔里木河流域年平均相对湿度在保持 16 年尺度的基本态势下，出现了轻微的振荡。1985 年以前，空气湿度的变化以波动性为主，在波动中呈微弱上升趋势；1985~1992 年，流域空气湿度明显增大，增大幅度为 5%左右；1992 年以后，空气湿度的变化以波动性为主，无明显上升或下降趋势。如果把时间尺度进一步缩小到 S_2，即 4 年尺度，则出现了比较明显的起伏振荡。

总结上述分析结果，可以得出如下基本结论。

(1)从气候变化过程(时间序列)来看，近 50 年以来塔里木河流域年平均气温、年降水量和年平均相对湿度呈现非线性变化趋势，而且它们的非线性趋势具有尺度依赖性的特征。

(2)对于年平均气温来说，从在 16 年和 8 年的时间尺度上来看，以 1980 年为时间节点，1980 年以前呈微弱上升趋势，1980 年以后上升趋势则比较明显；如果把时间尺度缩小到 4 年，那么，年平均气温在总体上仍然保持了 16 年和 8 年尺度的基本趋势，但是出现了比较明显的起伏振荡。

(3)对于年降水量来说，从 16 年的时间尺度上来看，在总体上呈现出一定的上升趋势；但是如果将时间尺度缩小到 8 年或 4 年，则呈现出比较明显的起伏振荡。

(4)对于年平均相对湿度来说，从 16 年和 8 年的时间尺度来看，以 1980 年为时间节点，1980 年以前无明显上升或下降趋势，而 1980 年以后则呈微弱上升趋势；如果把时间尺度缩小到 4 年，那么其在总体上仍然保持了 16 年和 8 年尺度的基本趋势，但是出现了比较明显的起伏振荡。

8.8　空间决策支持系统

GIS 中大量的定量应用分析主要通过建立相应的预测和模拟模型、规划和决策模型来实现。虽然 GIS 为决策支持提供了强大的数据输入、存储、查询、运算、显示工具，但这些功能只属于数据级的决策支持，空间模型在系统中处于从属地位，而且，因缺乏适当的空间建模能力和时空数据支持能力，使 GIS 难以满足决策者对复杂空间问题的决策需求。决策支持系统(decision support system，DSS)能够通过空间查询、建模、分析与显示解决病态空间问题，但 DSS 缺少空间数据表现功能。因此，在 GIS 基础上集成决策支持系统的相关技术，如知识工程技术(人工智能技术、知识获取、表现、推理等)和软件工程技术(集成数据库、模型、非结构化知识和智能用户界面)，发展空间决策支持系统，将使 GIS 处理空间信息的能力从数据处理上升到模型模拟层次，为 GIS 从空间信息处理到空间决策提供新的平台和工具。

8.8.1　空间决策支持系统概念

空间决策支持系统(spatial decision support system，SDSS)在 20 世纪 80 年代伴随着地理信息技术的进步逐渐发展起来，它是决策支持系统的一个分支，其最主要行为是对地理空间问题进行决策支持，是在传统决策支持系统和 GIS 相结合的基础上发展起来的新型信息系统。空间决策支持系统应用空间分析的各种手段对空间数据进行处理变换，提取出隐含于空间数据中的事实与关系，并用图形、表格和文字的形式直接表达，为现实世界中的各种应用提供科学、合理的决策支持。SDSS 以信息为基础和依据，在地理学、管理学、运筹学、数据库、人工智能和计算机等多学科知识交叉融合下形成，主要解决非结构化或半结构化空间问题。由于空间分析的手段直接融合了数据的空间关系，并具有充分利用数据的现势性等特点，SDSS 提供的决策支持将更加符合客观现实，有利于决策。

SDSS 以决策的有效性为主要目标，在 GIS 的支持下，通过集成空间数据库、数据库管理系统和模型库、模型库管理系统等，对单纯 GIS 不能解决的复杂的半结构化和非结构化空间问题进行求解和决策。因此，SDSS 不仅提供各种空间信息实现数据支持，还可以为决策者提供多种实质性的决策方案。

SDSS 具有以下基本特征。

（1）SDSS 是支持决策的自适应系统。

（2）SDSS 能够辅助解决半结构化、非结构化空间问题。

（3）SDSS 是支持数据与模型有机集成的智能系统。

（4）SDSS 支持各种决策风格，易于适应用户的需求。

SDSS 与 GIS 的主要区别在于 SDSS 具有专门的模型库及其管理系统，供决策人员分析和决策时进行模型选择和构造新模型；SDSS 将方法库与模型库分离，有利于一个模型使用不同方法形成问题的不同求解途径；SDSS 更强调知识和模型在问题求解过程中的重要性。

8.8.2　空间决策分析

1）基于面向对象知识表达的空间推理决策

空间决策支持系统中的知识具有空间与时间特征，作为能够反映空间特性的知识因素，空间特征和时间特征是空间知识库与其他专家知识库的根本区别。事实知识类是一类具有一定行为的知识类，它提供的方法可以为外部用户使用。当外部用户输入决策目标并发出空间决策命令时，决策支持系统将主动向领域知识类（知识单元）发出消息请求，领域知识类在无法处理的情况下向其上级（控制性元知识类）发出消息请求，最终由控制性元知识返回消息并将控制消息再次传输给领域知识类，领域知识类调用事实知识类的公有方法或通过消息触发事实知识类的内部方法，改变事实知识的状态信息。当事实知识类的状态信息趋于稳定时或问题求解已经实现时，决策过程完成并向外部输出决策结论，该结论在知识（或事实）不足的情况下将给出无法决策的结论，否则将给出用户请求的正确结果，基于面向对象知识表达的空间推理决策过程如图 8-17 所示。

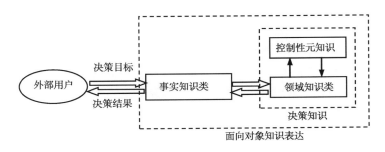

图 8-17　基于面向对象知识表达的空间推理

非结构化知识表示有几个典型的框架，如命题逻辑与一阶谓词逻辑、产生式系统、框架模型、语义网络及面向对象系统，对非结构化知识进行空间推理的一个特点是具有不确定性。不确定性管理在空间分析与决策中是十分重要的，如在决策过程中需要好好把握不确定性的度量及传播，不确定性空间推理包括模糊推理、与随机现象有关的不确定性推理模式和基于包含度理论的空间推理等。

2）基于 Agent 的智能化决策支持

传统的 SDSS 一般由模型管理（包括模型库管理和模型执行）、GIS、数据库管理系统、专家系统和人工智能工具、用户界面等组成。它们相互之间关联紧密，缺乏灵活性、开放性和通用性。由于系统结构和计算模式的限制，传统的 SDSS 在处理复杂的协作性空间决策问题以及应付突发问题方面存在很大的局限。根据 SDSS 的特点及要求，为了解决传统 SDSS 所存在的局限，采用 Agent 技术进行空间信息的辅助决策，建立基于 Agent 的分布式智能 SDSS，这是 SDSS 领域的一个新的有意义的研究方向，目前国内外学者已展开了初步的研究。图 8-18 是一个基于 Agent 的 SDSS 的体系结构，它是由多个 Agent 合作以完成空间决策支持任务的联邦系统。

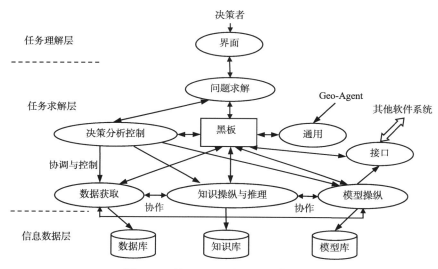

图 8-18　基于 Agent 的 SDSS 体系结构

基于 Agent 的 SDSS 主要包括界面 Agent、问题求解 Agent、决策分析控制 Agent、数据获取 Agent、模型操纵 Agent、知识操纵与推理 Agent、通用 Agent、接口 Agent 和黑板等部分。使用 Agent 技术使 SDSS 的系统结构、工作方式以及实现方法更加简单、清晰，各 Agent 之间相对独立性比较高，相互之间的关系不是在系统设计时预先确定，而是在运行阶段进行设定。更重要的是，基于 Agent 的 SDSS 使用户可以根据自己的应用领域向决策模型库、知识库以及 Geo-Agents 中动态地添加领域相关的空间或非空间决策模型、知识和规则以及各种 GIS 功能 Agent。用户甚至可以不需要自己添加所需的各种模型、知识、规则以及 GIS 功能 Agent，只要在整个决策网络中的某个地方能找到这些决策资源，系统就可以为用户寻找所需的各种决策资源。

3）基于 Web 的分布式群体环境决策制定

基于 Web 的开放式决策支持系统是一个基于 Web 技术的集数据仓库技术、OLAP 技术、数据挖掘技术和专家系统于一体的智能决策支持系统。其基本思想是决策资源提供者将决策资源作为 Web 环境中的一种服务资源提供给决策者，决策者通过一定方式搜索并使用决策资源辅助进行决策，可以避免系统管理和维护等复杂工作。基于 Web 的决策支持系统模型要求尽可能采用现有的 *B/S* 技术、传输协议和工具，要求具有互操作性和可扩展性。

4) 空间决策的可视化表达

随着地球科学的发展，地理信息的表达方法已不再满足于传统的符号及视觉变量表示法，而是进入实时、动态、多维、交互和网络条件下探索视觉效果和提高视觉工具功能的阶段。借助于科学计算可视化，利用相关计算机技术和方法可以将大量不可视的地理信息转换为容易理解的，可进行交互分析的图形、图像、动画等形式。

人机交互子系统是连接终端用户和计算机系统的纽带，是空间决策支持系统中的重要组成部分，其友好的界面、简便的操作往往成为系统成功的关键。20 世纪 70 年代计算机图形学的发展以及后来图形化的多窗口用户界面（Windows）的出现，为人机交互系统的开发提供了强有力的支持。

8.8.3　GIS 与专业模型集成分析

1) 地学专业模型及类型

模型是指用一定的方式对现实世界的事物、现象、过程和系统的简化描述，特别是对客观事物的特征、状态、结构或属性及其变化规律的抽象和模拟。地学专业模型是将地球信息的状态、结构及属性进行抽象，并进行深入分析模拟以模型的方式表达出来。地学专业模型具有以下特征。

(1) 简化地球系统结构，描述和认识地球系统的构造，抽取所关心的问题。

(2) 汇集数据，系统综合大量具体事实发现内在规律，如回归模型、相关分析模型。

(3) 模拟系统过程，预测系统未来变化，如系统预测模型、系统动态学模型等。

(4) 担负逻辑职能，解释事物变化结果的必然性。

(5) 验证假说和相关理论形成新的理论，如空间相互作用模型。

(6) 优化系统结构，设计新方案。

模型通常有以下 4 种表现形式。

(1) 物理模型：是对原系统进行比例处理的实物模型或者根据一定规律进行的比拟和推演。

(2) 数学模型：是以数学为工具，建立各种公式和方程来模拟客观事物的模型。

(3) 结构模型：主要是反映事物内部结构特点和因果关系的模型，常见的如描述事物关系的关系图，程序设计中的流程图。

(4) 仿真模型：是通过计算机，根据建立的数学公式进行运算模拟、预测客观世界的模型，与数学模型紧密相连。

按照不同的目的，地学专业应用模型可分为不同的类型（表 8-5）。

表 8-5　地学专业应用模型的分类

应用模型	具体内容	
预测模型	需求预测	动态仿真、回归辅助模型
	灰色预测	3M(1，1)模型
	回归预测	一元线性回归模型、指数回归模型、一元幂指数模型、二次抛物线方程模型、指数曲线模型、逻辑斯蒂模型

续表

应用模型		具体内容
分类模型	聚类分析	系统聚类模型、动态聚类模型、模糊聚类模型
	判别分析	两类判别分析、多类判别分析、逐步判别分析
模拟模型		动力学过程模拟模型、随机过程模拟模型
最优化决策模型	线性规划模型	单纯型方法、对偶单纯型方法
	多目标线性规划模型	分层评价法、分层单纯型方法
规划模型	最优规划模型	线性规划模型、多目标规划模型、动态规划、0-1 规划
	最优区位模型	单点选址模型、多点选址模型
评价模型	适宜性评价	综合指数模型、权重分配
	综合效益评价	主成分分析、多因素综合评价模型、层次分析

根据应用模型结构特征可分为数学模型、统计模型和概念模型（又称逻辑模型）；根据应用模型的空间特性分为两大类，即空间模型和非空间模型；根据应用模型的内容及所解决的问题可分为基础模型和专业模型；根据模型空间过程模拟方法可分为动力学过程模拟模型和随机过程模拟模型；根据随机因素的影响可分为确定性模型与随机性模型；根据模型所表达的关系可分为 3 类：①基于物理和化学原理的理论模型，如地表径流模型、海洋和大气环流模型等；②广泛应用于地学领域的局域原理和经验的混合模型，这类模型既有基于理论原理的确定性变量，也有应用经验手段加以确定的不确定性变量；③基于变量之间统计关系或启发式关系的模型，这类模型一般被统称为经验模型；根据模型的用途，地学专业应用模型还可分为预测模型、分类模型、模拟模型、最优化决策模型、规划模型和评价模型等。

2）GIS 与专业模型集成分析模式

目前，SDSS 空间模型与 GIS 集成方式主要有以下两种形式。

（1）松散集成模式：参加集成的 GIS 软件和 SDSS 模型软件基本独立运行，利用文件交换机制来实现数据交换（图 8-19（a）），模型所需的数据从 GIS 数据库中获取，空间查询和显示由 GIS 完成。松散集成的优点是开发费用低、风险小、易实现，保持了空间分析模型的专业特色，有利于分析理解模拟结果。但这种集成系统的效率低，增加了非专业人员掌握和应用的难度。

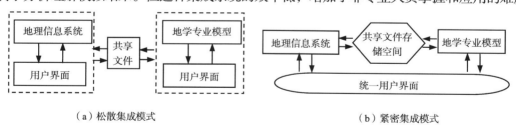

（a）松散集成模式　　　　　　　　　　　　　　（b）紧密集成模式

图 8-19　GIS 与地学专业模型集成模式

（2）紧密集成模式：以一个系统为主，加入另一个系统的功能，两者具有共同的用户界面，通过共享文件和存储空间实现无缝连接（图 8-19（b））。紧密集成有两种方式：一种是将专业模型嵌入 GIS 中，另一种是对模型进行功能扩充，使其具有 GIS 的基本功能。通常利用商用 GIS 软件的宏语言调用接口如 Mapinfo 的 MapBasic 等编制用户界面，同时利用高级语言开发分析模型模块并完成二者的集成。采用现有 GIS 软件与分析软件包来构造 SDSS，不仅可以充分利用现有软件资源，而且具有系统稳定、开发周期短、费用低等优点。

GIS 与专业模型集成的主流开发方式是集成式二次开发，即利用 GIS 基础软件作为 GIS 平台，以通用软件开发工具尤其是可视化开发工具（如 Delphi、VB、PowerBuilder 等）为模型库开发平台进行二者集成开发。具体集成方法有以下 6 种：

（1）源代码集成方法。利用 GIS 的二次开发工具和其他编程语言，将已开发的应用分析模型的源代码进行改写，使其从语言到数据结构与 GIS 完全集成。

（2）函数库集成方法。函数库集成方法是将开发好的应用分析模型以库函数的方式保存在函数库中，集成开发者通过调用库函数将应用分析模型集成到 GIS 中。

（3）可执行程序集成方法。可执行程序集成方法是指 GIS 与应用分析模型以可执行文件的方式独立存在，二者的内部、外部结构均不改变，相互之间独立存在。二者的交互通过文件、命名管道、匿名管道或数据库以约定的数据格式进行。可执行程序集成方式可分为独立方式和内嵌方式。

（4）DDE 与 OLE 集成方法。DDE 是指动态数据交换，OLE 原指对象连接和嵌入。进行 DDE 或 OLE 操作必须有两个主体存在，分别是服务器和客户，就是一方主体为另一方提供服务。GIS 与应用分析模型互为客户和服务器。DDE 或 OLE 与内嵌的可执行程序的集成方法相似，属于松散的集成方法，系统的数据交换使用了操作系统内在的数据交换支持，使程序的运行更加流畅。

（5）模型库的集成方法。模型库指按一定的组织结构存储模型的集合体。模型库可以有效地管理和使用模型，实现模型的重用。模型库符合客户机/服务器（C/S）工作模式，当需要模型时，模型被动态地调入内存，按照预先定义好的调用接口来实现模型与 GIS 的交互操作。

（6）基于组件的集成方法。随着信息技术的发展，组件技术已成为系统集成方法的最流行软件。应用软件模块和支持组件编程的语言有很多种，包括 VB、Delphi、VC 等，都可开发 GIS 与应用分析模型的集成系统。目前组件技术有 Sun 的 JavaBeans、OMG 的 CORBA 技术、Microsoft 的 COM 以及 Microsoft 对 COM 技术发展的 COM+和.Net 组件技术。基于组件技术的 WebGIS 与 OpenGIS 刚刚起步，应用模型的组件化将成为 GIS 发展的必然趋势。

第9章 空间分析建模及应用案例

模型是一种现象或系统的简化表示，而 GIS 应用模型，根据具体的应用目标和问题，借助于 GIS 自身的优势，将观念世界中形成的概念模型，具体化为信息世界中的可操作的机理和过程；是以空间分析的基本方法和算法模型为基础，针对客观世界专门应用目的而构建的解决专门问题的理论和方法；是 GIS 技术应用向专业领域的发展。GIS 应用模型是 GIS 的基本构成之一，GIS 的空间分析是基本的、解决一般的通用问题的基本理论和方法；尽管 GIS 软件具有强大的空间分析功能，为解决各种现实问题提供了有效的基本工具，但对于某一专门应用目的的解决，还必须通过构建专门的应用模型，如土地利用模型、选址模型、洪水预测模型等。

9.1 空间分析建模概述

9.1.1 地图模型的概念

模型是人类对事物的一种抽象，人们在正式建造实物前，往往首先建立一个简化的模型，以便抓住问题的要害，剔除与问题无关的非本质的东西，从而使模型比实物更简单明了，易于把握。同样为了解决复杂的空间问题，人们也试图建立一个简化的模型，模拟空间分析过程。空间分析建模，由于是建立在对图层数据的操作上的，又称为"地图建模"（cartographic modeling）。它是通过组合空间分析命令操作以回答有关空间现象问题的过程，更形式化一些的定义是通过作用于原始数据和派生数据的一组顺序的、交互的空间分析操作命令，对一个空间决策过程进行的模拟。地图建模的结果得到一个"地图模型"，它是对空间分析过程及其数据的一种图形或符号表示，目的是帮助分析人员组织和规划所要完成的分析过程，并逐步指定完成这一分析过程所需的数据。地图模型也可用于研究说明文档，作为分析研究的参考和素材。

地图建模可以是一个空间分析流程的逆过程，即从分析的最终结果开始，反向一步步分析得到最终结果，哪些数据是必需的，并确定每一步要输入的数据以及这些数据是如何派生而来，以下的例子将说明其过程。

假定需要获得这样一个结果，即要显示出所有坡度大于 20°的地区。首先的问题是要生成这样一幅图像，哪些数据是必须具备的，如要生成一幅坡度大于 20°的图像，需要一幅反映所有坡度的图像，数据库里有这样的图像吗？如果没有，就进一步沿着反向思路提问："如要生成一幅所有坡度的图像，需要什么样的数据？"一幅高程数据图像可用于生成坡度图像。那么，这幅高程数据图像有没有呢？如果没有的话，生成该图像需要何种数据？这一过程一直持续，直至找出所有必备数据为止。然后反向用图形或符号将有关数据及其操作流程表示出来就得到一个地图模型。本例表示如图 9-1 所示。

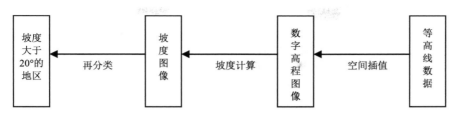

图 9-1　提取坡度大于 20°的计算流程

图 9-1 中，矩形框内为数据，箭头表示操作命令，方向表示操作顺序。

9.1.2　地图模型实例

地图模型有多种表示方法，为了进一步理解制图建模过程，下面给出 3 个不同领域的地图模型实例，分别采用了 3 种不同的表示方法。

1）食草动物栖息地质量评价模型

本例是一个食草动物栖息地质量评价简化模型，模型只考虑了影响食草动物生存的基本因子：水源、食物和隐藏条件，以及景观单元的面积，连通性和破碎程度的度量指标。模型形式如图 9-2 所示。

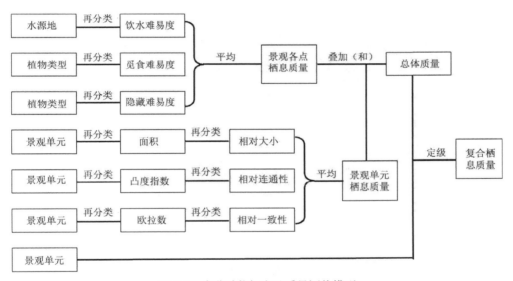

图 9-2　食草动物栖息地质量评价模型

图 9-2 中操作顺序从左向右、从上向下，矩形框内为原始数据和派生中间数据以及结果数据，矩形框连线上面的文字为操作命令。

2）国家森林公园选址模型

本例是一个为某地建立一国家森林公园确定大致范围，是一个数据源已知，需要进行空间信息提取的模型。数据源包括公路铁路分布图(线状地物)、森林分布图(面状地物)、城镇区划图(面状地物)。地图模型可以用表 9-1 所示的形式表示。

表 9-1　　国家森林公园选址模型

步骤	操作命令
找出所有森林地区，1 为林地，0 为非林地	再分类
合并森林分类图属性相同的相邻多边形的边界	归组
找出距公路或铁路 0.5km 的地区	缓冲区分析
找出距公路或铁路 1km 的地区	缓冲区分析
找出非城市市区用地，1 为非市区，0 为市区	再分类
找出森林地区、非市区且距公路或铁路 0.5~1km 范围内的地区	拓扑叠加分析
合并相同属性的多边形	归组

3）木材毁坏量回归预测模型

根据多年的统计数字和经验方程，本例是一个林场砍伐木材时木材毁坏量回归预测模型。模型的因变量有坡度(X_1)、树径(X_2)、树高(X_3)、蓄积量(X_4)、树木缺失量(X_5)。公式如下：

$$Y = -2.490 + 1.670X_1 + 0.424X_2 - 0.007X_3 - 1.120X_4 - 5.090X_5 \tag{9-1}$$

地图模型可以表示成下面的形式（图 9-3）。

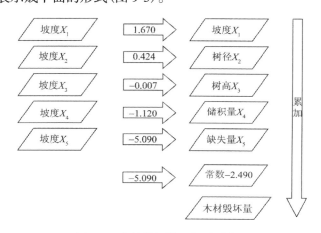

图 9-3　木材毁坏量回归预测模型

9.1.3　地图模型实现

大多数 GIS 软件提供了宏命令或脚本描述语言，可以将上述建立的各种地图模型表示成 GIS 的操作命令序列，自动批处理完成整个模型过程。例如，一个根据 DEM 图像生成的坡度图，可以表达成 GIS 命令格式。

$$\text{CALC　Slopemap} = \text{slope}（\text{DEMmap}） \tag{9-2}$$

由多个原始图层生成一个新图可以写成下面的形式：

$$\text{Newmap} = f（\text{Map}_1, \text{Map}_2, \cdots） \tag{9-3}$$

式中，$f（）$ 表示一个 GIS 命令。

一些 GIS 软件还提供了书写复杂函数的功能，甚至可以在一个命令行里，使用多个函数表达一个完整的地图模型，形式如下：

$$\text{Newmap}_1, \text{Newmap}_2, \cdots = f_1, f_2, f_3, \cdots（\text{Map}_1, \text{Map}_2, \cdots, \text{Newmap}_1, \text{Newmap}_2, \cdots）$$
$$\tag{9-4}$$

式中，$Newmap_1$，$Newmap_2$，…为派生的中间图层。

还有一些 GIS 软件提供了高级的可视化的地图建模辅助工具，用户只需使用其提供的工具在窗口中绘出模型的流程图，指定流程图的意义、所用的参数、矩阵等即可完成地图模型的设计，而无需书写复杂的命令程序。可视化地图建模工具为用户提供了高层次的设计工具和手段，可使用户将更多的精力集中于专业领域的研究(图 9-4)。

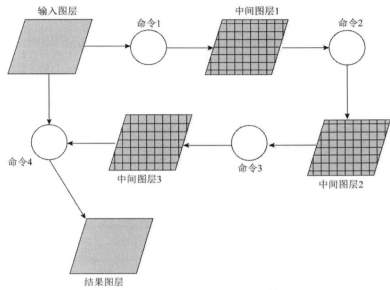

图 9-4　通过流程图表现的 GIS 模型

9.2　土壤重金属污染现状评价

由于土壤重金属污染不仅可以导致严重的经济损失，使生物品质下降，而且还对人类的身体健康造成一定的危害，因此，人类对土壤重金属污染的研究也越来越关注。目前，GIS技术在土壤研究方面的应用主要集中在土壤质量评价以及土壤侵蚀研究和预测方面。

长株潭地区属于中亚热带季风性湿润气候，四季分明，冬冷夏热；热量丰富，年平均气温为 16.5～17.4℃；雨量丰富，全年降水量为 1200～1450mm；无霜期长，年均 280 天左右，且光、热、水基本同季。长株潭地区由于夏季湿热，冬季相对干冷，土壤干湿交替，氧化还原、淀积作用比较强烈，相对有利于重金属元素在土壤中的沉积。

本案例通过 MapGIS 建立空间数据库，进行空间分析，分析和评价长株潭地区土壤重金属污染的分布特点与其他环境污染的关系，得出该地区重金属的可能来源，可以为相关部门对长株潭城市一体化可持续发展提供可能的决策支持。

9.2.1　评价方法

对土壤重金属污染评价的方法有很多，这里采用中国绿色食品发展中心推荐的单因子污染指数法和综合污染指数法进行长株潭地区的土壤质量现状分析和评价。

1)单因子污染指数法

单因子污染指数质量评价是用土壤污染物实测值与评价标准值相比来计算土壤环境质量污染指数的一种评价，其计算式为

$$P_i = C_i \ / \ S_i \tag{9-5}$$

式中，P_i 为土壤中污染元素 i 的单项污染指数；C_i 为土壤中污染元素 i 的实测浓度；S_i 为土壤中污染元素 i 的评价标准。

单因子污染指数是无量纲数，表示元素在土壤中实际浓度超过评价标准的程度，即超标倍数。P_i 的数值越大表示该单项的环境质量越差。

超标污染指数 P_i 的数值是相对于某一个环境质量标准而言的，当选取的环境质量标准变化时，尽管某种污染物的浓度并未变化，超标污染指数 P_i 的取值也会不同。单因子环境质量指数只能代表某一种污染物的环境质量状况，不能反映环境质量的全貌，但它是其他环境质量指数、环境质量分级和综合评价的基础。

2) 多因子综合污染指数法

多因子综合污染指数法，是当前国内外进行综合污染指数计算的最常用的方法之一。其计算公式为

$$P_N = \left\{ \left[(C_i \ / \ S_i)^2_{\max} + (C_i \ / \ S_i)^2_{\text{ave}} \right] / 2 \right\}^{1/2} \tag{9-6}$$

式中，P_N 为第 i 个样点的综合指数；$(C_i \ / \ S_i)^2_{\max}$ 为第 i 个样点中所有评价污染物中单项污染指数的最大值的平方；$(C_i \ / \ S_i)^2_{\text{ave}}$ 为第 i 个样点中所评价污染物单项污染指数的平均值的平方。一般污染指数小于或者等于 1 表示未受污染，大于 1 则表示已受污染，计算出的综合污染指数的值越大表示所受的污染越严重。

多因子综合污染指数法的计算公式中含有评价参数中最大的单项污染分指数，其突出了污染指数最大的污染物对环境质量的影响和作用，克服了平均值法各个污染物分担的缺陷，但是根据多因子综合污染指数法计算出来的综合污染指数，只能反映污染的程度而难于反映污染的质变特征，在这里利用它来计算长株潭地区的综合污染指数就是为了反映该地区的总的污染程度，而单因子污染指数反映的是各种元素的污染状况。

9.2.2 土壤重金属污染评价分级

1) 土壤环境质量标准

采用本案例执行时(2005 年)的国家标准见表 9-2。

表 9-2 土壤环境质量标准值 （单位：mg/kg）

级别		一级	二级			三级
土壤 pH		自然背景	<6.5	6.5～7.5	>7.5	>6.5
镉 ≤		0.2	0.3	0.6	1.0	—
汞 ≤		0.15	0.3	0.5	1.0	1.5
砷	水田 ≤	15	30	25	20	30
	旱地 ≤	15	40	30	25	40
铜	农田等 ≤	35	50	100	100	100
	果园 ≤	—	150	200	200	400
铅 ≤		35	250	300	350	500
铬	水田 ≤	90	250	300	350	400
	旱地 ≤	90	150	200	250	300
锌 ≤		100	200	250	300	500
镍 ≤		40	40	50	60	200
滴滴涕 ≤		0.05	0.05			1.0

　　土壤由于地区背景差异较大，用地区的土壤重金属背景值更能反映土壤的人为污染程度。通过查找资料得到湖南省土壤背景值见表 9-3。

表 9-3　湖南土壤重金属背景值　　　　　　　　　（单位：mg/kg）

元素	镉	铬	砷	汞	铅	铜	镍	锌
背景值	0.126	64	13.6	0.14	26.3	25	30	90

　　2) 分级标准

　　(1) 单因子污染指数法分级标准。按照土壤环境质量标准 (GB 15618—1995) 进行的分级标准见表 9-4。

表 9-4　单因子污染指数分级标准

分级	1 级	2 级	3 级	4 级	5 级
污染指数	$P_i<1$	$1{\leqslant}P_i<2$	$2{\leqslant}P_i<3$	$3{\leqslant}P_i<5$	$P_i{\geqslant}5$
污染等级	未污染	轻度污染	中度污染	重度污染	严重污染

　　(2) 多因子综合污染指数法分级标准。参照夏家淇、刘兆昌等方法，给出了多因子综合污染指数法分级标准，见表 9-5。

表 9-5　多因子综合污染指数分级标准

分级	1 级	2 级	3 级	4 级	5 级
污染指数	$P_N{\leqslant}0.7$	$0.7<P_N{\leqslant}1$	$1<P_N{\leqslant}2$	$2<P_N{\leqslant}3$	$P_N{\geqslant}3$
污染等级	清洁	警戒	轻度污染	中度污染	严重污染

9.2.3　基于 GIS 的土壤重金属污染分析

　　由于利用传统的评价方法只能计算出长株潭地区的土壤污染指数，而利用 GIS (本案例使用 MapGIS 软件) 软件将污染区和长株潭地区的地理底图叠加进行可视化的显示，则可以很好地在地图上反映出污染区域的分布特点以及与周围环境的关系，也可以比较直观地得出元素污染的富集区域和造成元素累积的可能因素。

　　1) DTM 模型分析土壤污染严重区的分布特点

　　随着计算机数字处理能力的提高，自动测量仪器的广泛使用以及制图技术的发展，一种全新的数字描述地理现象的方法——数字高程模型 (digital elevation model，DEM) 日渐普及。它是以数字的形式按一定的结构组织在一起，表示实际地形特征空间分布的数字定量模型。最基本的 DEM 模型是由一系列地面点的 x，y 坐标及与之相对应的高程 z 所组成的，用数学函数式表达为 $z=f(x, y)$。(x, y) 属于 DEM 所在的区域。此时的 DEM 模型称为数字地面模型 (digital terrain model，DTM)。在专题图上，第三维不一定代表高程，而可以代表专题图的量测值，如地面温度、降水等地面特征信息。在本次的实习项目中，把长株潭地区某种重金属元素的超标倍数作为第三维的数据来源建立 DTM 模型分析。

　　建立土壤 DTM 模型的流程：原始土壤数据→特征线/点数据→高程点线栅格化→直接形成规则 GRD 高程文件→平面等值线图绘制。

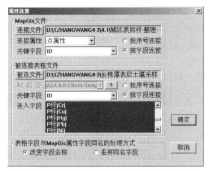

图 9-5　属性关联对话框

（1）土壤数据属性关联。由于前面建立的土壤空间数据库没有将污染指数进行连接，所以需要将通过两种评价方法计算得到的污染指数与土壤采样点中的数据根据 ID 字段来进行属性关联。具体操作如下。

打开 MapGIS 主菜单，选择"库管理"→"属性库管理"→"属性"→"连接属性"，在"属性连接"界面中选择连接的 MapGIS 文件、连接的关键字段以及被连接的表格文件，即可实现属性的关联。如图 9-5 所示。

（2）GRD 文件生成。以污染最严重的镉元素为例，GRD 文件的生成步骤如下。

打开 MapGIS 主菜单，选择"空间分析"菜单项中的"DTM 分析"，进入"MapGIS 数字地面模型子系统——三角剖分显示窗口"。

打开"点数据文件"后，在"处理点线"项下对点数据高程点进行提取，然后再进行高程点/线栅格化处理，分别如图 9-6 和图 9-7 所示。

图 9-6　特征点提取

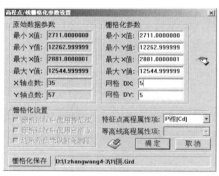

图 9-7　特征点栅格化参数设置

（3）平面等值线图绘制。在 Grid 模型子菜单中，选择平面等值线的绘制选项，如图 9-8 所示的设置。

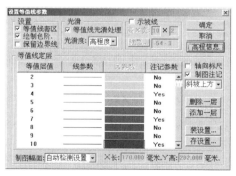

图 9-8　等值线参数设置

生成的镉元素污染等值线效果如图 9-9 所示，颜色越深，污染越严重。其他元素的等值线的生成同镉元素。

在 MapGIS 的输入编辑中通过将研究区各种重金属元素含量的 DTM 模型和地理底图进行叠加，可以发现，各元素污染严重的区域一般都分布在城市的中心或者是周边地区，主要在长沙、株洲、湘潭的市区和工业区，如株洲冶炼厂、株洲化工厂、湘潭钢铁厂、坪塘钢铁厂等工厂附近，并且一般都分布在河流的两岸附近，呈西北—东南走向。株洲地区各种元素污染都比长沙和湘潭地区的污染严重。

2) 利用空间叠加方法分析土壤污染的可能来源

叠加的过程如图 9-10 所示，其中 C 文件的图形类型和 A 文件相同，而属性则是 A 文件与 B 文件属性连接的结果。

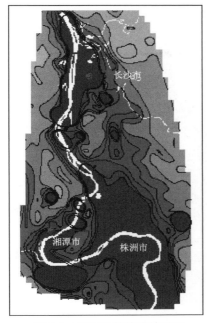

图 9-9 镉污染等值线效果图

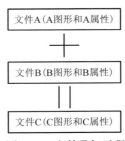

图 9-10 文件叠加过程

在长株潭地区的土壤质量现状分析中，主要用到区与区的叠加分析、点与线的叠加分析、条件检索和属性统计等功能。利用 MapGIS 中生成不同元素的污染 DTM 模型，通过与长株潭地区的地理底图和大气污染、水污染、热污染以及土地利用类型的图层等进行叠加，这样便于分析各元素的污染与周边环境的关系，分析污染的可能来源。

(1) 评价标准处理。通过单因子污染指数法及其分级标准来看，几种元素的污染都是大面积的达到了严重污染的程度，几乎覆盖了长株潭地区的所有区域，但是现有的分级标准不能体现各种元素的污染存在的空间梯度浓度和污染的富集区域，因此，采取提高分级标准来显示不同元素的富集区域。由于长株潭地区铬、镍和铜三种元素的污染相对而言比较轻，所以只对其他的五种重金属元素的标准进行了提高，见表 9-6。

表 9-6 提高分级标准

元素	一级污染	二级污染	三级污染	四级污染	五级污染
镉	$P_i<20$	$20{\leqslant}P_i{<}30$	$30{\leqslant}P_i{<}40$	$40{\leqslant}P_i{<}50$	$P_i{\geqslant}50$
汞	$P_i<3$	$3{\leqslant}P_i{<}4$	$4{\leqslant}P_i{<}5$	$5{\leqslant}P_i{<}6$	$P_i{\geqslant}6$
铅	$P_i<5$	$5{\leqslant}P_i{<}10$	$10{\leqslant}P_i{<}15$	$15{\leqslant}P_i{<}20$	$P_i{\geqslant}20$
砷	$P_i<3$	$3{\leqslant}P_i{<}4$	$4{\leqslant}P_i{<}5$	$5{\leqslant}P_i{<}6$	$P_i{\geqslant}6$
锌	$P_i<3$	$3{\leqslant}P_i{<}4$	$4{\leqslant}P_i{<}5$	$5{\leqslant}P_i{<}6$	$P_i{\geqslant}6$
多因子指数	$P_N{\leqslant}20$	$20{<}P_N{\leqslant}30$	$30{<}P_N{\leqslant}40$	$40{<}P_N{\leqslant}50$	$P_N{>}50$

(2)空间叠加。以用地类型和提高标准以后的镉超标区域的空间叠加为例，说明 MapGIS 空间叠加的应用过程。

在 MapGIS 的空间分析子系统中进行空间叠加的操作；

打开 MapGIS 主菜单，选择"空间分析"系统下的"空间分析"子系统；

分别打开"城市用地"和"镉超标"的区文件；

选择"空间分析"→"区空间分析"→"区对区相交分析"，选择叠加的文件，输入模糊半径（一般选择默认的）后即可实现叠加区域的提取，效果如图 9-11 所示。

提取后可以应用 MapGIS 的"属性分析"→"单属性统计"功能，选择"面积"字段，计算出叠加的屏幕面积，如图 9-12 所示，得到镉污染与城市用地叠加面积与镉污染区总面积之比为 28.1%，说明有 28.1%的镉污染面积分布在城市。

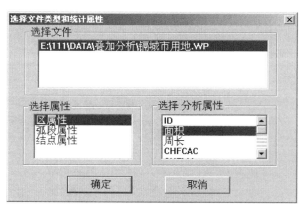

图 9-11　镉污染和城市用地叠加效果图　　　　图 9-12　面积统计分析示意图

为了分析元素富集与周围环境因素的关系，利用分布在城市中镉元素严重污染的面积除以镉严重污染的总面积，得到的值为 61.2%，说明最严重污染的区域与城市有更密切的关系。

要统计最严重污染区域与城市用地的叠加面积，需要对数据进行重新提取，提取过程为：在叠加以后的区图形中，通过 MapGIS 的"检索"→"条件检索"，检索出污染指数超过 50 的区域，表达式为"起始值>=50"，然后再在新的图层中利用"单属性统计功能"计算面积。

用该方法得出的五种污染比较严重的元素污染面积和大气污染、水污染、热污染和城市用地的比例见表 9-7。由于水污染的分布都是呈细条状分布在湘江沿岸，通过叠加并不能很好地反映和土壤重金属污染之间的关系，因此，在这里并没有对其进行叠加分析和统计。

表 9-7　叠加分析结果

元素	百分比	热污染	大气污染	城市用地
镉	叠加区百分比	22.7%	27%	28.1%
	严重污染区百分比	37.2%	51.6%	61.2%
汞	叠加区百分比	21.4%	26.9%	28.7%
	严重污染区百分比	48.1%	43.9%	63.9%
铅	叠加区百分比	19.3%	22.2%	26.2%
	严重污染区百分比	45.1%	96.4%	92.7%
砷	叠加区百分比	23.1%	37.5%	33.8%

续表

元素	百分比	热污染	大气污染	城市用地
砷	严重污染区百分比	56.2%	59.1%	78.2%
锌	叠加区百分比	36.8%	48.2%	41%
	严重污染区百分比	42.7%	55.4%	39.8%
多因子	叠加区百分比	11.7%	24.6%	23.3%
	严重污染区百分比	38.6%	44.7%	53.8%

由表 9-17 可以看出，各种元素的超标和热污染、大气污染、城市建设都有一定的相关性。各种元素都有 30%～50% 的叠加区域，并且通过对严重污染区的百分比进行计算，发现其叠加比例都有上升的趋势，至少都达到了 40% 的比例，最高的铅元素其重污染区域和大气污染以及城市用地几乎全部重叠，有很高的相关性，说明铅的富集可能是由于大气中铅的沉降以及城市的发展所引起的。

3）土壤重金属来源分析

有研究表明，土壤中重金属的超标与城市的人口密度、城市土地利用率、机动车密度呈正相关；重工业越发达，污染就相对比较严重。通过分析，长株潭地区重金属异常的可能原因有以下几点。

（1）大气中重金属元素沉降与土壤重金属污染。大气中重金属主要来源于工业生产、汽车尾气排放、汽车轮胎磨损产生的大量含有重金属的有害气体和粉尘等。它们主要分布在工矿周围及公路、铁路两侧。大气中大多数重金属是通过自然沉降和雨淋沉降进入土壤圈的。经过自然沉降和雨淋沉降进入土壤中的重金属污染，主要以工矿烟囱、废物堆和公路为中心向四周及两侧扩散：由城市—郊区—农区，随距城市的距离加大而降低，特别是城市近郊污染较为严重。

在株洲市冶炼厂、株洲车辆厂、湘潭钢铁厂、湘潭县综合化工厂、坪塘钢铁厂、坪塘化工厂、长沙化工厂、长沙纺织厂等工厂的附近，由于城市、工业和交通相对比较发达，另外，由于长株潭的城市中心都相对是地势比较低的地区，大气中的重金属元素通过大气的扩散以及山峰的阻挡，污染的区域都集中在城市的中心和周边位置，如图 9-13 所示。因此，在相应区域的重金属累积都比较严重，造成了城市的重金属污染集中区域。

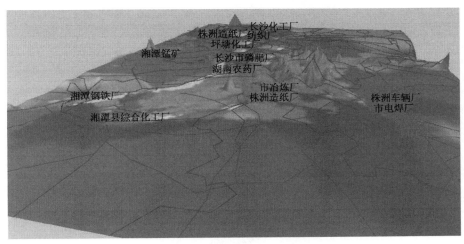

图 9-13　污染区立体分布图

通过对工业比较发达区域的降尘测试和分析，降尘中重金属元素的含量都超标比较严重，这表明土壤中的重金属累积主要是因为大气中重金属的沉降。

由于长株潭地区的风向冬季为西北风，夏季为东南风偏正南，因此在这个地区的重金属污染分布也是东南—西北的走向。

（2）城市发展与土壤重金属污染。由表 9-7 可以看出，各种元素的超标区域和城市建设与发展都有一定的相关性，可能是由于城市中工业较发达以及植被较少或者破坏严重引起的。另外，由于城市中生活垃圾、废弃物堆中重金属含量一般比较高，污染的范围一般以废弃物堆为中心向四周扩散。重金属在土壤中的含量和形态分布特征受废弃物种类和垃圾中污染物的释放率的影响，通过重金属污染区域与城市用地的叠加发现，铅、砷、镉三种元素和城市用地的叠加区域占的比重比较大。

（3）水污染引起的土壤重金属污染。冶炼厂、化工厂、钢铁厂、造纸厂等的废水排放，工厂的重金属尾矿、冶炼废渣和矿渣堆放等，以及可以被酸溶出含重金属的酸性废水，随着排水和降雨进入水环境或直接进入土壤，都可以直接或间接地造成土壤重金属污染。长株潭地区土壤中重金属元素的富集中心一般都分布在工厂和人口密集地的附近沿河周围，可以是由于含有重金属元素的水向河流两岸扩散，或者由于汛期等因素对土壤中重金属元素造成累积。

通过前人对长株潭地区的湘江、浏阳河、奎塘河等地进行的实地调查发现，长、株、潭三市沿江沿河的污水排放，对江河水质污染仍十分严重，如浏阳河入口处的工业废水直接排入河中，水体中带有污染物。长沙湘江西岸含有剧毒的六价铬离子呈绿色的工业废水直接排入湘江。株洲冶炼厂排放的含有多种有毒物质的黑色的工业废水，均严重地污染着湘江水域，湘江曾经发生的严重镉污染事件就是由于湘江上游的一些有色金属冶炼厂排放的工业废水中含有大量的镉元素所造成的。水体中的污染物通过涨水和退水以及顺着水流的方向等方式不断扩散。

由于砷元素的超标点都是分布在河流沿岸，通过 MapGIS 的空间分析中利用点对线的叠加分析，可以计算出对砷元素的含量和超标点到河流的最短距离的计算，字段为"PntLinDis"。由于软件计算的屏幕距离，以 mm 为单位，将距离乘以 250 可以转换成以 m 为单位的实际空间距离（比例尺 1：250000），可以发现距离和含量之间有较好的相关性，如图 9-14 所示。砷含量比较高的采样点都是分布在距离河流比较近的地方，由此可见，砷超标的主要原因可能是水污染导致的。

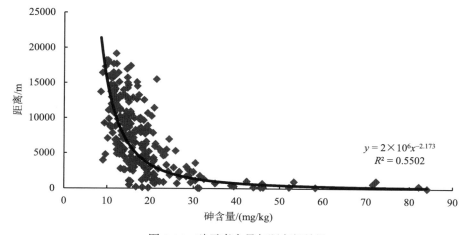

图 9-14　砷元素含量与距离相关性

(4)热污染与土壤重金属污染。由于工厂林立，人口稠密、道路拥挤、交通繁忙，人为热量释放大大增加了城市热岛区，因此，热污染和土壤污染之间有一定的间接关系，而直接关系目前还未发现。

(5)其他人类活动与土壤重金属污染。长株潭城市周围的土壤重金属污染来源一方面是因为大气污染和水污染的扩散；另一方面可能是由于该地区农业耕作过程中使用的某些磷肥可能含有镉、铀等污染物，以及某些含有金属(如砷、铜、锰、铅和锌等)的农药的使用，经过若干转移过程最终会导致土壤重金属污染的发生。

9.3　建筑群空间分布模式提取

9.3.1　建筑群空间分布模式

面向空间群目标的识别是空间分析及空间数据挖掘比较关注的问题。空间群目标是 GIS 数据类型中的复杂目标，在空间场中通过地理现象相互作用，形成特定结构的分布模式。该类目标在自然地理、人文地理现象中具有大量实例，是 GIS 空间分析重要对象之一(艾廷华和郭仁忠，2007)。建筑分布的群模式就是空间群目标模式的一种典型实例。例如，人们在进行空间认知时，往往将空间临近且形状、方向趋于一致的建筑群识别为一个整体，即同一群目标。

群目标的分析与简单目标不同，其分析过程所关心的不是单个目标个体的特征，而是群体分布所隐含的空间结构化信息，最终旨在提取空间相关规律。在 GIS 研究中，群目标的分布模式识别通常通过聚类分析来完成。纯粹的统计聚类方法将实体元素抽象为空间中的点，其间的疏密关系一般通过欧氏距离计算。当这一方法应用到空间群目标模式(建筑分布模式)识别时，其策略显然是不合理的。如图 9-15 所示，对图(a)中建筑间的距离基本相近的建筑群，人们空间认知得到的建筑群分布模式是(b)图中的结果。然而，通过计算机，经过上述聚类分析，则得到(c)图的识别效果，这严重歪曲了人们认知上的建筑物群聚类。因此，基于要素以点表达，要素间距离为欧氏距离的空间聚类方法已经失效。为此，需要采用专门的方法提取建筑群分布模式。

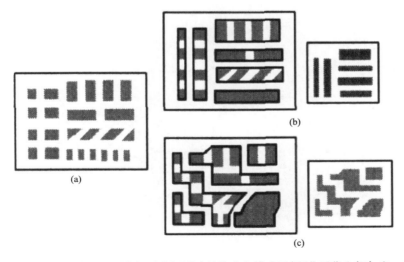

图 9-15　由大小、方向、形状相近来识别建筑物分布模式示例(艾廷华和郭仁忠，2007)

(a)原图；(b)正确；(c)不正确

下面以城市中的建筑群为例，介绍城区建筑分布群模式提取方法。对于城市而言，人们一般按照从整体到局部的过程进行认知。城市形态理论认为，城市具有层次结构（Patricios，2002），包含 4 个层次，从底向上分别由地块（enclave）、街区（block）、大街区（super block）和居民地（neighborhood）构成。城市意象理论（Lynch，1960）同样认为，区域（district）元素即居民地也是城市的重要元素。因此，要提取建筑分布模式，首先要对城市进行层次划分，即可以先将城市划分为街区，再从街区之内提取群分布模式。值得注意的是，街区内的群分布模式中同样包含更细的层次划分。

要提取街区内模糊且具有层次的群分布模式，一般采用建立空间数据结构描述群分布模式的方法。这种空间数据结构大多采用邻近图，图的顶点为建筑，图的边表示建筑之间的联系。如果两个顶点存在一条边，则说明两栋建筑属于同一个建筑群。这里的联系，也是边的权重，不仅考虑欧氏距离这一邻近性指标，还应考虑共向性、相似性等指标。

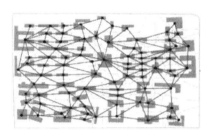

图 9-16　基于邻近关系的建筑群 Delaunay
三角网连接图（艾廷华和郭仁忠，2007）

对于邻近图的构建，最为简单且常见的邻近图是 Delaunay 三角网（Delaunay triangulation）（图 9-16）。这种图能够表示单栋建筑与其他建筑的邻近关系，但是难以很好地描述建筑的群分布特征。为此，可以使用最小生成树来表达建筑的群模式。相对于 Delaunay 三角网，最小生成树本身的树形结构还能反映街区群分布的层次和聚类特征。如图 9-17 所示，对最小生成树（图 9-17（a））进行逐级剪枝，在最小生成树中可以得到以树表达的聚类结果。

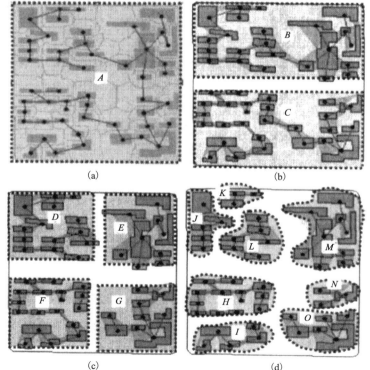

图 9-17　最小生成树及通过对最小生成树逐级剪枝获得的不同层次建筑群聚类（艾廷华和郭仁忠，2007）

9.3.2　建筑格式塔群

对于街区内的建筑群分布模式，不但具有模糊隐含且具有层次的群分布模式，还有视觉上明显的格式塔（gestalt）完形分布特征。对于上文中描述建筑群分布模式的最小生成树而言，它未必能很好地表达隐含在建筑群中的视觉上的显著的特征，即格式塔群组特征。例如，建筑一般有线状排列样式，根据格式塔心理学理论，人们倾向于将这种局部邻近而又相似的建筑群作为同一个整体看待。对于图 9-18 中的建筑，倾向于将图中被框出的部分建筑划分为一组。

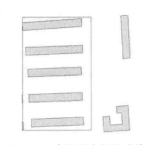

图 9-18　建筑群中的格式塔特征

Wertheimer 最先发现了这种格式塔群组原则，后来心理学领域的学者在此基础上做了进一步的归纳，认为人们对形状的分类一般基于认为邻近性、相似性、封闭性、连续性、共同命运（common fate）、相连性以及共同区域的原则（表 9-8）。

表 9-8　格式塔原则（Li et al.，2004）

格式塔因子	
邻近性	
相似性	
封闭性	
连续性	
共同命运	
相连性	
共同区域	

要提取格式塔群，需要对上述指标进行量化，然后通过设置相应的阈值对格式塔群进行判别。实现过程中，上述指标既包含量化特征又包含模糊特征，虽然对人眼直观却难以计算；此外，设置诸多不同量纲特征的阈值组合也会令用户难以把握，难以得到具有适应性的分类器。如果采用聚类算法，视觉直观的分界在分类过程中却是模糊的边界（Chiristophe and Ruas，2002）。此外，在聚类算法中，如何将不同量纲的格式塔指标定义为格式塔相似度也是需要关注的问题（Li et al.，2004；艾廷华和郭仁忠，2007）。

针对上述问题，在此介绍一种基于机器学习的格式塔群提取方法。该方法的大致思路是，首先通过训练得到判别格式塔群的分类器，另一方面找出潜在的格式塔群，然后用经训练的分类器加以判别。

步骤 1：选取样本训练分类器（如已学习得到模型，此步略过）；

步骤 2：在建筑群的 Delaunay 三角网中选取潜在的格式塔群集合 $\mathscr{S}=\{G_i\}$；

步骤 3：对 $\mathscr{S}$ 中的元素 G_i，用分类器判别 G_i 中是否存在格式塔群。

下面给出实现各步骤的详细实现方法。

9.3.3　潜在格式塔群的选取

首先定义一个潜在格式塔群 G 为建筑 B_i 的集合：$G=\{B_0, B_1, \cdots, B_n\}$。为实现潜在格式塔群的提取，根据格式塔原则，简要地考虑潜在聚类的邻近性、相似性与共向性等特征，如果这些特征的指标都在保守的阈值范围内，便可以确定当前聚类为潜在聚类。

可以利用 Floodfill 填充算法，在 Delaunay 三角网找出潜在聚类，以任意建筑 B_0 为 Floodfill 中的源点，故在初始时 G 被设为 $G=\{B_0\}$，以 B_0 为起始沿着某可行方向依次将建筑 B_1，$\cdots$，B_n 加入 G 中。每次要加入新建筑时，只考虑 G 中与最后一幢建筑 B_n 相邻近的建筑，判断其是否符合当前聚类 G 的格式塔特征，如符合则作为第 $n+1$ 个元素加入 G 中，否则终止对聚类 G 的扩张。因此，聚类中建筑 B_i 只与 B_{i-1} 和 B_{i+1} 存在空间邻近关系。注意在聚类时，有可能出现与建筑 B_{i-1} 邻近的 k 个建筑都符合当前聚类 G 的格式塔特征，此时，可得到 k 个新的潜在聚类 G：$G \cup B_i$，再分别继续对 k 潜在聚类进行扩张。

利用上述方法，从 B_0 向不同方向扩张将有可能得到 n 个潜在聚类，这 n 个潜在聚类之间也可能两两符合同一类格式塔特征，于是从 B_0 处将这两个聚类合并。注意到在一个最终合并后的聚类 G 中，其子集 $\bar{G}_{c,m} = \{B_c, B_{c+1}, \cdots, B_{c+m-1}\}, 0 \leqslant c < c+m-1 \leqslant n, m \geqslant 3$ 也是潜在格式塔群。因此，这里选取尽可能大的潜在格式塔群，只考虑元素个数不小于 3 的潜在聚类。综上所述，整个潜在格式塔聚类选择算法流程如算法 9-1 所示。

前已述及，在要将新建筑 B_i 加入潜在格式塔群时，只需简单地考虑邻近性、相似性与共向性。因为这里只是选取潜在聚类，所以很容易量化并且设定这三个特征的保守阈值。

对于邻近性特征，可采用 Li 等（2004）的方法，通过判断建筑间可通视性实现。具体方法是用建筑足迹多边形上的顶点构建的限制的 Delaunay 三角网，限制足迹多边形上的边必须是 Delaunay 三角网的边。如果三角网中存在顶点在不同建筑上的三角形上，则认为建筑可通视，即建筑有空间邻近关系。

算法 9-1 潜在格式塔聚类选择算法流程

输入： 某街区内的建筑足迹多边形集合 $\mathscr{B} = \{B_i\}$
输出： 潜在格式塔聚类集合 $\mathscr{G} = \{G_i\}$

Begin

    $\mathscr{G} := \varnothing$

    构造 $\mathscr{B}$ 的限制 Delaunay 三角网 CDT=$\{C, E_{DT}\}$

    // 候选格式塔聚类集合 $\mathscr{G}_{candi}$

    $\mathscr{G}_{candi} := \varnothing$

    foreach B_i in $\mathscr{B}$ do

        // 根据 CDT 所确定的邻近性，用 B_i 开始用 Floodfill 方法得到 $\mathscr{G}_{can}$

        $\mathscr{G}_{candi} := \text{FloodFill}(\text{CDT}, B_i)$

        foreach G_j in $\mathscr{G}_{candi}$ do

            从 $\mathscr{G}_{candi}$ 中找出可与 G_j 合并的聚类集合 $\mathscr{G}_{comb}$

            if $|\mathscr{G}_{comb}| = 0$ and $|G_j| \geqslant 3$ then

                if $|G_j| \geqslant 3$ then

                    $\mathscr{G} := \mathscr{G} \cup G_j$

            else

                foreach G_k in $\mathscr{G}_{comb}$

                    $\mathscr{G} := G_j \cup G_k$

                    $\mathscr{G} := \mathscr{G} \cup G$

            $\mathscr{G}_{candi} := \mathscr{G}_{candi} \setminus G_j$

end

对于相似性特征，则用面积一致性作粗略地近似，因为相似性特征难以很好地量化并设定阈值。建筑面积相似性可用 B_i 面积 $\text{area}(B_i)$ 与聚类中建筑平均面积 $\overline{A}$ 的比值 R_{area} 表示。

$$R_{area} = \frac{\text{area}(B_i)}{\overline{A}}. \tag{9-7}$$

只要 R_{area} 满足 $R_{area} \in (1/\varepsilon_{area}, \varepsilon_{area})$，则认为 B_i 和 B_{i+1} 可能相似，这里 ε_{area} 粗略地设为 2.0。

而对于共向性特征，可分别考虑建筑主方向的一致性以及建筑线状排列的一致性。前者主要是指单幢建筑的主要朝向，其计算方法将在 9.4 节中给出。主要朝向一致性可用当前建筑 B_i 的主朝向 O_{B_i} 与聚类中建筑朝向的均值 $\overline{O}$ 的夹角 θ_{orient} 来表示。

$$\theta_{orient} = \arccos\left(\frac{O_{B_i} \cdot \overline{O}}{\|O_{B_i}\|\|\overline{O}\|}\right) \tag{9-8}$$

只要 $\theta_{orient} < \varepsilon_{orient}$，则认为 B_i 满足朝向一致性，这里 ε_{orient} 设为 30°。

对于线状排列一致性，则计算聚类中初始建筑 B_0 的重心到当前建筑 B_i 的重心的方向 d_i，与首幢建筑 B_i 的重心到聚类中上一幢建筑 B_{i-1} 的重心的方向 d_{i-1}，对于 d_i 与 d_{i-1} 间夹角 θ_{dir}，只要有 $\theta_{dir} < \varepsilon_{dir}$，则认为 B_i 满足线状方向一致性，这里 ε_{dir} 设为 15°。

9.3.4 格式塔特征的提取

基于前面的格式塔特征的讨论，将格式塔特征具体量化为 7 个指标，分别为：①面积差异；②高度差异；③形状差异；④朝向差异；⑤线状排列不一致性；⑥间隔差异；⑦排列倾斜度。其中①、②和③对应于相似性特征，④则对应于共向性特性中的朝向，⑤则是共向性特性中的线状方向一致性。对于邻近性特征，⑥考虑了个别建筑与其余建筑间隔过大的情形（图 9-19(a)），⑦则用于避免图 9-19(b) 所示的倾斜排列，相比之下，更倾向于图 9-19(b) 中虚线框出的建筑作为一个格式塔群。

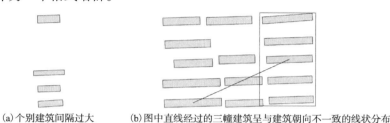

(a) 个别建筑间隔过大　　　(b) 图中直线经过的三幢建筑呈与建筑朝向不一致的线状分布

图 9-19　不合法的格式塔群

下面给出计算具有 n 幢建筑的潜在聚类 G 各项特征的方法。

(1) 面积差异。设潜在聚类 G 中建筑的面积均值为 $\overline{S}$，标准差为 σ_s，面积差异 δ_{area} 可量化表达为 $\delta_{\text{area}} = \sigma_s / \overline{S}$。

(2) 高度差异。设潜在聚类 G 中建筑的高度均值为 $\overline{h}$，标准差为 σ_h，高度差异 δ_{height} 可量化表达为 $\delta_{\text{height}} = \sigma_h / \overline{h}$。

(3) 相似差异。相似性是一种难以量化的指标。这里采取 shape context（Bolongie et al., 2002）的方法计算两幢建筑 B_i 与 B_j 足迹之间的相似度 S_{ij}。其中，每幢建筑 B_i 都与聚类中其余建筑 B_j 得到一个相似度，将这些相似度的均值定义为建筑 B_i 的相似度。

$$S_i = \frac{1}{n-1} \sum_{i \neq j} S_{ij} \tag{9-9}$$

此处取最小的建筑相似度作为聚类的相似差异 δ_{simil}：

$$\delta_{\text{simil}} = 1 - \min_{i \in G} s_i$$

这是为了避免 G 中存在与其他建筑足迹极其不相似的建筑。

(4) 朝向差异。直接采用各建筑主朝向方位角 θ 的标准差 σ_θ 作为朝向差异 δ_{orient}，方位角 θ 被规则化在 $[0, \pi]$ 区间内。

(5) 线状排列不一致性。线状排列不一致性采用建筑重心之间连线的夹角来确定。设有建筑 B_i（$1 < i < n$），B_i 重心处的折角可表示为 B_i 重心到 B_{i-1} 重心处的方向 $-d_{i-1}$ 与 B_i 重心到 B_{i+1} 重心处的方向 d_{i-1} 之间的夹角 α_i，则聚类 G 中共有 $n-1$ 个这样的折角。对于 B_i 的排列不一致性 v_i 可表示为 $v_i = \pi - \alpha_i$。则聚类 G 的线状排列不一致性 δ_{align} 用 v_i 的均值定义。

(6) 间隔差异。设 L_{ij} 表示相邻两幢建筑 B_i 与 B_j 之间的最小距离，显然聚类 G 中可以得到 $n-1$ 个这样的距离。计算距离 L_{ij} 的均值 $\overline{L}$ 与方差 σ_L，则间隔差异 δ_{interv} 可量化为 $\sigma_L / \overline{L}$。

(7) 排列倾斜度。排列倾斜度定义为 G 内建筑排列方向与 G 内建筑主要朝向的夹角大小。建筑的排列方向可用 G 内建筑重心的拟合直线方向表示，设 p 为归一化的拟合直线方向，$(d,$

$\mathbf{d}^{\perp}$) 为一对归一化的建筑朝向，排列倾斜度可表示为 $\delta_{\text{incline}} = \max(\mathbf{p} \cdot \mathbf{d}, \mathbf{p} \cdot \mathbf{d}^{\perp})$。

综合上述 7 个特征可得到子聚类 G 的特征向量。对于训练样本的特征向量 $\boldsymbol{x}$，我们利用支持向量机学习了判别函数 $D(\boldsymbol{x})$。这里判别函数的符号 $D(\boldsymbol{x})$ 表示了类别，其大小则表示了距离分类面的远近程度，对于正类，即格式塔群而言，距离分类面越远代表它符合格式塔群的程度越高。

对于潜在格式塔群 G，尽管其本身可能未能被判别为格式塔群，但是有可能存在其子集 $\overline{G}_{c,m} = \{ B_c, B_{c+1}, \cdots, B_{c+m-1} \}$ $(0 \leqslant c < c+m-1 \leqslant n, m \geqslant 3)$ 为格式塔群的情形。因此，需要按规模从大到小判定其各子集。当同规模子集同时被判别为格式塔群时，取判别函数最大值 $D(\boldsymbol{x})$ 的子集为格式塔群；对于剩下的补集，则继续递归地寻找潜在的格式塔群。详细流程如算法 9-2 所示。

算法 9-2　潜在格式塔群中提取格式塔群算法流程

procedure SearchGestalt
input：潜在格式塔聚类 $G = \{ B_i \}$
output：G 中存在的格式塔聚类集合 $\mathcal{G} = \{ \overline{G}_i \}$

```
begin
    𝒢:=∅
    Ḡ :=∅
    MaxValue := min
    n:=|G|
    dest:=nil
    for k :=n−1 down to 3 do
        // 遍历 G 中元素个数为 k 的子集，求判别函数值最大的子集
        for l :=1 to n−k+1 do
            Ḡₗ :={ Bₗ, ⋯, B_{l+k-1} }
            // 计算 Ḡₗ 的特征向量 x，并判别其类别
            x := CalculateFeatures( Ḡₗ )
            label := SvmPredictValues (x)
            if label > 0 and label > MaxValue then
                dest:= l
                MaxValue:= dest
        if dest ≠ nil then
            𝒢 := 𝒢 ∪ Ḡ_dest
            // 继续寻找之前部分补集
            Ḡ_low :={ B₁, ⋯, B_{dest-1} }
            SearchGestalt( Ḡ_low )
            // 继续寻找之后部分补集
            Ḡ_high :={ B_{dest+k}, ⋯, B_n }
            SearchGestalt( Ḡ_high )
            break
end
```

在实现中，笔者标记了 73 个训练样本建立了支持向量机分类器，其中含有 25 个正类和 48 个负类。在学习样本时，我们采用了高斯核函数，利用交叉验证方法选取了支持向量机的核参数及松弛变量，最终得到了 21 个支持向量。为了验证学习得到的判别函数的有效性，经对训练数据进行了 10 番的交叉验证后，结果显示判别函数达到了 94.52% 的预测精度。图 9-20 给出了此方法在另外一个独立数据集中所找出的潜在格式塔群和格式塔群。

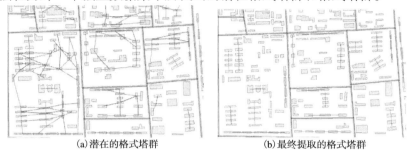

(a)潜在的格式塔群　　　　　　　　　(b)最终提取的格式塔群

图 9-20　格式塔群提取结果

9.4　建筑朝向分析

建筑朝向提取在空间分析、制图综合、遥感信息提取中具有重要的应用价值。建筑朝向又可称为建筑主方向，即日常所说的建筑为"南北朝向"或"东西朝向"。

为了计算建筑朝向，可先定义建筑朝向为一组正交方向：将建筑足迹投影长度较大的方向定义为主朝向，而投影长度较小的则被定义为次朝向。计算建筑朝向时，只需计算主次朝向的任意一个朝向。

对于建筑主朝向的计算方法，Li 等(2004)采用了多边形两个最长边中点的连线方向。该方法虽然简单，但在第二长边长度较短时，容易产生错误的情形(图 9-21(a))。Chiristophe 和 Ruas(2002)对此进行了改进，他们采用了建筑墙面的加权平均朝向作为建筑朝向，其中墙面的权重为墙面的长度，这样可以避免第二长边过短的情形。图 9-21(b)给出了改进后的结果。但是这种方法对于复杂建筑仍然会存在一定缺陷。

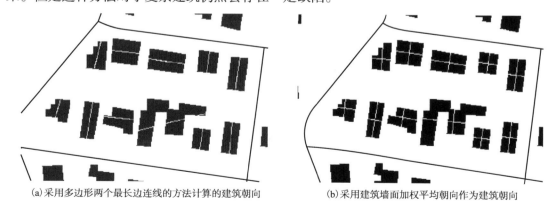

(a)采用多边形两个最长边连线的方法计算的建筑朝向　　　　(b)采用建筑墙面加权平均朝向作为建筑朝向

图 9-21　不同的建筑朝向计算方法(Chiristophe and Ruas，2002)

Duchêne 等(2003)提出了利用建筑最小包围矩的边方向作为建筑主朝向的方法。计算最小外接矩形的一种方法是令多边形绕质心在 90°范围内等间隔地旋转，每次记录其外接矩形参数，取其面积最小的矩形为该多边形的最小外接矩形。但是，在一些特殊情形中，建筑最小包围矩形并不能很好地代表建筑主方向。如图 9-22 所示，当建筑存在特殊情形时，最小外包矩形并不能得到合理的结果，而使用本节介绍的方法则可以得到正确的朝向（"∟"形坐标架表示）。

Zhang 等 (2006) 提出了一种求解目标函数的方法。他们的目标函数被设计为对建筑边界与主方向夹角的加权和。

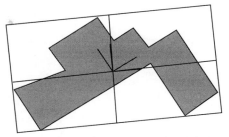

图 9-22　最小外包矩形所得到的主方向

$$d = \arg\min_d \sum\nolimits_{p_i \in F} L(p_i) f\big(\beta_i(p_i, d)\big). \qquad (9\text{-}10)$$

式中，P_i 为建筑足迹多边形上的线段方向；F 为建筑足迹；$L(P_i)$ 为线段 P_i 的长度；$\beta_i(p_i, d)$ 为线段 P_i 与主朝向或次朝向的最小夹角；$f(\beta_i) = \beta_i/45$。要求解目标函数，Zhang 等 (2006) 提出了与求多边形最小外包矩形相类似的搜索方法，即令方向 d 在[0°，90°]范围内变化，每次计算目标函数的值，取令目标函数最小的 d 为建筑主朝向。这种最优化方法能得到较为理想的主朝向计算结果。但是，它具有搜索速度较慢这一效率问题，若以 1°的精度进行搜索，需要计算 90 次目标函数。这里给出一种更为高效的建筑主方向方法，该方法同样基于最优化思想，但设计了更加简明的目标函数，避免了 Zhang 等 (2006) 方法中的搜索求解。

本书的方法基于以下观察：建筑墙面在与其本身朝向重合或垂直的两个方向上具有最小投影(图 9-23(a))，即建筑的主要墙面一般决定了建筑朝向。而当墙面与两个建筑朝向方向都成 45°夹角时，累加投影长度达到最大(图 9-23(b))，这刚好是想在目标函数中惩罚的方向。因此，目标函数可设计为对墙面在两个朝向方向上的投影的求和。设主朝向方向为 d，可极小化如下的目标函数求得

$$d = \arg\min_d \sum_{p_i \in F} \big(|p_i \cdot d| + |p_i \cdot d^\perp|\big) \qquad (9\text{-}11)$$

式中，p_i 为建筑足迹多边形的线段方向；F 为建筑足迹；$d^\perp$ 为与 d 相垂直的次朝向。对于式(9-11)，可采用 Newton 法求解(袁亚湘和孙文瑜，1997)。Newton 法是一种求解非线性优化问题的迭代方法。实验发现，本书的方法一般仅需要 10 次以下迭代便能达到 π / 360 的精度要求。相比之下，Zhang 等 (2006) 的方法若达到此精度要求，则需要 180 步计算。图 9-24 给出本书方法的结果，尤其对于图 9-24(g)、(h)、(i) 和 (j) 中较为奇异的建筑足迹，本书的方法也能得出合理的朝向，相比于最小外包多边形，在图 9-24(i)、(j) 中的结果更加符合建筑主要墙面的朝向。

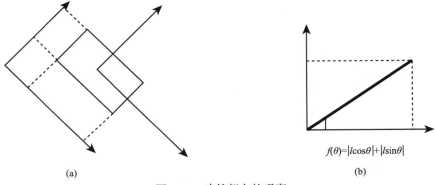

$$f(\theta) = |l\cos\theta| + |l\sin\theta|$$

(a)　　　　　　　　　　　　　　　(b)

图 9-23　建筑朝向的观察

(a)建筑的墙面在其朝向上具有投影最小的性质；(b)当朝向与墙面呈 45°夹角时，得到投影之和 $f(\theta)$ 有最大值

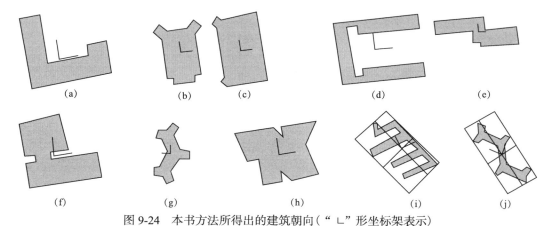

图 9-24　本书方法所得出的建筑朝向（" ∟ "形坐标架表示）

对于(i)、(j)中较为奇异的建筑足迹，本书方法的结果相比于最小外包矩形方法更为合理

9.5　地形山体分割

对于山地地形，它一般是由多个山体构成的，如何按山体对山地进行进一步分割，提取出地形上以山体为单位的地貌单元，是要研究的问题。本节中，将介绍一种基于 Morse 理论的山体自动分割方法。

9.5.1　Morse 理论

因为要将地形抽象为各个山体，而地形可视为二维平面域 D 上的一个标量场 $f(x, y)=z$，笔者采用 Morse 理论对地形进行分割。Morse 理论是对标量场进行拓扑分析的有效工具（Comic et al.，2005）。因为 Morse 理论可以识别拓扑特征，它已被用于控制 DEM 简化（Bajaj and Schikore，1998），建立多分辨率 DEM（Bremer et al.，2004）。

假定 $f(x, y)$ 在平面域 D 上连续可导，对任意点 $p(x, y) \in R^2$，若 $f(x, y)$ 在 x 和 y 方向上偏导数为 0，则 p 为关键点，即 p 为极大值点、极小值点或鞍点（saddle point），对地形而言，分别对应于顶峰（peak）、山谷（pit）或山口（pass）。

如果函数 f 所有关键点处的 Hessi 矩阵的行列式都不为 0，则 f 为 Morse 函数。定义 f 的一条积分线（integral line）为一条处处与最陡上升（下降）梯度方向相切的曲线。积分线一般起于极大值点、D 的边界或鞍点，收敛于极小值点、D 的边界或鞍点。对于收敛于极小值的积分线所覆盖的区域，称作 stable cell。对于极大值发出的积分线所覆盖的区域，称为 unstable cell。由 stable cell 或 unstable cell，可生成一种标量场 f 所在域 D 的复形，称为 Morse-Smale 复形。图 9-25 给出了一种 unstable Morse-Smale 复形。关于 Morse-Smale

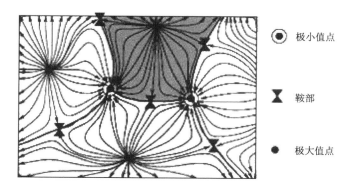

图 9-25　标量场的 Unstable Morse-Smale 复形（Comic et al.，2005）

极小值点

鞍部

极大值点

复形详细论述请参考 Comic 等在 2005 年发表的文献（Comic et al.，2005）。

因为 unstable Morse-Smale 复形是按发散于极大值点的积分线所覆盖的区域来划分的，这意味着该复形是以极大值点为中心的。对地形的分割而言，这种复形对应于以山峰为中心的凸起部分。

9.5.2　分割计算的实现

对地形而言，可采用分水岭分割算法（Vincent and Sollie, 1991）近似计算 Morse-Smale 复形。该算法的思想是，以极小值点为注水点，以此从低处向高处泛洪，来自不同注水点的洪水相遇的边界即为分水岭。它计算的是各积水盆地。为了求凸部分，以地形的相反值作为算法的输入，以极大值点为起点，从高处向低处扩展，得到地形凸部分作为地形 Morse-Smale 分割的近似，分割结果如图 9-26（b）所示。

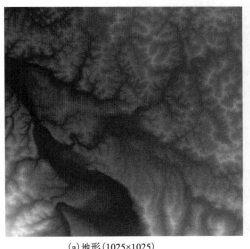
(a) 地形（1025×1025）

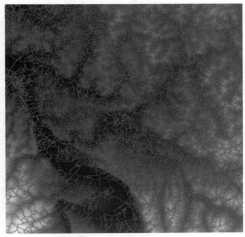
(b) 在没有滤除噪声时的分割（3375 块）

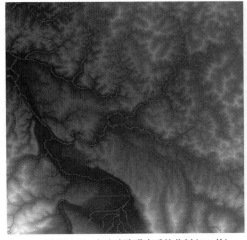
(c) 用 Sollie 方法滤除噪声后的分割（109 块）

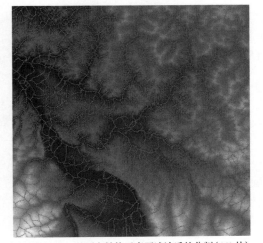
(d) 用半径 90m 的圆盘结构元素开滤波后的分割（669 块）

图 9-26　地形的反分水岭分割

在实际计算过程中，由于地形上存在高频噪声，噪声中微小的凸起都将作为注水点，所以直接对地形进行分水岭分割会造成过度分割。Sollie 和 Ansoult（1990）给出了一种过滤噪声的算法以达到理想的结果(图 9-26(c))。但是，本书的目的不是提取这种满足水文地貌特征的分水岭分割，而是要提取用户感兴趣的特征尺度上的山体。因此，采用数学形态学开滤波(Maragos and Schafer，1987)来实现(图 9-26(d))对地形上极大值点噪声的滤除。如果结构元素为圆盘，形态学滤波能滤除小于圆盘半径 r 的山峰，因此山峰不会作为泛洪点，其附近山体则不会被单独地分割出来。这里圆盘半径 r 可由为用户感兴趣的山体尺度 d 计算获得：$r=d/2$，由此小于用户感兴趣尺度的山峰将不会被单独提取为山体。在实验中将 r 设置为 90m。图 9-27 给出了分割结果的三维局部。

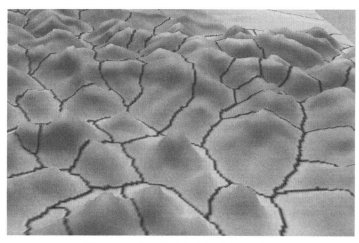

图 9-27　地形的反分水岭分割(局部)

9.6　证据权法及资源三维预测建模

证据权法是加拿大数学地质学家 Agterberg 和 Bonham-Carter 提出的一种基于贝叶斯关系和数据驱动的地学统计方法(Bonham-Carter et al.，1990)。证据权法已发展成为一种通用的地学统计分析与预测建模方法，ArcGIS 软件中已包含有证据权法扩展模块 ArcWofE。证据权法采用一种统计分析模式，通过对一些与成矿相关的地学信息的叠加复合分析进行矿产远景区的预测。每种地学信息都是成矿预测的一个证据因子，而每个证据因子对成矿预测的贡献是由这个因子的权重来确定的，因而，可计算空间任意位置或者单元的矿产发育的概率值，开展基于栅格 GIS 和空间分析的证据加权矿产资源潜力制图，以圈定不同级别的预测靶区。针对普通证据权法建立离散图层时易导致图层信息缺失的缺点，Cheng 和 Agterberg(1999)在普通证据权法基础上提出"模糊证据权法"，采用隶属度定量地描述证据层的模糊度，将证据图层分成多类。同时，随着地表矿、浅部矿及易识别矿的日益减少，地质找矿逐步向地壳深部方向发展，三维资源预测成为矿产资源预测与评价的新方向(毛先成等，2010；2011)，随之，证据权法作为一种通用的预测方法，由二维空间发展到三维空间，成为资源三维预测的重要方法。

9.6.1　证据权法的基本原理

将研究区域划分为等面积的 T 个单元，大小以每个单元最多含有一个矿点为标准进行划分。其中 D 个含矿单元($\overline{D}=T-D$)。将选择的证据图层二值化，因子存在的单元数为

$B(\overline{B} = T - B)$。

每个证据因子拥有正、负权值即 W^+ 和 W^-。W^+ 和 W^- 分别为证据因子存在单元和不存在单元的权重值，数据缺失单元权重值为 0。正、负权值之差 C 值（$C = W^+ - W^-$）表示证据层与矿床（点）的相关程度，若 $C=0$，表示该因子对矿床（点）出现与否无指导意义；若 $C>0$，表示该因子有利于成矿；若 $C<0$，表示该因子不利于成矿。一般采用最大 C 值或标准 C 值来确定最优切值。

$$W^+ = \ln\left[\frac{P(B/D)}{P(B/\overline{D})}\right], \quad W^- = \ln\left[\frac{P(\overline{B}/D)}{P(\overline{B}/\overline{D})}\right] \tag{9-12}$$

式（9-12）中，

$$P(B/D) = D\cap B/D, \quad P(\overline{B}/D) = D\cap\overline{B}/D \tag{9-13}$$
$$P(B/\overline{D}) = \overline{D}\cap B/\overline{D}, \quad P(\overline{B}/\overline{D}) = \overline{D}\cap\overline{B}/\overline{D}$$

任一单元格的后验概率表示该单元含矿的概率大小。计算后验概率前，各证据因子间需要相对于矿点分布满足条件独立。对于 n 个证据因子，研究区任一单元 k 为矿点的可能性（后验几率 $O_{后验}$）的对数表示为

$$\ln(O_{后验}) = O_{先验} + \sum_{j=1}^{n} W_j^k \quad (j = 1, 2, 3, \cdots, n) \tag{9-14}$$

式中，$O_{先验}$ 为先验几率的对数值，即

$$O_{先验} = \ln\left[\frac{D}{T-D}\right] \tag{9-15}$$

W_j^k 为第 j 个证据因子的权重值，即

$$W_j^k = \begin{cases} W_j^+ & (k \in B) \\ W_j^- & (k \in \overline{B}) \\ 0 & (\text{数据缺失}) \end{cases} \tag{9-16}$$

最后得到后验概率 P 为

$$P = \frac{O_{后验}}{1 + O_{后验}} \tag{9-17}$$

9.6.2　三维空间下的证据权建模方法

当应用于三维资源预测时，证据权法需要扩展到三维空间，即证据权法划分的单元，应由二维空间下的平面单元变为三维空间下的立体单元划分。

1）基于普通证据权的建模方法

在三维空间下，将研究区划分为等体积的 T 个单元格（图 9-28），其中，(X, Y, Z) 分别为单元格 k 中心点的绝对坐标。单元格精度需综合考虑预测精度、建模精度和计算机处理承受能力的要求。

划分出的每个立方体均拥有含矿信息和控矿因素信息，将这些数据储存在 Microsoft Access 2003 中（表 9-9）。

表 9-9　普通证据权法数据库表结构

编号	字段名	字段类型	可否为空	描述
1	ID	数字	N	编号
2	X	数字(双精度)	N	单元格中心点的 X 坐标
3	Y	数字(双精度)	N	单元格中心点的 Y 坐标
4	Z	数字(双精度)	N	单元格中心点的 Z 坐标
5	IOre	数字(整形)	N	单元含矿性指标(0——不含矿；1——含矿)
6	Posterpro	数字(双精度)	Y	单元格的后验概率
7	证据因子1	数字(整形)	N	证据因子1是否存在(2——不存在；1——存在)
8	证据因子2	数字(整形)	N	证据因子2是否存在(2——不存在；1——存在)
⋮	⋮	⋮	⋮	⋮

　　每个单元均拥有含矿信息和控矿信息，提取含矿信息形成矿点图层，将矿点图层二值化(图 9-29)，含有矿点的单元格为 1，不含矿点的单元格为 0(在此不考虑缺失数据情况)。控矿因素图层也做同样处理，因子存在单元赋值为 1，因子不存在单元赋值为 2。矿点图层中，含矿单元有 D 个($\overline{D}=T-D$)。证据图层中，因子存在单元有 B 个($\overline{B}=T-B$)。通过式(9-12)计算正负权重 W^+、W^- 及相关度 C 值。根据卡方检验进行条件独立性检验。

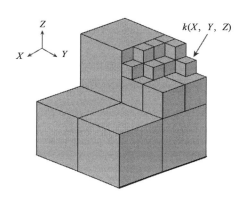

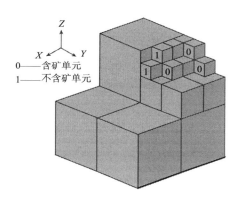

图 9-28　研究区单元格划分图　　　　　图 9-29　矿点图层二值化示意图

2) 基于模糊证据权的建模方法

　　模糊证据权法单元划分方法与普通证据权法相同。划分出的每个立方体均拥有含矿信息和控矿因素信息，根据证据权法计算所需的数据，将这些数据导出，储存在 Microsoft Access 2003 中(表 9-10)。

表 9-10　模糊证据权法数据库表结构

编号	字段名	字段类型	可否为空	描述
1	ID	数字	N	编号
2	X	数字(双精度)	N	单元格中心点的 X 坐标
3	Y	数字(双精度)	N	单元格中心点的 Y 坐标
4	Z	数字(双精度)	N	单元格中心点的 Z 坐标

续表

编号	字段名	字段类型	可否为空	描述
5	IOre	数字(整形)	N	单元含矿性指标(0——不含矿; 1——含矿)
6	Posterpro	数字(双精度)	Y	单元格的后验概率
7	证据因子1	数字(双精度)	N	证据因子1数值
8	证据因子2	数字(双精度)	N	证据因子2数值
⋮	⋮	⋮	⋮	⋮

　　普通证据权法，是将证据因子二值化，证据图层只含有"存在"与"不存在"两种状态，对于连续数据会存在信息损失的问题。针对这一问题，有学者提出了"模糊证据权法"，通过用"模糊度"概念来定量确定多分类证据因子对成矿的相关程度。"模糊度"通过隶属度 $(0 \leqslant \mu_A(x) \leqslant 1)$ 来确定，使证据图层成为一个模糊集合，而不是简单的二值分类。

　　先将证据因子 A 的属性值分为 10 类，根据式(9-12)计算每一类的正、负权重值和差值 C。计算隶属度。设 A_1 和 A_2 定义如下($A_1 \cup A_2 \subset T, A_1 \cap A_2 = 0$)：

$$A_1 = \{x; \ \mu_A(x) = 1\}, \ A_2 = \{x; \ \mu_A(x) = 0\} \tag{9-18}$$

隶属度根据如下线性关系计算：

$$\mu_A(x) = \frac{C - \min_{x \in A_2} C}{\max_{x \in A_1} C - \min_{x \in A_2} C} \tag{9-19}$$

计算模糊权重：

$$\begin{aligned} W_{\mu_A(x)} &= \ln\left\{\frac{P[\mu_A(x) \mid D]}{P[\mu_A(x) \mid \overline{D}]}\right\} \\ &= \ln\left\{\frac{\mu_A(x)P[A_1 \mid D] + [1 - \mu_A(x)]P[A_2 \mid D]}{\mu_A(x)P[A_1 \mid \overline{D}] + [1 - \mu_A(x)]P[A_2 \mid \overline{D}]}\right\} \end{aligned} \tag{9-20}$$

　　计算后验概率。对于 n 个证据因子，研究区任一单元 k 为矿点的可能性(后验几率 $O_{后验}$)的对数表示为

$$\ln(O_{后验}) = O_{先验} + \sum_{j=1}^{n} W_{\mu_j(k)}^k \quad (j = 1, 2, 3, \cdots, n) \tag{9-21}$$

式中，$O_{先验}$ 为先验几率的对数值，即

$$O_{先验} = \ln\left[\frac{D}{T - D}\right] \tag{9-22}$$

$W_{\mu_j(k)}^k$ 为第 j 个证据因子的权重值，根据式(9-20)可以得到。

　　最后得到后验概率 P 为

$$P = \frac{O_{后验}}{1 + O_{后验}} \tag{9-23}$$

　　为了对比普通证据权法和模糊证据权法的差异，编写了普通证据权法计算模块 WofESys 和模糊证据权法计算模块 FWofESys，并选取招平断裂带中段区域为研究区进行这两种方法的试验对比。研究区内存在 15 个已知矿点，单元划分精度为 50m×50m，证据因子为单元格到主断裂的最短距离、单元格投影到主断裂点走向、单元格投影到主断裂点破碎带宽度三个因子。分别采用普通证据权法和模糊证据权法计算获得的成矿预测后验概率如图 9-30 所示。

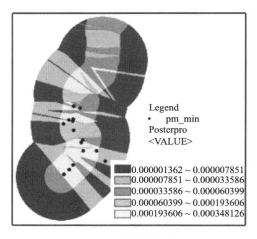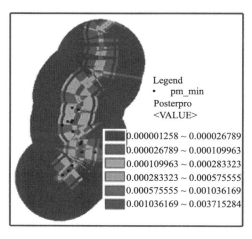

(a)普通证据权法　　　　　　　　　　　　　　(b)模糊证据权法

图 9-30　普通证据权法和模糊证据权法成矿预测后验概率图

　　从图 9-30 中可以看出，模糊证据权法获得的后验概率比普通证据权法高。根据累积矿点与后验概率的曲线，在相同矿点累积数的情况下，模糊证据权法的后验概率均比普通证据权法高。这表示在同一高概率区间上，模糊证据权法比普通证据权法有更多的已知矿点，即有更多的已知矿点落在高概率区。实例对比表明，模糊证据权法的准确性较普通证据权法高。

9.6.3　三维空间下的证据权法成矿预测应用研究

　　本应用以大尹格庄金矿床的三维成矿空间为研究对象，选取断裂面距离场因素（dFV）、断离面趋势-起伏因素（waFV、wbFV）、断裂面坡度因素（gFV）、断裂面陡缓转换部位综合场因素（fP、fV）和蚀变带场强因素（fA）为证据图层，利用模糊证据权法进行三维成矿预测建模研究。

　　在本节中，研究对象为一个长方体空间，坐标度量单位为 m，范围为左下前角点（X_{min}，Y_{min}，Z_{min}）的坐标为（40530000，4119000，-1800）、右上后角点（X_{max}，Y_{max}，Z_{max}）的坐标为（40539000，4128000，200），采用 10m 精度（即单元格尺寸为 10m×10m×10m）来划分地质空间。

　　利用 FWofESys 模块，将上述 7 个证据因子 dFV、waFV、wbFV、gFV、fP、fV 和 fA 进行等间距划分，计算证据因子各区间的模糊权重值，最后得到每个立体单元含矿的后验概率。将后验概率计算结果导入 Voxler 中，展示结果如图 9-31（由于单元格数量巨大，故展示结果只选取了后验概率≥70%的数据）所示。由图中可见，单元格中后验概率最高的为 0.99，即该单元含矿的概率为 99.00%。

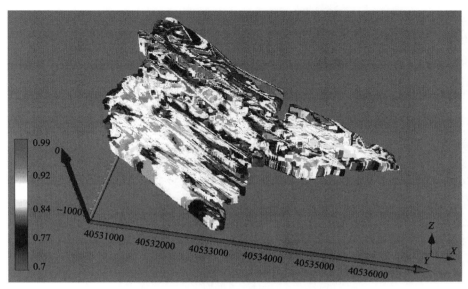

图 9-31　模糊证据权后验概率可视化图

9.7　非水平河道洪水淹没模拟

洪水作为最为频繁的自然灾害之一，正越来越影响到人们的正常生活。据统计，1992~2001 年，因洪水灾害而死亡的人有近 10 万，而受影响的人数超过了 12 亿。同时，由于洪水具有不确定性、突发性、区域性等特点，需要及时迅速了解洪水的发展态势，全面掌握灾情进展，准确评估洪水灾害损失等，仅仅依靠通信与地面交通工具是难以实现的。因此，将 GIS 技术与水动力模型相结合，根据 DEM 模型来模拟与预测洪水淹没范围，成为一个热门研究课题。

纵观国内外的算法，主要分为有源淹没算法与无源淹没算法，它们都是以 DEM 数据为基础，将 DEM 数据的高程值与水位值比较，如果低于水位值则赋值为负，其他的为正，从而计算出淹没范围。区别在于无源洪水算法不用考虑地形，而有源洪水算法则需要考虑地形并删除"伪淹没区"。但是，总的来说这些算法都是将洪水水面简化为水平平面，按给定水位的"水平面"来确定淹没范围。

从理论上来讲，洪水水面可能是水平平面、倾斜平面，甚至是一个复杂曲面。精确的洪水水面模拟需考虑淹没过程的水动力学模拟和水面形状变化问题，需要很多数据作为参数，比较复杂；而按给定水位的"水平面"来确定淹没范围，虽然可以有效、迅速、准确地计算出某一水位下洪水淹没范围，但是必须认识到在实际情况下洪水水面不可能处于绝对水平，"水平面"法还是存在较大的误差，这给开展防洪抗洪工作产生了一定的负面影响。

本案例将采用一种基于非水平面洪水淹没的算法：以 DEM 为基础，利用多边形网格模型反映河道对象所在流域的三维地形地貌要素，根据河岸的水位，采用线性插值相结合的办法计算出其他各点的水位高程，再采取平面模拟方法模拟出淹没范围，同时考虑地形的连通性，去掉实际中由于地势因素不可能存在的"伪淹没区"，最终模拟出非水平水面洪水淹没范围。

9.7.1 基本思路

本案例以河流及两岸阶地为考察对象，在这种地形条件下洪水泛滥时洪水与河流水体连为一体，但水面并非一个简单的水平平面。解决方案的总体思想是将水面假想成总体上是一个平面，细节上分为许多小曲面，用这样一个面去切割流域地形，得到了一个平面曲线，这就是淹没范围。

1）洪水水面模拟

在忽略河水侧向运动的情况下，近似地认为水面高程是仅沿主要流动方向变化，而在垂直于主要流动方向上，水面高程可以看做是没有变化。这样，就可以将所有沿这个垂直方向上的点的水面高程都设为过河岸上那一点的水面高程值。而法线未能覆盖的区域采用最邻近分析和插值技术计算出一定精度水平的其他点的水面高程，从而生成洪水水面高程表。

2）淹没计算

将洪水水面高程表与 DEM 进行叠加分析，获取淹没范围和淹没水深分布情况。主要是将网格内点的水面高程与地面高程进行对比，判断出其是否被淹没，并按淹没情况赋值，生成淹没范围栅格图。需要注意到的是，在洪水水面高程表与 DEM 叠加后，每个格网中至少可以含有一个包含淹没后的水面高程值信息的点。

3）淹没线追踪

需要根据格网点的编码，运用基于像元的逐行扫描的算法圈出水位淹没线，生成洪水水面的面图层。然后，根据测量点与面的拓扑关系将存在的"伪淹没区"提取出来。

9.7.2 原理与方法

1. 洪水水面的模拟

1）水位点的法线计算

法线方程的表达可以采用点斜式方程。本案例采用结合目标点相邻的两点拟合出二次方程来近似表达局部河道水面线，求出该方程的一阶导函数，将目标点的 x 坐标代入该一阶导函数求出该点所在处的切线斜率，进而求出该水位点的法线方程，具体步骤如下。

用待定系数法获得三点所在的二次曲线方程的系数，设三次方程为

$$y = ax^2 + bx + c \tag{9-24}$$

由三个已知水位点的坐标，可求出 a，b，c 的值，从而可得到曲线上过 P_1 点的切线斜率，求出过 P_1 点的法线斜率 k。

$$k = -\frac{1}{2ax_1 + b} \tag{9-25}$$

此外，还有两种特殊情况需要讨论。

（1）当 $x_1=x_2=x_3$ 时，三个点位于一条与水平方向垂直的直线上，则目标点的法线即与 X 轴平行，由此可知，$k=0$。

（2）当 $x_1=x_2$，$x_1 \neq x_3$ 或 $x_1=x_3$，$x_1 \neq x_2$ 时，为使问题简化，取 P_2 与 P_3 的连线过 P_1 的垂线为目标点的法线，即 $k=(x_2-x_3)/(y_3-y_2)$。

最后，将目标点 P_1 的坐标 (x_1, y_1) 代入直线的点斜式方程，可求出法线方程的表达式，即

$$y = k(x - x_1) + y_1 \tag{9-26}$$

2）格网位置的判断

图 9-32 中，较粗的黑线代表河岸的某一局部轮廓，P_1，P_2 为河道水面线上相邻的两水位点，且可以获得它们的 x,y 坐标分别为 (x_i, y_i) $(i=1, 2)$，要考察的网格中心点为 P，坐标为 (x_p, y_p)，L_1，L_2 是分别对应于 P_1，P_2 垂直于河道的法线，把 L_1 与 L_2 的方程分别设为 $f_1(x)$ 与 $f_2(x)$。

若 P 位于两条法线之间，则有

$$f_1(x_p) < y_p < f_2(x_p) \tag{9-27}$$

将 P 点 x 坐标值分别代入两条法线方程，再将 P 点 y 坐标值与两个计算出来的函数值相减判断差的正负即可。当某个差为 0 时，即意味着中心点位于该法线上。由于摒弃了法线斜率为无穷

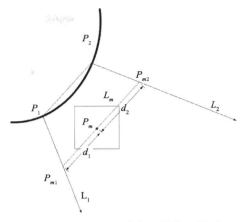

图 9-32　格网中心点与法线位置关系

大的情况，则获得的法线都是有斜率值的，因此这里也就不再考虑两条法线有一条或者两条与水平方向垂直的情况了。

3）水面高程线性插值

如图 9-32 所示，P_m 为局部区域内的一网格中心点。过 P_m 做平行于 $P_1 P_2$ 的线 L_m，分别交法线 L_1，L_2 于 P_{m1}，P_{m2}，P_m 与这两个交点的距离分别为 d_1，d_2。根据两个测量点的水位值和 d_1 与 d_2 的比例关系，可以求出 P_m 点的水位值。

根据上述思路，可以求得目标点水位值的表达式为

$$Z_m = \left| \frac{(x_m - x_{m1})z_1 + (x_{m2} - x_m)z_2}{x_{m1} - x_{m2}} \right|, \quad x_{m1} \neq x_{m2} \tag{9-28}$$

式中，x_m 为 P_m 的 x 坐标；x_{m1}，x_{m2} 分别为 P_{m1} 和 P_{m2} 的 x 坐标；z_1，z_2 分别为 P_{m1} 和 P_{m2} 的高程值。

另外讨论当 $x_1 = x_2$ 时，P_{m1} 和 P_{m2} 的距离可直接由两点纵坐标之差求得，代入到式（9-28）中，即可求出目标点此时的水位值，即

$$Z_m = \left| \frac{(y_{m1} - y_m)z_1 + (x_m - x_{m2})z_2}{y_{m1} - y_{m2}} \right|, \quad y_{m1} \neq y_{m2} \tag{9-29}$$

根据上述方法可由河道两旁的水位点的水位值插值计算出各局部区域内各网格点的水位值，从而近似求出洪水水面。

2. 洪水淹没范围的计算

由于模拟的洪水水面在空间位置上和数字高程模型重合，确定洪水淹没范围只需对洪水水面和 DEM 进行简单的叠加运算。具体步骤是：设二元函数 $L(x, y)$ 代表洪水水面，$H(x, y)$ 代表地表高程，洪水淹没区 FA 就是所有连通的 $L(x, y) > H(x, y)$ 的格网构成的区域。设 PFA 代表可能淹没区，则该区内的任一点满足如下表达式：

$$PFA=\begin{cases}0, & H(x, y) \leqslant L(x, y) \\ 1, & H(x, y) > L(x, y)\end{cases} \tag{9-30}$$

式中，0 代表淹没区，1 代表非淹没区。

这种表达式主要用于"无源洪水淹没"，即不考虑地形的一种洪水。这种洪水淹没的产生主要是因为局部区域强降雨造成的。本案例是以"有源洪水淹没"为例，洪水淹没区中可能含有一些地面高程小于洪水水位的洼地，由于受周围地形的影响而未被淹没，即所谓的孤岛。孤岛的判断、提取和处理可在追踪完淹没线后统一进行。

3. 淹没线的追踪

将洪水水面和 DEM 叠加判断，可得出像元值为 0(淹没)或 1(非淹没)的阵列，因此，可采用基于像元的逐行扫描的算法圈出水位淹没线。

1)淹没线连接点的选择与编码

本案例将受淹结果看做一种像元阵列，正值表示未被淹，负值表示被淹。淹没线连接点则是在四个正方向上相邻的正负像元共同边界的中点。

连接点的编码是基于负像元的行号、列号和连接点所在负像元的方位号来进行的。在本案例，连接点的编码采用了 7 位编码。

$$\underbrace{\times \times \times}_{\text{行号}} \quad \underbrace{\times \times \times}_{\text{列号}} \quad \underbrace{\times}_{\text{方向号}}$$

其中，前三位为负像元的行号，接着的三位为列号，最后一位为连接点处于该像元的方位编号(取值为 0、1、2、3，分别表示正西、正北、正东、正南四个方位)。

该编码避免了直接存储连接点的地理坐标，可以直接通过编码获得地理坐标。同时，编码中的方向号也方便了淹没线的追踪。

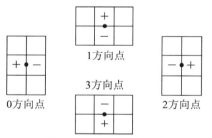

图 9-33　各方向点示例

2)算法分析

本案例采用的淹没线追踪算法是基于像元的追踪算法。

根据连接点所在负像元边界的方位，本案例将连接点归纳为四类，如图 9-33 所示，分别为 0 方向点、1 方向点、2 方向点和 3 方向点。

根据各种连接点和其邻近 6 个像元之间的关系，可得出各种方向点可能连接到的邻近的另一方向点。如 0 方向类型的点可连接到的 6 个方向分别为正上方负像元的 0 方向点、左上方负像元的 3 方向点、本身的 2 方向点、正下方的 0 方向点、左下负像元的 2 方向点以及本身 3 方向点。同理，可以分析出其他三个方向点可连接到的方向点。

3)算法实现

首先，定义一递归函数 SearchDirection，它传入某一连接点的参数信息，根据该连接点和其邻近 6 个像元之间的关系，可搜索到下一连接点，再以搜索到的连接点为基础，搜索下一连接点，如此递归，直到下一连接点与起始连接点出现重复，递归结束。同时函数还需要一个链表作为输出参数，把每次递归出来的连接点编码都传入链表。

其次，定义追踪某条淹没线的函数 TraceLine，该函数以一像元所在的行数和列数作为参数。在该函数中，先判断某一像元是否具有 0 方向连接点；再将 0 方向连接点作为初始连接点调用递归搜索连接点的函数 SearchDirection（行数、列数、方向类型）；递归搜索完后，将末点与起始点进行连接，即可得到一有序的闭合的淹没线。

最后，采用从上到下、从左到右的逐行逐列扫描策略，遍历所有的像元，并调用 TraceLine 函数进行淹没线的追踪，该函数的伪代码如下：

for 第一行 to 最后一行{for 第一列 to 最后一列{//以像元的所在的行列位置作为参数，调用追踪某条淹没线的函数 TraceLine（像元所在的行，像元所在的列）；}}

4. 实际淹没区的形成

追踪连接出各淹没线后，将处理好后的淹没线转换成多边形淹没区域，这时并非所有的多边形都为淹没区域，只提取包含河岸测量点的多边形区域，并将其显示出来，其余多边形删除。这时的显示区域即为最终圈定出来的洪水淹没范围。

9.7.3 实例计算与结果分析

1）算法实现

本案例以 C#作为开发语言，在 VS2008 环境下进行二次开发，实现了算法设计，这里以湖南省洪江市安江镇为例，图 9-34 为在 160m 水位下"水平面"算法(a)与"非水平面"算法(b)的淹没范围。

(a)水平面算法　　　　　　　　(b)非水平面算法

图 9-34　不同方法淹没范围对比

2）淹没范围分析

安江的河流流动方向是由南向北，从图 9-34 中可以看出，由于"水平面"法以完全水平的洪水面为基础，低高程的位置会被洪水淹没，但是高程相对较高的部分则没有被淹没，这与实际往往是不相符的。在实际情况下，洪水的流动过程都是由高到低的，高程高处水位高，而高程低处水位低。如果不去考虑这些的话，很容易造成部分地区被淹没，预防措施却不到位，从而严重威胁到居民的生命与财产安全。

"非水平面"法分析相对于"水平面"近似的方法分析来说，洪水面是由多个斜平面组成的复杂曲面，高程高处洪水水位相对较高，低处相对较低，这与实际更加符合，可以模拟出更合理的洪水淹没情况。

本算法在最后一步圈定淹没范围时，是以格网 DEM 的图层为基础来标记相邻网格的边界，因此淹没范围划定的精度在很大程度上依赖于数字高程模型的分辨率。

另外，水位高程所采用的插值方法也关系到运算结果的精确度，拟合的次数越高曲线越细腻，则越接近河流实际轮廓。同时，进行插值的数据点越多，考虑得越复杂周详，得出的水位结果将越接近实际水位，这样模拟出来的洪水淹没范围将更精确。同时也不能过于详细，那样会使计算量变大，处理速度相对较慢。

3) 淹没损失评估分析

从表 9-11 中可以看出，"水平面"法统计出来的损失量更大，而"非水平面"法估计出来的大部分的损失都可以包含"水平面"法，这主要是因为"水平面"法将下游淹没范围扩大化。但是，"水平面"法却不能计算出高程高处的真实淹没情况，得不出淹没损失的真实情况，给预防措施带来一定难度。而"非水平面"法虽然计算出来的损失量比"水平面"法的少，但是它计算出的淹没范围更为合理，损失情况更为精确，为开展预防措施提供了更好的依据。

表 9-11　淹没损失统计表

损失	共有	"水平面"法	"非水平面"法
房屋/栋	220	600	302
总固定资产/万元	1438.5	4075.5	1602.5
实际损失财产/万元	1282	3260.4	1282
受灾人数/人	1065	5468	1557
土地受灾面积/亩*	831.82	1465.8	860.7
街道受灾长度/m	2037.6	3568	2045.7

1 亩=666.6m^2

本案例提出的算法不再只是简单地以特定水位来求出洪水的淹没，而是根据河岸的测量数据，来生成一个更合适的洪水面，然后将洪水面与 DEM 数据进行叠加计算，从而得出更加合理的淹没范围。

虽然本算法的复杂程度远大于"水平面"法，处理速度也相对较慢，但是，相对于"水平面"法来说，这种算法的合理性更强，计算结果与现实结果的偏差也更小，这为防洪抗洪工作提供了更有力的支持。

主要参考文献

艾廷华, 郭仁忠. 2007. 基于格式塔识别原则挖掘空间分布模式. 测绘学报, 36(3): 302-308.

柏延臣, 李新, 冯学智. 1999. 空间数据分析与空间模型. 地理研究, 18(2): 185-190.

陈永良, 伍伟, 王于天. 2005. 一种综合地学数据的矿产资源潜力制图方法. 地球物理学进展, 20(2): 387-392.

顾凤岐, 赵倩. 2012. 林木生长关系的 GWR 模型. 东北林业大学学报, 40(6): 129-130, 140.

宫辉力, 李京, 陈秀万, 等. 2000. 地理信息系统的模型库研究. 地学前缘, 7(s): 17-22.

郭庆胜, 杜晓初, 闫卫阳. 2006. 地理空间推理. 北京: 科学出版社.

郭仁忠. 2001. 空间分析. 北京: 高等教育出版社.

何晓群. 2010. 应用多元统计分析. 北京: 中国统计出版社.

侯景儒. 1998. 实用地质统计学(空间信息统计学). 北京: 地质出版社.

侯景儒, 黄竞先. 1990. 地质统计学的理论与方法. 北京: 地质出版社.

胡毓钜, 龚剑文. 1992. 地图投影. 北京: 测绘出版社.

黄亚平. 2002. 城市空间理论与空间分析. 南京: 东南大学出版社.

柯正谊, 何建邦, 池天河. 1993. 数字地面模型. 北京: 中国科学技术出版社.

黎夏, 刘凯. 2006. GIS 与空间分析——原理与方法. 北京: 科学出版社.

李德仁, 龚健雅, 边馥苓. 1993. 地理信息系统导论. 北京: 测绘出版社.

李德仁, 王树良, 李德毅. 2002. 论空间数据挖掘和知识发现的理论与方法. 武汉大学学报(信息科学版), 27(3): 221-233.

李晓军. 2007. GIS 空间分析方法的研究. 杭州: 浙江大学硕士学位论文.

李勇, 周永章, 张澄博, 等. 2010. 基于局部 Moran's I 和 GIS 的珠江三角洲肝癌高发区蔬菜土壤中 Ni、Cr 的空间热点分析. 环境科学, 31(6): 1617-1623.

李裕伟. 1998. 空间信息技术的发展及其在地球科学中的应用. 地学前缘, 5(1-2): 335-341.

李裕伟, 任效颖, 杨丽沛. 1994. 二维地质统计学. 北京: 地质出版社.

刘贵文, 王丽娟. 2013. 城市住房价格影响因素及其空间规律研究——基于地理加权回归模型的实证分析. 技术经济与管理研究, (9): 81-86.

刘湘南, 黄方, 王平. 2008. GIS 空间分析原理与方法. 北京: 科学出版社.

刘式达, 刘式适. 1993. 分形和分维引论. 北京: 气象出版社.

刘耀林. 2007. 从空间分析到空间决策的思考. 武汉大学学报(信息科学版), 32(11): 1050-1055.

马程. 2009. 空间聚类研究. 计算机技术与发展, 19(4):134-137.

马虹. 1997. 地理信息系统空间分析方法及其若干应用. 干旱区地理, 20(3): 30-35.

马飞, 李德仁. 1996. 数学形态学在 GIS 空间分析中的应用. 武汉测绘科技大学学报, 21(1): 41-45, 49.

马磊, 李永树. 2011. 基于 Prim 算法的 GIS 连通性研究. 测绘科学, 36(6): 204-206.

马媛, 塔西甫拉提·特依拜, 贡璐. 2007. 新疆阜康土壤微量元素的空间变异分析. 兰州大学学报(自然科学版), 43(2): 15-19.

毛先成, 邹艳红, 陈进, 等. 2010. 危机矿山深部、边部隐伏矿体三维可视化预测——以安徽铜陵凤凰山矿田为例. 地质通报, 29(2-3): 401-430.

毛先成, 邹艳红, 陈进, 等. 2011. 隐伏矿体三维可视化预测. 长沙: 中南大学出版社.

彭剑楠. 2007. GIS 空间分析方法研究. 长春: 吉林大学硕士学位论文.

秦昆. 2010. GIS 空间分析理论与方法. 武汉: 武汉大学出版社.

史文中. 1998. 空间数据误差处理的理论与方法. 北京: 科学出版社.

史文中. 2005. 空间数据与空间分析不确定性原理. 北京: 科学出版社.

舒贤林, 徐志才. 1988. 图论基础及其应用. 北京: 北京邮电学院出版社.

孙英君, 陶华学. 2001. GIS 空间分析模型的建立. 测绘通报, (4): 11-12.

汤国安, 刘学军, 闾国年, 等. 2005. 数字高程模型及地学分析的原理与方法. 北京: 科学出版社.

汤国安, 刘学军, 闾国年, 等. 2007. 地理信息系统教程. 北京: 高等教育出版社.

汤国安, 杨昕. 2012. 地理信息系统空间分析实验教程. 北京: 科学出版社.

唐新明, 方裕, Wolfgang Kainz. 2003. 模糊区域拓扑关系模型. 地理与地理信息科学, 19(2): 1-10.

王家耀, 成毅. 2004. 空间数据的多尺度特征与自动综合. 海洋测绘, 24(4): 1-3.

王劲峰, 等. 2006. 空间分析. 北京: 科学出版社.

王劲峰, 柏延臣, 朱彩英, 等. 2001. 地理信息系统空间分析能力探讨. 中国图象图形学报, 6(9): 849-853.

王劲峰, 李连发, 葛咏, 等. 2000. 地理信息空间分析的理论体系. 地理学报, 55(1): 92-103

王劲峰, 葛咏, 李连发, 等. 2014. 地理学时空数据分析方法. 地理学报, 69(9): 1326-1345

王劲锋, 武继磊, 孙英君, 等. 2005. 空间信息分析技术. 地理研究, 24(3): 464-471.

王新洲. 2006. 论空间数据处理与空间数据挖掘. 武汉大学学报(信息科学版), 31(1): 1-4, 8.

王远飞, 何洪林. 2007. 空间数据分析方法. 北京: 科学出版社.

韦玉春, 陈锁忠, 等. 2005. 地理建模原理与方法. 北京: 科学出版社.

魏传华, 胡晶, 吴喜之. 2010. 空间自相关地理加权回归模型的估计. 数学的实践与认识, 40(22): 126-134.

邬伦, 刘瑜, 张晶, 等. 2001. 地理信息系统——原理、方法和应用. 北京: 科学出版社.

吴兵, 尹伟强, 凌海滨. 2000. 具有拓扑关系的任意多边形裁剪算法. 小型微型计算机系统, 21(11): 1166-1168.

吴立新, 史文中. 2003. 地理信息系统原理与算法. 北京: 科学出版社.

席景科, 谭海樵. 2009. 空间聚类分析及评价方法. 计算机工程与设计, 30(7): 1712-1715.

徐建华. 2010. 地理建模方法. 北京: 科学出版社.

徐明, 史玉光, 张家宝, 等. 1994. 新疆气温长期变化可预报性的初步研究（二）——分维、可预报期限分析. 新疆气象, 17(5): 11-15.

杨慧. 2013. 空间分析与建模. 北京: 清华大学出版社.

阳正熙, 吴堑虹, 彭直兴, 等. 2008. 地学数据分析教程. 北京: 科学出版社.

余杰, 吕品, 郑昌问. 2010. Delaunay 三角网构建方法比较研究. 中国图象图形学报, 15(8): 1158-1167

袁亚湘, 孙文瑜. 1997. 最优化理论与方法. 北京: 科学出版社.

张成才, 秦昆, 卢艳, 等. 2004. GIS 空间分析理论与方法. 武汉: 武汉大学出版社.

张刚, 杨昕, 汤国安. 2013. GIS 软件的空间分析功能比较. 南京师范大学学报(工程技术版), 13(2): 41-47.

张克权. 1980. 组合指标分类方法简介与分析//中国地理学会. 第三届全国地图学术论文选集(上). 北京: 测绘出版社.

张雷, 陈时栩, 曾陈斌, 等. 2009. 动态分段技术在高速公路信息化系统中的应用. 地下空间与工程学报, 12(5): 1361-1364, 1387.

赵永, 王岩松. 2011. 空间分析研究进展. 地理与地理信息科学, 21(7): 1-6.

朱长青, 史文中. 2006. 空间分析建模与原理. 北京: 科学出版社.

Bailey T C, Gatrell A C. 1972. Interactive Spatial Data Analysis. New York: John Wiley & Sons Inc.

Bajaj C L, Schikore D R. 1998. Topology preserving data simplification with error bounds. Computers and Graphics, 22(1): 3-12.

Batty M. 1972. Entropy and spatial geometry. Area, 4(4): 230-236.

Berry B J L, Marble D F. 1968. Spatial Analysis: A Reader in Statistical Geography. London: Prentice- Hall, Inc.

Besag J, Diggle P J. 1977. Simple montecarlo tests for spatial patter. Applied Statistics, 26(3): 327-333.

Bolongie S, Malik J, Puzicha J. 2002. Shape matching and object recognition using shape contexts. IEEE Transactions on Pattern Analysis and Machine Intelligence, 24(24): 509-522.

Bonham-Carter G F, Agterberg F P, Wright D F. 1990. Weights of evidence modelling: a new approach to mapping mineral potential. Geological Survey of Canada Paper, 89(9): 171-183.

Bremer P T, Edelsbrunner H, Hamann B, et al. 2004. Topological hierarchy for functions on triangulated surfaces. IEEE Trans. Visualiz. Comput. Graphics, 10(4): 385-396.

Cheng Q, Agterberg F P. 1999. Multifractality and spatial statistics. Computers and Geosciences, 25(9): 949-961.

Cheng Q M, Agterberg F P. 1999. Fuzzy weights of evidence method and its application in mineral potential mapping. Natural Resources Research, 8(1): 27-35.

Chiristophe S, Ruas A. 2002. Detecting Building Alignments for Generalisation Purposes. Ottawa: Symposium Geospatial Theroy, Processing and Application.

Cliff A D, Ord J K. 1973. Spatial Autocorrelation. London: Pion.

Comic L, de Floriani L, Papaleo L. 2005. Morse-Smale decomposition for modeling terrain knowledge//Cohn A G, Mark D M. Spatial Information Theory: International Conference, volume 3693 of Lecture Notes in Computer Science Ellicottville, NY.

Cressie N A C. 1991. Statistics for Spatial Data. Wiley Interscience.

de Smith M J, Goodchild M F, Longley P A. 2007. Geospatial Analysis: A Comprehensive Gudie to Principles, Techniques and Software Tools. 2nd ed. Leicester: Troubador Publishing Ltd.

Duchêne C, Bard S, Barillot X. 2003. Quantitative and Qualitative Description of Building Orientation. Paris: In the 5th ICA Workshop on Progress In Automated Map Generalization.

Goodchild M F. 1987. A spatial analytical perspective on geographical information systems. International Journal of Geographical Information Systems, 1(4): 327-334.

Haining R. 1990. Spatial Data Analysis in the Social and Environmental Science. New York: Cambridge University Press.

Journel A G, Huijbregts C H. 1982.矿业地质统计学. 侯景儒, 黄竞先译. 北京: 冶金工业出版社.

Kloog I, Nordio F, Coull B A, et al. 2012. Incorporating local land use regression and satellite aerosol optical depth in a hybrid model of spatiotemporal $PM_{2.5}$ exposures in the mid-atlantic states. Environmental Science and Technology, 46(21): 11913-11921.

Kruskal J B J R. 1956. On the shortest spanning subtree of a graph and the traveling salesman problem. Proc Amer Matb Soc, (7): 48-50.

Li Z, Yan H, Ai T, et al. 2004. Automated building generalization based on urban morphology and Gestalt theory. International Journal of Geographical Information Science, 18(5): 513-534.

Lloyd M. 1967. Mean crowding. Journal of Animal Ecology, 36(1): 1-30.

Longley P A, Goodchild M F, Maguire D J, et al. 2005. Geographic Information Systems and Science. New York: John Wiley & Sons.

Lynch K. 1960. The Image of the City. MIT Press.

Makarovic B. 1973. Progressive sampling for digital terrain models. ITC Journal, (3): 1167-1173.

Moran P A P. 1950. Notes on continuous stochastic phenomena. Biometrika, 37: 17-331.

Maragos P, Schafer R. 1987. Morphological filters-Part I: their set-theoretic analysis and relations to linear shift-invariant filters. IEEE Trans. Acoustics, Speech and Signal Processing, 35(8): 1153-1169.

Matheron G. 1963. Principles of geostatistics. Economic Geology, 58: 1246-1266.

Michael J, de Smith M F, Goodchild P A, et al. 2009. Geospatial Analysis: A Comprehensive Guide to Principle, Techniques and Software Tools. 杜培军, 张海荣, 冷海龙, 等译. 北京: 电子工业出版社.

Openshaw S. 1994. What is GISable spatial ananlysis//EUROSTAD 3D: New Tools for Spatial Analysis. Luxembourg: 36-44.

Openshaw S, Taylor P. 1979. A million or so correction coefficients: three experiments on the modifiable area unit problem//Wrigley N. Statistical Applications in the Spatial Sciences. London: Pion: 127-144.

Patricios N N. 2002. Urban design principles of the original neighbourhood concepts. Urban Morphology, 6: 21-32.

Sollie P, Ansoult M. 1990. Automated basin delineation from DEMs using mathematical morphology. Signal Processing, 20, 171-182.

Szymanowski M, Kryza M. 2011. Application of geographically weighted regression for modelling the spatial structure of urban heat island in the city of Wroclaw (SW Poland). Procedia Environmental Sciences, 3: 87-92.

Tobler W R. 1970. A computer movie simulating urban growth in the detroit region. Economic Geography, 46: 234-240.

Tukey J W. 1977. Exploratory Data Analysis. New Jersey: Addision-Wesley.

Vincent L, Sollie P. 1991. Watershed in digital spaces: an efficient algorithm based on immersion simulation. IEEE Trans. Pattern Analysis and Machine Intelligence, 13(6): 583-598.

Vonderohe A P, Choucl, Sunf, et al. 1997. A Generic Data Model for Linear Refereneing Systems. Research Results Digest 218. National Cooperative Highway Researeh Program. Washington: Transportation Research Board.

Wagner D. 1988. A Method of Evaluating Polygon Overlay Algorithms. St Missouri: ACSM-ASPRS Annual Convention.

Yoeli P. 1984. Computer-Assisted Determination of the Valley and Ridge Lines of Digital Terrain Models. Inter. Yearbook of Cartography.

Zhang K, Yan J, Chen S C. 2006. Automatic construction of building footprints from airborne LIDAR data. IEEE Transactions on Geoscience and Remote Sensing, 44(9): 2523-2533.